RHCSA/RHCE8
红帽
Linux认证学习教程

段超飞◎著

北京大学出版社
PEKING UNIVERSITY PRESS

内 容 提 要

本书从零基础开始讲解，系统介绍了RHCE8的相关知识，以帮助读者快速了解及熟练掌握RHCE8的相关操作，是一本高品质的RHCE认证的学习书籍。

本书分为9篇，共35章。第1篇主要介绍基本配置；第2篇主要介绍用户及权限管理；第3篇主要介绍网络相关配置；第4篇主要介绍存储管理；第5篇主要介绍系统管理；第6篇主要介绍软件管理；第7篇主要介绍安全管理；第8篇主要介绍容器管理；第9篇主要介绍自动化管理工具ansible的使用。

本书适用于希望通过RHCE（红帽认证工程师）考试的读者学习，也可以作为培训班的教材使用。

图书在版编目(CIP)数据

RHCSA/RHCE8红帽Linux认证学习教程 / 段超飞著. —北京：北京大学出版社，2022.12
ISBN 978-7-301-33415-7

Ⅰ.①R… Ⅱ.①段… Ⅲ.①Linux操作系统 – 程序设计 Ⅳ.①TP316.89

中国版本图书馆CIP数据核字(2022)第179714号

书　　　　名	RHCSA/RHCE8红帽Linux认证学习教程
	RHCSA/RHCE8 HONGMAO LINUX RENZHENG XUEXI JIAOCHENG
著作责任者	段超飞　著
责任编辑	王继伟
标准书号	ISBN 978-7-301-33415-7
出版发行	北京大学出版社
地　　　　址	北京市海淀区成府路205号　　100871
网　　　　址	http://www.pup.cn　　新浪微博：@北京大学出版社
电子信箱	pup7@pup.cn
电　　　　话	邮购部 010-62752015　发行部 010-62750672　编辑部 010-62570390
印刷者	河北文福旺印刷有限公司
经销者	新华书店
	787毫米×1092毫米　16开本　32印张　693千字
	2022年12月第1版　2022年12月第1次印刷
印　　　　数	1-3000册
定　　　　价	128.00元

PREFACE

时间过得很快，我在开源培训这个领域已经干了超过二十年。之所以这样说，并不是要证明自己有什么资历，而是感慨见证了开源的思想和技术在中国以至世界上的成长。从当初开源以一种异类的姿态出现，到现在所有的 IT 架构和方案中都在使用开源，这种变化就是当初拥护开源的人所希望看到的。曾经与开源为敌的巨头们也发生一百八十度的态度转变，不仅不再拒绝开源，而且成了开源厂商的盟友，更有的积极投身于对自己发展有利的开源项目。开源本就海纳百川，并不在意是以利他还是利己为原始宗旨，只要最终符合开源的规则。

当然，在开源的认知和技术上存在着太多的争吵和异议：有关开源的本质，开源协议的法律，开源共同体的建设，如何实现开源商业化盈利，等等。段老师的这本书并不涉及这些方面，仅是帮助希望学习 Linux 系统管理的读者梳理出一条学习的途径。段老师在这方面有多年的一线教学经验，相信这本书对大家的帮助也会像他的教学一样实在、有效。

红帽公司作为开源的商业公司，其成功的运营不仅为自身发展提供了可能，还证明了开源技术可以与商业很好地结合。红帽这些年以围绕开放混合云作为发展策略，然而从基本技术层面，Linux 系统管理仍然是从业者需要掌握的技能，无论方案中用到的是物理机、私有云、公有云还是容器技术。

与开源相关的领域越来越广，不仅是技术层面；对开源的贡献方式有多种，不仅是代码。希望 Linux 管理技术的学习者能增加就业实力，在改进自身状况的同时，如有意愿，还可以更多地了解、投身开源。开源希望获得尽可能多的参与者。

红帽中国培训部 渠道培训客户经理

淮晋阳

♦ 红帽认证工程师

RHCE 是红帽认证工程师（Red Hat Certified Engineer）的简称，是红帽公司于 1999 年 3 月推出的技能认证。红帽认证工程师是市场上第一个面向 Linux 的认证考试，也是 Linux 行业乃至整个 IT 领域非常具有价值的认证。

红帽认证工程师以实际操作能力为基础进行测试，主要考查考生在现场系统中的实际操作能力。一名红帽认证工程师除了要掌握红帽认证技师具备的所有技能，还应具有配置网络服务和安全的能力，可以决定公司网络上应该部署哪种服务及具体的部署方式。

♦ 红帽认证概述

红帽认证共分成 3 个级别，分别是初级的 RHCSA（红帽认证管理员）、中级的 RHCE 和高级的 RHCA（红帽认证架构师）。一般情况下，RHCSA 和 RHCE 考试在一天内完成，需要两门都考过才能获得双证；RHCSA 通过，RHCE 未通过，只发 RHCSA 证书，不能获得 RHCE 证书；RHCSA 未通过，RHCE 通过，无证书，补考 RHCSA 后获得双证。只有获得了 RHCE 证书才能参加 RHCA 认证考试。RHCSA 考试考一门，RHCE 考试考一门，而 RHCA 考试一共考 5 门，每门考试的总分均为 300 分，210 分及格。

平时所说的 RHCE 考试，包括了 RHCSA 考试。RHCE 考试分成上午、下午两部分，上午考的是 RHCSA 部分，下午考的是 RHCE 部分。

RHCSA 对应 RH124（Red Hat Linux 入门知识）和 RH134（Red Hat 管理员入门）这两门课，对应的考试代码是 EX200。

RHCE 对应 RH294（Red Hat 网络管理与安全管理入门）这一门课，对应的考试代码是 EX294。

红帽的所有考试均为实操题，没有选择题和填空题。RHCE 考试需要花费一整天的时间，考试全部采用上机形式，所以在考查考生基础理论能力的同时，还能考查实践操作及排错能力，这就说明必须有极强的动手能力才能顺利通过考试。

♦ 红帽认证的就业前景

随着 Linux 在国内的日益普及，企业对 Linux 人才的需求也会持续提升，并且在层次上也更加丰富。在系统级的数据库、消息管理、Web 应用、各种嵌入式开发等方面都有红帽认证的需求。并且，当前很多流行的应用（如 Kubernetes、OpenStack 等）都是部署在 Linux 系统上的。

红帽 Linux 的安全性、稳定性和开源性是得到业内认可的，通信、金融、互联网、教育、电子商务、机械制造等领域都离不开 Linux 平台，而红帽认证涵盖了完整的技术组合，深受个人和企业信任。

获得 RHCE 认证可以让找工作更加容易，RHCE 证书能证明持有人具备一类等级的 Linux 水平，能处理高级的管理任务，可以任职系统工程师、Linux 系统管理员等，并且 Linux 相关人才可以获得的薪水也普遍比 Windows 相关人才多，所以红帽认证证书的含金量是极高的。

♦ 本书的特点

本书是一本高品质的 RHCE 认证的学习书籍，从零基础开始讲解，读者只要按照本书的步骤逐步操作练习即可。

（1）本书基于新版 Linux 系统编写，面向零基础读者，简单、易学，是一本能够轻松读懂的 IT 书籍。

（2）从基础知识开始讲解，渐进式地提高内容深度，详细讲解 Linux 系统中各种服务的工作原理和配置步骤。

（3）本书除介绍实际操作外，还有大量匹配真实环境的模拟操作练习，能够边学习边巩固成果。

（4）大多数章节最后都有课后作业，方便随时检验学习效果。遇到问题，可随时查看详细的答案解析。

♦ 本书的读者对象

本书专门为希望通过 RHCE 考试的人士编写，适用于以下读者。

（1）想系统学习 Linux 的人员。

（2）从事 Linux 相关工作的人员。

（3）想参加并通过 RHCE 考试的人员。

♦ 赠送资源

为了使读者能够顺利通过 RHCE 考试，本书赠送作业题答案、相关视频及根据作者多年经验总结出的相关文档。请读者关注封底"博雅读书社"微信公众号，找到"资源下载"栏目，输入图书 77 页的资源下载码，根据提示获取。

目录

CONTENTS

第 1 篇　基本配置

第 2 篇　用户及权限管理

第 3 篇　网络相关配置

第4篇 存储管理

第 5 篇　系统管理

第 6 篇　软件管理

第 7 篇　安全管理

1

第 1 篇　基本配置

第1章
安装RHEL8

本章从零基础开始，教会大家如何安装 RHEL8。

- 🔹 虚拟硬件设置
- 🔹 安装虚拟机
- 🔹 登录系统

要安装 RHEL8，可以在虚拟机中安装 RHEL8 系统，首先要根据习惯选择虚拟机的类型，可以选择 VMware Workstation，也可以选择 VirtualBox，这里选择的是 VMware Workstation。其次要选择安装的系统，这里选择的是 RHEL8.4，所需要的镜像文件均可在 www.rhce.cc/img 中找到。

要网络配置，在启动 VMware Workstation 后，选择【编辑】→【虚拟网络编辑器】选项，打开【虚拟网络编辑器】对话框，如图 1-1 所示。选择【VMnet8】选项，设置【子网】为 "192.168.26.0"。后续配置网络信息时，需要给虚拟机分配 192.168.26.0/24 网段中的一个 IP。

图 1-1　先配置好虚拟机网络

这个网段中的 IP 地址 192.168.26.1 和 192.168.26.2 被系统占用，所以后面给虚拟机设置 IP 地址时要避免使用这两个 IP，且网关和 DNS 均要设置为 192.168.26.2。

1.1　虚拟硬件设置

设置虚拟硬件的具体操作步骤如下。

步骤❶：启动 VMware Workstation，选择【文件】→【新建虚拟机】选项，打开【欢迎使用新建虚拟机向导】界面，选中【自定义】单选按钮，单击【下一步】按钮，如图 1-2 所示。

步骤❷：在【选择虚拟机硬件兼容性】界面中设置【硬件兼容性】为 "Workstation 16.x"，单击【下一步】按钮，如图 1-3 所示。

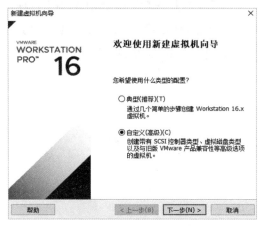
图 1-2　新建虚拟机

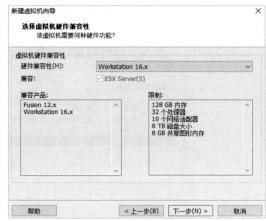
图 1-3　指定虚拟机版本

步骤❸：在【安装客户机操作系统】界面中选中【稍后安装操作系统】单选按钮，单击【下一步】按钮，如图 1-4 所示。

步骤❹：在【选择客户机操作系统】界面中选中【Linux】单选按钮，单击【下一步】按钮，如图 1-5 所示。

图 1-4　选择稍后安装

图 1-5　选择 Linux

步骤❺：在【命名虚拟机】界面中设置【虚拟机名称】为 "rhce8"，并选择放置虚拟机的目录位置，单击【下一步】按钮，如图 1-6 所示。

步骤❻：在【处理器配置】界面中设置【处理器数量】为"1"，【每个处理器的内核数量】
为"2"，单击【下一步】按钮，如图1-7所示。

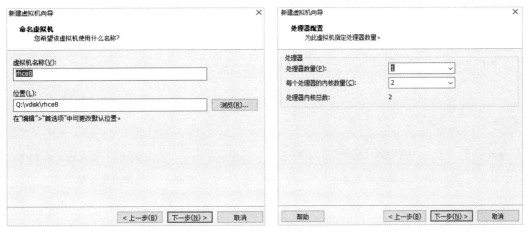

图1-6　给虚拟机命名　　　　　　　　　　　图1-7　给虚拟机设置CPU

步骤❼：在【此虚拟机的内存】界面中设置【此虚拟机的内存】为"4096"MB，如果机
器配置不够，可以设置为"2048"MB。如果给虚拟机分配的内存少于"1024"MB，后续安装
系统不足以支撑图形化界面。单击【下一步】按钮，如图1-8所示。

步骤❽：在【网络类型】界面中选中默认的【使用网络地址转换】单选按钮，单击【下
一步】按钮，如图1-9所示。

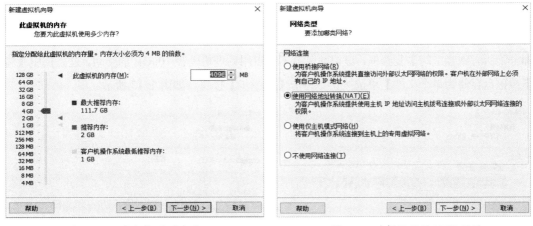

图1-8　给虚拟机设置内存　　　　　　　　　图1-9　选择默认的NAT网络

步骤❾：在【选择I/O控制器类型】界面中选中【LSI Logic】单选按钮，单击【下一步】
按钮，如图1-10所示。

步骤❿：在【选择磁盘类型】界面中选中【SCSI】单选按钮，单击【下一步】按钮，如
图1-11所示。

 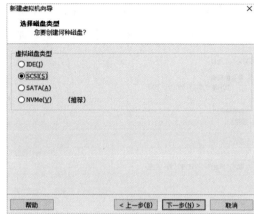

图 1-10　选择控制器类型　　　　　　图 1-11　选择磁盘类型

> **提示**
>
> 不同接口的硬盘，系统表示的方式是不一样的。

IDE 接口的硬盘以 hd 方式表示，第一块硬盘用 hda 来表示，第二块硬盘用 hdb 来表示。在硬盘名后面加上一个数字表示第几块分区，例如，第一块硬盘的第三个分区用 hda3 来表示。

SCSI/SATA 接口的硬盘以 sd 方式表示，第一块硬盘用 sda 来表示，第二块硬盘用 sdb 来表示。在硬盘名后面加上一个数字表示第几块分区，例如，第一块硬盘的第一个分区用 sda1 来表示。

步骤❶：在【选择磁盘】界面中选中【创建新虚拟磁盘】单选按钮，单击【下一步】按钮，如图 1-12 所示。

步骤❷：在【指定磁盘容量】界面中设置【最大磁盘大小】为 "100"，只要不选中【立即分配所有磁盘空间】复选框，虚拟硬盘就不会占用物理机硬盘 100GB 的空间，这里选中【将虚拟磁盘存储为单个文件】单选按钮，单击【下一步】按钮，如图 1-13 所示。

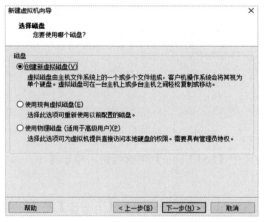 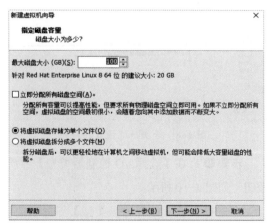

图 1-12　选择创建新虚拟磁盘　　　　图 1-13　指定磁盘大小

步骤 ❸：在【指定磁盘文件】界面中直接单击【下一步】按钮，如图 1-14 所示。

步骤 ❹：在【已准备好创建虚拟机】界面中单击【自定义硬件】按钮，如图 1-15 所示。

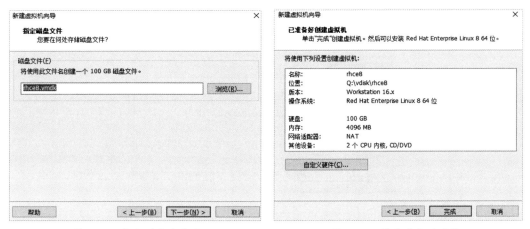

图 1-14 指定磁盘文件名   图 1-15 单击自定义硬件

步骤 ❺：打开【硬件】对话框，删除不要的硬件，如 USB、打印机、声卡等，在左侧列表框中选择【新 CD/DVD】选项，在右侧部分选中【使用 ISO 映像文件】单选按钮，并单击【浏览】按钮，选择 RHEL8.4 镜像文件，单击【关闭】按钮，如图 1-16 所示。

图 1-16 自定义硬件

步骤⓰：返回【已准备好创建虚拟机】界面，单击【完成】按钮，如图 1-17 所示，就完成了虚拟硬件的设置。

图 1-17　单击完成

1.2　安装虚拟机

虚拟硬件设置完成，即可开始安装虚拟机，具体操作步骤如下。

步骤❶：启动虚拟机安装文件，选择第一个【Install Red Hat Enterprise Linux 8.4】选项，按【Enter】键，如图 1-18 所示。

图 1-18　选择第一个选项

步骤❷：稍等片刻，进入【欢迎使用 RED HAT ENTERPRISE LINUX 8.4】界面，开始选择语言，这里在左侧选择【中文】选项，在右侧选择【简体中文】选项，单击【继续】按钮，如图 1-19 所示。

图 1-19　选择简体中文

步骤❸：进入【安装信息摘要】界面，可以配置时间和日期、划分分区、配置网络及设置 root 密码等。选择【时间和日期】选项，如图 1-20 所示。在打开的【时间和日期】界面中选择【亚洲 - 上海】选项，然后单击左上角的【完成】按钮，如图 1-21 所示。之后返回【安装信息摘要】界面。

图 1-20　配置界面

图 1-21　选择界面

步骤❹：在【安装信息摘要】界面中选择【根密码】选项，这里的根密码是本系统 root 的密码，打开【ROOT 密码】界面，在【Root 密码】和【确认】文本框中输入两遍密码，然后单击左上角的【完成】按钮，如图 1-22 所示。如果密码设置得过于简单，系统会提示单击两次【完成】按钮。之后返回【安装信息摘要】界面。

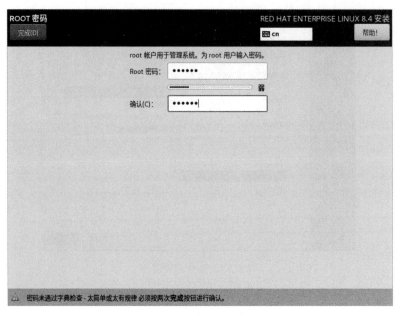

图 1-22　设置 root 密码

步骤❺：在【安装信息摘要】界面中选择【创建用户】选项（如果没有显示，就向下滚动鼠标滚轮），打开【创建用户】界面，这里创建的是普通用户，分别输入用户名和密码，然后单击左上角的【完成】按钮，如图 1-23 所示。如果输入的是比较简单的密码，系统会提示单击两次【完成】按钮。之后返回【安装信息摘要】界面。

图 1-23　创建 lduan 用户

步骤❻：在【安装信息摘要】界面中选择【安装目的地】选项，打开【安装目标位置】界面，选中【自定义】单选按钮，单击左上角的【完成】按钮，如图 1-24 所示。

图 1-24　选择自定义

步骤❼：打开【手动分区】界面，选择【标准分区】选项，然后单击左下角的【+】按钮，如图 1-25 所示。

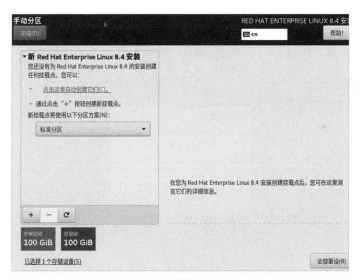

图 1-25　选择标准分区

步骤❽：弹出【添加新挂载点】对话框，在【挂载点】文本框中输入"/"，将【期望容量】设置为"50G"，单击【添加挂载点】按钮，如图 1-26 所示。

图 1-26　创建根分区

步骤 ❾：再次单击左下角的【+】按钮，在【添加新挂载点】对话框的【挂载点】文本框中输入"swap"，将【期望容量】设置为"4G"，单击【添加挂载点】按钮，如图 1-27 所示。

图 1-27　创建 swap 分区

步骤 ❿：在【手动分区】界面中单击左上角的【完成】按钮，弹出【更改摘要】对话框，单击【接受更改】按钮，如图 1-28 所示。之后返回【安装信息摘要】界面。

图 1-28　确认分区信息

步骤⓫：在【安装信息摘要】界面中选择【网络和主机名】选项，打开【网络和主机名】界面，在左下角的【主机名】文本框中输入"server.rhce.cc"，单击【应用】按钮。单击右上角【以太网】右侧的【打开／关闭】按钮打开网络。单击右下角的【配置】按钮，如图 1-29 所示。

图 1-29　配置网络

步骤⓬：打开【编辑 ens160】对话框，选择【常规】选项卡，选中【自动以优先级连接】复选框，单击【保存】按钮，如图 1-30 所示。返回【网络和主机名】界面，单击左上角的【完成】按钮。

300

图 1-30　配置网络

步骤 ⓭：返回【安装信息摘要】界面，单击【开始安装】按钮，如图 1-31 所示。

步骤 ⓮：此时系统开始安装，如图 1-32 所示。

图 1-31　配置界面

图 1-32　开始安装系统

步骤 ⓯：安装完成之后，单击【重启系统】按钮，如图 1-33 所示。之后系统会自动重启。

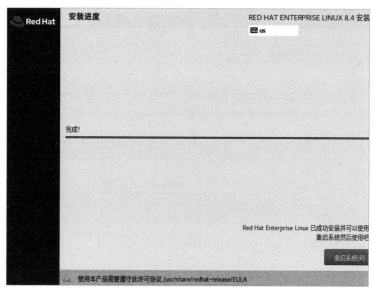

图 1-33　安装完毕单击重启系统

步骤 ⓰：重启之后会显示许可协议界面，如图 1-34 所示。

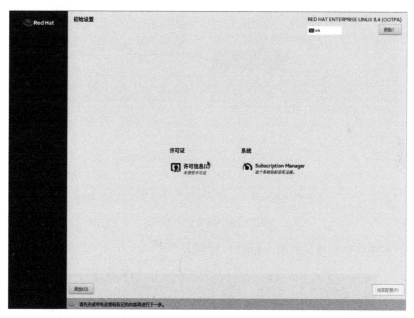

图 1-34　许可协议

步骤 ⓱：单击【许可信息】链接，打开【许可信息】界面，选中左下角的【我同意许可协议】复选框，单击左上角的【完成】按钮，如图 1-35 所示。

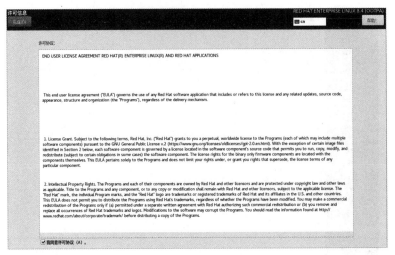

图 1-35　接受许可协议

步骤❶：单击右下角的【结束配置】按钮，如图 1-36 所示。

图 1-36　接受许可协议

步骤❶：系统跳转到登录界面，如图 1-37 所示。

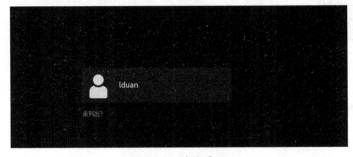

图 1-37　登录界面

<table>
<tr><td>1.3</td><td>登录系统</td></tr>
</table>

安装虚拟机并重启之后，会跳转到登录界面，即可开始登录系统，具体操作步骤如下。

步骤❶：在登录界面中单击名称【lduan】，如图 1-38 所示。

图 1-38　登录界面

步骤❷：在下方输入密码，并单击【登录】按钮，如图 1-39 所示。

图 1-39　登录系统

步骤❸：依次单击右上角的【前进】【前进】【前进】【跳过】按钮，选择【汉语】选项，单击【前进】按钮，如图 1-40 所示。

图 1-40 设置系统

步骤❹：单击【开始使用 Red Hat Enterprise Linux】按钮，如图 1-41 所示。关闭弹出的窗口。

图 1-41 设置完毕

步骤❺：如果弹出【系统未注册】弹窗，把鼠标指针放在弹窗上，单击右上角的【关闭】
按钮即可，如图 1-42 所示。

图 1-42 关闭注册提醒

步骤❻：即可进入系统界面，单击左上角的红帽 logo，然后单击左下角的【九宫格】图标，再在右侧单击【设置】按钮，如图 1-43 所示。

图 1-43　打开系统设置

步骤❼：打开【设置】对话框，选择左下角的【电源】选项卡，在右侧【节电】区域中选择【从不】选项，用于关闭屏保，然后单击右上角的【关闭】按钮关闭设置窗口，如图 1-44 所示。至此，系统安装完毕。

图 1-44　关闭屏保

第2章

基本命令的使用

本章主要介绍如何在 Linux 中输入命令，以及输入命令的快捷键。

♦ Linux 中执行命令的语法

♦ Linux 中最常见命令的使用

♦ 使用一些快捷键提升输入命令的速度

♦ 切换用户

♦ 重置 root 密码

Linux 中的很多操作都是通过命令行完成的，最常用的输入命令的方法有以下两种。

（1）打开自带的终端，类似于 Windows 中的 CMD。

（2）ssh 远程连接，关于 ssh 连接后面有专门章节讲解。

本章主要讲的是在终端中的操作。

2.1 终端的使用及设置

打开终端，单击左上角的红帽 logo，并单击九宫格上方的图标，如图 2-1 所示。即可进入终端界面，如图 2-2 所示。

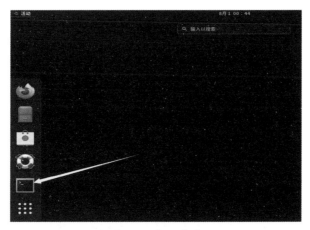

图 2-1　打开终端

图 2-2　终端

还可以进入字符界面。RHEL8 给我们提供了 6 个控制台 1~6，其中第 1 个和第 2 个控制台是图形化界面，第 3~6 个控制台是字符界面。

按【Ctrl+Alt+Fn】（n=1~6）组合键可以切换控制台（需要注意的是，在 VMware 中有时会卡顿）。如按【Ctrl+Alt+F3】组合键后显示的字符界面如图 2-3 所示。

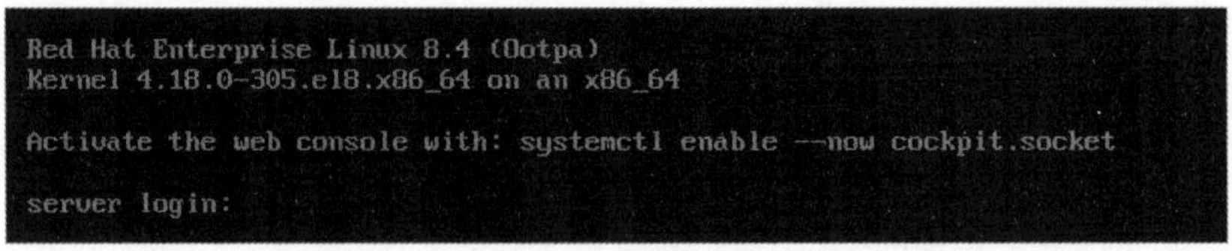

Red Hat Enterprise Linux 8.4 (Ootpa)
Kernel 4.18.0-305.el8.x86_64 on an x86_64
Activate the web console with: systemctl enable --now cockpit.socket
server login:

图 2-3　切换控制台

输入“root”，按【Enter】键，输入密码后再次按【Enter】键，之后输入“tty”，可以看到结果为 /dev/tty3，说明现在是在第 3 个控制台，如图 2-4 所示。

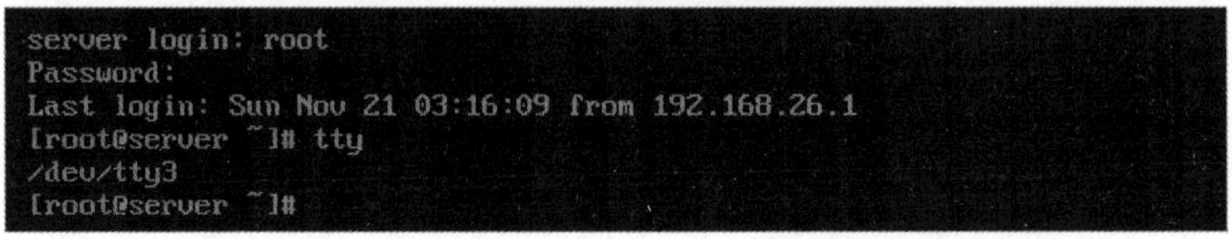

server login: root
Password:
Last login: Sun Nov 21 03:16:09 from 192.168.26.1
[root@server ~]# tty
/dev/tty3
[root@server ~]#

图 2-4　显示所在控制台

按【Ctrl+Alt+F2】组合键切换到刚才的图形化界面。在终端中单击鼠标右键，在弹出的快捷菜单中选择【配置文件首选项】选项，如图 2-5 所示。

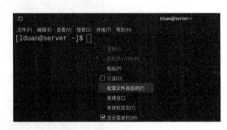

在打开的界面中选中【自定义字体】复选框，并单击后面的字体框，根据喜好调整字体及字号大小，然后单击右下角的【关闭】按钮，如图 2-6 所示。

lduan@server:~
文件(F) 编辑(E) 查看(V) 搜索(S) 终端(T) 帮助(H)
[lduan@server ~]$
粘贴(P)
只读(O)
配置文件首选项(P)
新建窗口
新建标签页(T)
显示菜单栏(M)

图 2-5　打开控制台选项

首选项 - 配置文件 “未命名”
全局
常规
快捷键
配置文件
未命名
文本 颜色 滚动 命令 兼容性
文本外观
终端起始尺寸(Z): 80 列 24 行 复位(T)
自定义字体(F): Liberation Mono Regular 16
单元格间距(N): 1.00 × 宽度 1.00 × 高度 复位(T)
允许闪烁文本(L): 总是
光标
光标形状(S): 方块
光标闪烁(K): 默认
声音
终端响铃(B)
配置文件 ID: b1dcc9dd-5262-4d8d-a863-c897e6d979b9
帮助(H)
关闭(C)

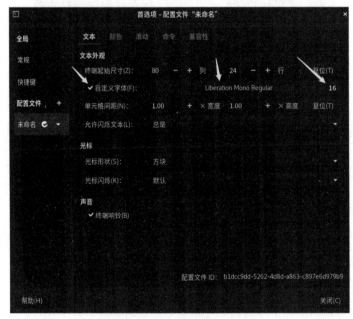

图 2-6　设置控制台选项

2.2 输入命令的语法

在终端中执行命令需要遵照一定的语法，输入命令的格式如下。

```
命令 参数
命令 – 选项 参数
```

输入命令时可以包含多个选项，假如一个命令有 -a、-b、-c、-d 四个选项，可以写作：

```
命令 -a -b -c -d 参数
```

这里的多个选项可以"提取公因式"，写作：

```
命令 -abcd 参数
```

这里会把 -abcd 当成 -a、-b、-c、-d 四个选项。

如果一个单词（多个字母）作为一个选项使用，要使用两个"--"。

```
[lduan@server ~]$ ls -help
ls: 不适用的选项 -- e
请尝试执行 "ls --help" 来获取更多信息。
[lduan@server ~]$
```

这里会把 -help 当成 4 个选项：-h、-e、-l、-p，报错信息是没有 -e 选项。但是我们知道 help 是一个单词，应该是作为一个选项出现的，所以前面应该是两个"-"。

```
[lduan@server ~]$ ls --help
用法: ls [选项]... [文件]...
    ... 大量输出 ...
或者在本地使用: info '(coreutils) ls
invocation'
[lduan@server ~]$
```

我们先来看几个常见命令的使用。

第一个命令是 ls，ls 的作用是列出一个目录中的内容，类似 Windows CMD 命令行下的 dir 命令，如图 2-7 所示。

先执行 ls 命令。

```
[lduan@server ~]$ ls
公共 模板 视频 图片 文档 下载 音乐 桌面
[lduan@server ~]$
```

```
C:\Users\lduan>dir
 驱动器 C 中的卷没有标签。
 卷的序列号是 9083-7167

 C:\Users\lduan 的目录

2021-08-03  16:56    <DIR>          .
2021-08-03  16:56    <DIR>          ..
2021-01-15  18:36    <DIR>          .android
2021-01-20  00:06    <DIR>          Contacts
2021-08-04  01:17    <DIR>          Desktop
2021-07-24  02:05    <DIR>          Documents
2021-08-04  18:10    <DIR>          Downloads
2021-01-20  00:06    <DIR>          Favorites
2021-01-20  00:06    <DIR>          Links
2021-07-12  09:15    <DIR>          Music
2021-07-23  10:51    <DIR>          Pictures
2021-01-20  00:06    <DIR>          Saved Games
2021-01-20  00:06    <DIR>          Searches
2021-06-28  11:46    <DIR>          UIDowner
2021-01-27  22:19    <DIR>          Videos
2021-07-26  00:20    <DIR>          Yinxiang Biji
               0 个文件              0 字节
              16 个目录 143,573,532,672 可用字节

C:\Users\lduan>
```

图 2-7　Windows 中执行 dir 命令

这里 ls 并没有加任何参数，表示显示当前所在目录的内容。如何查看当前所在目录呢？可以用 pwd 命令。

```
[lduan@server ~]$ pwd
/home/lduan
[lduan@server ~]$
```

可以看到，命令中所在的目录是 /home/lduan，所以刚才 ls 查看的就是 /home/lduan 目录中的内容。

```
[lduan@server ~]$ ls /home/lduan/
公共  模板  视频  图片  文档  下载  音乐  桌面
[lduan@server ~]$
```

ls 命令可以加上一个 -a 选项，表示列出所有的内容，包括隐藏文件。

```
[lduan@server ~]$ ls -a
.   公共  视频  文档  乐  .bash_logout  .bashrc  .config  .esd_auth  .local  .pki
..  模板  图片  下载  桌面  .bash_profile  .cache  .dbus  .ICEauthority  .mozilla
.Xauthority
[lduan@server ~]$
```

在 Linux 中，所有以 "." 开头的文件都是隐藏文件。

ls 命令可以加上一个 -l（字母 l 不是数字 1）选项，表示以长模式的形式展示。

```
[lduan@server ~]$ ls -l /boot/config-4.18.0-305.el8.x86_64
-rw-r--r--. 1 root root 192091 4月  29 21:03 /boot/config-4.18.0-305.el8.x86_64
[lduan@server ~]$
```

这里显示了 /boot/config-4.18.0-305.el8.x86_64 相关属性的信息，包括所有者、所属组和权限等，这些后面章节会详细讲解。上面加粗字表示的是文件的大小，这里单位是 B，但是看起来并不能很快识别具体大小，所以可以加上 -h 选项。

```
[lduan@server ~]$ ls -lh /boot/config-4.18.0-305.el8.x86_64
-rw-r--r--. 1 root root 188K 4月  29 21:03 /boot/config-4.18.0-305.el8.x86_64
[lduan@server ~]$
```

加上 -h 选项之后，会以更适合阅读的单位来显示。

在 ls 后如果以目录作为参数，则显示的是这个目录中的内容，如果想显示这个目录本身的属性，需要加上 -d 选项。

```
[lduan@server ~]$ ls -lhd /boot/
dr-xr-xr-x. 5 root root 4.0K 8月   1 00:21 /boot/
[lduan@server ~]$
```

有人会有疑问，/boot 中那么多东西，大小怎么才是 4.0K？

因为这里仅显示了 /boot 目录本身的属性，并不包括目录里面内容的大小。例如，一个口袋重 1 斤，装了 500 斤重的石头，口袋的重量仍然是 1 斤。

如果想显示目录及里面内容的总大小，则可以使用 du 命令。

```
[lduan@server ~]$ du -sh /boot/
du: 无法读取目录 '/boot/efi/EFI/redhat': 权限不够
du: 无法读取目录 '/boot/grub2': 权限不够
du: 无法读取目录 '/boot/loader/entries': 权限不够
193M    /boot/
[lduan@server ~]$
```

这里有报错信息"无法读取目录"，这是因为当前是使用 lduan 用户登录的，权限不够，可以忽略。

（1）-h 选项是以更适合阅读的单位来显示。

（2）-s 选项是摘要信息，只显示目录的总大小，不显示子目录的大小，这里可以看到 /boot 及里面内容的总大小是 193M。

下面介绍其他命令的使用。

直接输入 date 命令，可以显示日期和时间。

```
[lduan@server ~]$ date
2021 年 11 月 19 日 星期五 00:21:46 CST
[lduan@server ~]$
```

显示日历信息，用法是"cal 月 年"，例如，显示 2025 年 8 月的日历。

```
[lduan@server ~]$ cal 8 2025
      八月 2025
日  一  二  三  四  五  六
                  1   2
 3   4   5   6   7   8   9
10  11  12  13  14  15  16
17  18  19  20  21  22  23
24  25  26  27  28  29  30
31
[lduan@server ~]$
```

如果不加月、年，则显示今年、本月的日历。

whoami 命令可以显示当前是哪个用户在登录。

```
[lduan@server ~]$ whoami
lduan
[lduan@server ~]$
```

屏幕内容太多，可以输入"clear"后，按【Enter】键清屏，或者按【Ctrl+l】组合键清屏。

命令行中的计算器是 bc，bc 加上 -q 选项，是以简洁模式显示。在 bc 中输入要计算的表达式，按【Enter】键即可。

```
[lduan@server ~]$ bc -q
2+3
5
```

可以看到，2+3 得到的值为 5。

```
[lduan@server ~]$ bc -q
2+3
5
5/2
2
```

这里计算 5/2 得到的值应该是 2.5，但是答案却是 2，因为默认情况下 bc 中并不保留小数点之后的部分。如果想保留小数点之后的部分，需要通过 scale=N 指定需要保留小数点之后的多少位，这里 N 是一个数字。例如，要保留小数点之后的 2 位，可以写成 scale=2。

```
scale=2
5/2
2.50
quit
[tom@vms10 ~]$
```

输入 quit 命令后，按【Enter】键，可以退出计算器。

输入命令时，如果遇到 #，# 后面的内容不会执行，而是作为注释。

```
[lduan@server ~]$ #whoami
[lduan@server ~]$
```

如果已经输入了某个命令，不想执行该命令，可以按【Ctrl+C】组合键终止命令。

```
[lduan@server ~]$ ls ^C
[lduan@server ~]$
```

这里显示的 ^C 是按【Ctrl+C】组合键之后显示在屏幕上的。

2.3 介绍 shell

在终端中输入的命令，必须对它进行解释 / 解析，这个解释器就是 shell，shell 是一种进程。

Linux 支持很多种 shell。

```
[lduan@server ~]$ cat /etc/shells
/bin/sh
/bin/bash
/usr/bin/sh
/usr/bin/bash
[lduan@server ~]$
```

这里 cat 的意思是查看一个文本文件的内容，Linux 默认使用的 shell 是 bash。

2.3.1 tab 补齐

在 Linux 中输入命令时不能简写，必须完整。先输入几个字符，例如，这里先输入 "hi"，如果有以 hi 开头的命令，再按【Tab】键。

```
[lduan@server ~]$ hi<tab>
```

这里 <tab> 表示按【Tab】键，可以看到会自动补齐为 history。

```
[lduan@server ~]$ history
```

因为在所有命令中，只有 history 这一个命令是以 hi 开头的。

如果有多个命令都是以输入的字符开头的，那么需要按两次【Tab】键，就可以把所有以这些字符开头的命令显示出来。例如，输入 "h"，按两次【Tab】键。

```
[lduan@server ~]$ h<tab><tab>
```

这里 <tab><tab> 表示按了两次【Tab】键，得到的结果如下。

```
[lduan@server ~]$ h
halt            hash            hcitool        hex2hcd        hostid          hwclock
handle-sshpw    hciattach       hdparm         hexdump        hostname        hypervfcopyd
hangul          hciconfig       head           history        hostnamectl     hypervkvpd
hardlink        hcidump         help           host           hunspell        hypervvssd
[lduan@server ~]$ h ^C
[lduan@server ~]$
```

这里把所有以 h 开头的命令列了出来，可以按【Ctrl+C】组合键终止。

2.3.2 历史命令

想查看前期输入过的命令，可以执行 history 命令。

```
[lduan@server ~]$ history
  1  ls
  ...输出...
 17  clear
 18  history
[lduan@server ~]$
```

此时可以按键盘上的上、下箭头来调用历史命令中的那些命令。

执行 history -c 命令可以清除所有历史命令。

2.3.3 调整光标位置

当输入了一条比较长的命令之后，可以通过快捷键来调整光标的位置。

按【Ctrl+A】组合键或【Home】键，可以把光标调整到行的开头，如图 2-8 所示。

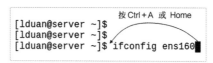

图 2-8   快捷键

按【Ctrl+E】组合键或【End】键，可以把光标调整到行的结束，如图 2-9 所示。

图 2-9   快捷键

按【Ctrl+U】组合键可以从光标位置往前删，一直删到开头，如图 2-10 所示。
按【Ctrl+K】组合键可以从光标位置往后删，一直删到结尾，如图 2-10 所示。

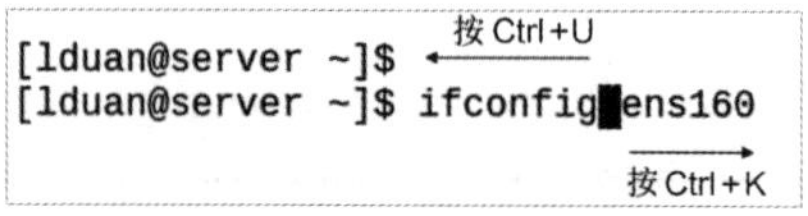

图 2-10   快捷键

在浏览器中经常打开多个标签来访问不同的页面，同样地，在 Linux 的终端中我们也需要打开多个标签，方便我们执行命令。例如，图 2-11 就一个标签。

```
                                    lduan@server:~                              ×
文件(F)  编辑(E)  查看(V)  搜索(S)  终端(T)  帮助(H)
[lduan@server ~]$
[lduan@server ~]$
[lduan@server ~]$
```

图 2-11   现在就一个标签

我们可以按【Ctrl+Shift+T】组合键快速打开标签，如图 2-12 所示。

图 2-12　打开了多个标签

然后通过按【Ctrl+PgUp】或【Ctrl+PgDn】组合键进行标签的切换。

2.4　用户的切换

在 Linux 中，管理用户是 root，在终端中的提示符是 #。root 的权限很大，为了防止误操作，平时尽可能使用普通用户登录，普通用户的提示符是 $。

但有时使用普通用户登录时，会遇到权限不够的情况，例如，执行下面的命令。

```
[lduan@server ~]$ mount /dev/cdrom /mnt
mount: 只有 root 能执行该操作
[lduan@server ~]$
```

这个命令是什么意思暂且不管，后面会讲。但是这里使用 lduan 用户执行此命令，被告知没有权限，只有 root 用户才能执行这个命令。这个问题可以通过 su 和 sudo 命令来解决，其中 sudo 命令的使用我们将在 8.4 节中进行讲解。

su 命令可以从当前用户切换到其他用户，su 的用法如下。

```
su 用户名
su - 用户名     #注意 "-" 两边是有空格的
```

如果后面没有跟用户名，则默认为 root。这里带 "-" 和不带 "-" 的区别在于切换用户之后的环境变量不一样，关于环境变量后面讲到脚本时会讲，区别如下。

```
[lduan@server ~]$ whoami
lduan
[lduan@server ~]$ pwd
/home/lduan
[lduan@server ~]$
```

这里当前用户是 lduan 用户，所在目录是 lduan 的家目录 /home/lduan。下面通过 su root 切换到 root 用户，注意这里 su 后面没有 "-"。

```
[lduan@server ~]$ su root
密码：
[root@server lduan]# whoami
root
[root@server lduan]# pwd
/home/lduan
[root@server lduan]#
```

这里通过 su 命令已经切换到 root 用户了，因为 su 后面没有加 "-"，所以切换之后所在目录并没有发生任何改变，仍然是在 /home/lduan 中的。这样即使切换到 root 用户了，使用的仍然是 lduan 用户的 PATH 变量。

```
[root@server lduan]# echo $PATH
/home/lduan/.local/bin:/home/lduan/bin:/usr/local/bin:/usr/bin:/usr/local/
sbin:/usr/sbin
[root@server lduan]#
```

下面退回到 lduan 用户。

```
[root@server lduan]# exit
exit
[lduan@server ~]$ echo $PATH
/home/lduan/.local/bin:/home/lduan/bin:/usr/local/bin:/usr/bin:/usr/local/
sbin:/usr/sbin
[lduan@server ~]$
```

可以看到，环境变量是一样的，再次查看当前用户及所在目录。

```
[lduan@server ~]$ whoami
lduan
[lduan@server ~]$ pwd
/home/lduan
[lduan@server ~]$
```

下面使用 su - root 切换到 root 用户，注意这里 su 后面有 "-"。

```
[lduan@server ~]$ su - root
密码：
[root@server ~]# whoami
root
[root@server ~]# pwd
/root
[root@server ~]#
```

可以看到，现在已经切换到 root 用户了，且所在目录也变为了 root 的家目录 /root。此时使用的是 root 用户的 PATH 变量。

```
[root@server ~]# echo $PATH
/usr/local/sbin:/usr/local/bin:/usr/sbin:/usr/bin:/root/bin
[root@server ~]#
```

su 后面不加用户名，默认就是 root，所以 su‑和 su‑root 相同，su 和 su root 相同。

root 用户用 su 命令切换到任何用户都不需要输入密码。

1. 在终端提示符中已经敲了很长一条命令，现在想把光标快速切换到此命令的开头，按什么键？

a. Ctrl+A   b. Ctrl+E   c. Ctrl+U   d. Ctrl+K

2. 如果要查看 /boot（含里面内容）的总大小，应该用下面哪个命令？

a. du –sh /boot   b. ls –size –d /boot   c. df –Th /boot

3. 哪个组合键可以关闭一个正在运行的任务？

a. Ctrl+C   b. Ctrl+D   c. Ctrl+Z   d. Ctrl+Break

第3章
了解Linux分区和常见命令

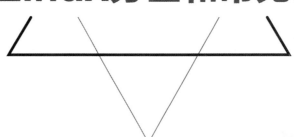

本章主要介绍 Linux 中的分区结构。

- 了解 Linux 的分区和目录的关系
- 了解 Linux 中常见命令的使用
- 了解重定向的使用
- 了解管道的使用

在 Windows 中，每个分区都要有盘符才能够正常使用，如果一个分区的盘符被删除了，则无法使用这个分区，如图 3-1 所示。

图 3-1　Windows 中删除盘符

但是用于表示盘符的字母是有限的，如果最后一个字母 Z 也被占用完，那么多余的分区就没有盘符可用了。

假设将 D 盘、E 盘、F 盘这几个分区的盘符全部去掉，那么如何使用这些分区呢？可以在 C 盘下面创建一些文件夹，然后把这些分区装在这些文件夹中，如图 3-2 所示。

图 3-2　把分区装在其他文件夹中

例如，在 C 盘中创建一个文件夹"Ddisk"，把第二个分区（原 D 盘）装在 C:\Ddisk 文件夹中，那么以后访问 C:\Ddisk 其实访问的就是第二个分区了。以此类推，我们创建 C:\Edisk、C:\Fdisk，然后把第三个分区装在 C:\Edisk 文件夹中，把第四个分区装在 C:\Fdisk 文件夹中。

把某个分区装在某个文件夹中，我们把这个过程叫作挂载，这个装了其他分区的文件夹，叫作挂载点。

当打开"我的电脑"之后，我们只能看到 C 盘，看不到其他的分区。但是访问 C 盘下面对应的目录，就能访问到对应的分区，如图 3-3 所示。

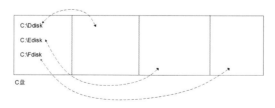

图 3-3　了解挂载点

这里 C 盘这个分区必须以一个盘符作为突破口，不然无法访问第一个分区，更不能在 C 盘中创建目录装载其他的分区了。

在 Linux 中，分区的管理也是类似于刚刚描述的情况。Windows 需要一个"C 盘"，这里使用"C"作为盘符。Linux 也需要一个"C 盘"，这里使用"/"作为盘符，如图 3-4 所示。

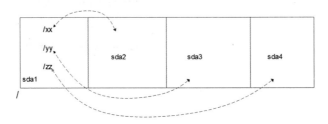

图 3-4　了解挂载点

访问 / 时，访问的就是第一个分区 sda1。然后在 / 下创建几个文件夹 /xx、/yy、/zz，分别把 sda2 挂载到 /xx 上，把 sda3 挂载到 /yy 上，把 sda4 挂载到 /zz 上。以后访问 /xx 时访问的就是 sda2，如图 3-5 所示。

凡是在 /xx 下创建的目录或文件，都是在 sda2 中创建的。所以，就可以访问目录来访问到不同分区中的数据。要先访问 /，才能访问到 /xx，然后才能访问到 /xx/aa。

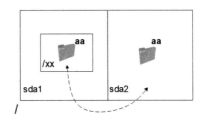

图 3-5　访问 /xx 其实访问的是 sda2

从目录层面来看，整个结构就是一棵倒立的树，如图 3-6 所示。

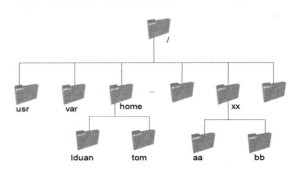

图 3-6　目录结构是一棵倒立的树

3.1 路径

要访问某个文件或目录，需要知道这个文件或目录位于哪里，也就是要知道这个文件或目录的路径。路径分为两种，一种是绝对路径，另一种是相对路径。

绝对路径从 / 开始算，一个完整的路径如 /home/tom，再如 /xx/aa。

相对路径有以下两个符号。

（1）. 表示当前路径。

（2）.. 表示上一层路径。

假设现在处在 /home/lduan 目录下，如图 3-7 所示。

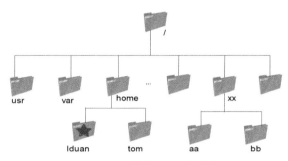

图 3-7　现在在 lduan 文件夹

. 表示当前目录，即 /home/lduan。

.. 表示上一层目录，即 /home。

如果现在处在 /xx/aa 目录下，如图 3-8 所示。

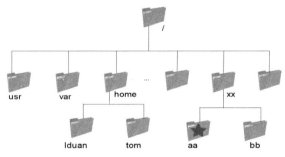

图 3-8　现在在 aa 文件夹

. 表示当前目录，即 /xx/aa。

.. 表示上一层目录，即 /xx。

. 和 .. 表示的路径会依据当前所在目录的不同而不同。

3.2　创建和删除目录

创建目录（文件夹）的命令是 mkdir，语法如下。

```
mkdir dir
```

或

```
mkdir -p dir1/dir2
```

这里的意思是在 dir1 下创建 dir2，-p 的意思是，如果 dir1 不存在，则会把 dir1 也创建出来。

使用 lduan 用户登录，在当前目录下创建目录 xx，命令如下。

```
[lduan@server ~]$ mkdir xx
[lduan@server ~]$
```

在当前目录下的目录 11 中创建目录 22。

```
[lduan@server ~]$ mkdir 11/22
mkdir: 无法创建目录 "11/22"：没有那个文件或目录
[lduan@server ~]$
```

因为目录 11 不存在，所以想在目录 11 中创建目录 22 自然是创建不出来的，这里加上 -p 选项就可以了。

```
[lduan@server ~]$ mkdir -p 11/22
[lduan@server ~]$
```

可以看到，目录 11 不存在，也会把 11 创建出来，然后再在 11 中创建 22。

删除目录的命令是 rmdir，语法如下。

```
rmdir dir
```

删除目录 xx，命令如下。

```
[lduan@server ~]$ rmdir xx
[lduan@server ~]$
```

如果目录 11 中还有一个目录 22，执行命令删除目录 11。

```
[lduan@server ~]$ rmdir 11
rmdir: 删除 '11' 失败：目录非空
[lduan@server ~]$
```

因为目录 11 中还有一个目录 22，所以 rmdir 无法直接删除目录 11。需要把目录 11 中的内容全部清除才能删除目录 11。这里可以利用后面要讲的 rm -rf 命令来删除。

```
[lduan@server ~]$ rm -rf 11
[lduan@server ~]$
```

这里 -r 选项的意思是递归，如同剥洋葱，一层一层地剥；-f 选项的意思是强制。

3.3 cd 的用法

cd 的主要作用是切换到其他目录，用法如下。

```
cd 路径
```

这里的路径可以是相对路径也可以是绝对路径，如果没有明确地指定路径，则是当前路径，如 cd test，test 就表示当前路径下的一个目录，这种写法等同于 cd ./test。

```
[lduan@server ~]$ mkdir -p aa/bb/cc/dd/ee/ff/{11,22}
[lduan@server ~]$
```

查看这个目录的结构。

```
[lduan@server ~]$ tree aa
aa
└── bb
    └── cc
        └── dd
            └── ee
                └── ff
                    ├── 11
                    └── 22

7 directories, 0 files
[lduan@server ~]$
```

进入目录 11，命令如下。

```
[lduan@server ~]$ cd aa/bb/cc/dd/ee/ff/11/
[lduan@server 11]$ pwd
/home/lduan/aa/bb/cc/dd/ee/ff/11
[lduan@server 11]$
```

这里 cd 后面直接跟 aa，表示当前目录下的 aa。

如果想切换到目录 22，使用绝对路径的写法如下。

```
[lduan@server 11]$ cd /home/lduan/aa/bb/cc/dd/ee/ff/22/
[lduan@server 22]$ pwd
/home/lduan/aa/bb/cc/dd/ee/ff/22
[lduan@server 22]$
```

现在是在目录 22 中，目录 22 的上一层目录是 ff。如果想切换到目录 11，使用相对路径的写法如下。

```
[lduan@server 22]$ cd ../11
[lduan@server 11]$ pwd
/home/lduan/aa/bb/cc/dd/ee/ff/11
[lduan@server 11]$
```

不管在哪个目录下，只要输入 cd，就可以切换到家目录。

```
[lduan@server 11]$ pwd
/home/lduan/aa/bb/cc/dd/ee/ff/11
[lduan@server 11]$ cd
[lduan@server ~]$ pwd
/home/lduan
[lduan@server ~]$
```

直接输入 cd 命令，等同于输入 cd ~ 命令，这里 ~ 是一个变量，表示当前用户的家目录。也可以用 ~user 表示 user 用户的家目录。

3.4 拷贝和剪切

如果需要拷贝文件或目录，可以使用 cp 命令，cp 的语法如下。

```
cp 选项 /path1/xx /path2/yy
```

如果 /path2/yy 是一个目录，意思是把 /path1/xx 拷贝到 /path2/yy 中。如果 /path2/yy 不存在或是一个文件，意思是把 /path1/xx 拷贝到 /path2 中，命名为 yy。

下面的操作都是使用 root 用户做的，把 /etc/hosts 拷贝到 /opt 目录中。

```
[root@server ~]# cp /etc/hosts /opt/
[root@server ~]#
```

这里 /opt 是一个目录，那么这句话的意思是把 /etc/hosts 拷贝到 /opt 目录中。查看一下 /opt 中的内容。

```
[root@server ~]# ls /opt/
hosts
[root@server ~]#
```

把 /etc/hosts 拷贝到 /opt 中，命名为 xx。

```
[root@server ~]# cp /etc/hosts /opt/xx
[root@server ~]# ls /opt/
hosts  xx
[root@server ~]#
```

原来并不存在 /opt/xx，上面的操作是把 /etc/hosts 拷贝到 /opt 中，命名为 xx。

看下面的例子。

```
[root@server ~]# mkdir /opt/11
[root@server ~]# cp /etc/hosts /opt/11
[root@server ~]#
```

先创建目录 /opt/11，因为 /opt/11 是一个目录，所以这里是把 /etc/hosts 拷贝到 /opt/11 中，
而不是把 /etc/hosts 拷贝到 /opt 之后命名为 11。

```
[root@server ~]# cp /etc/hosts /opt/xx
cp：是否覆盖 '/opt/xx'？ y
[root@server ~]#
```

因为 /opt/xx 不是一个目录，所以这句话的意思是把 /etc/hosts 拷贝到 /opt 中并命名为 xx。
因为 /opt/xx 已经存在了，所以会问是否要覆盖，如果此时直接按【Enter】键，则是 n 的意思，
即不覆盖。如果要覆盖必须输入 "y"，按【Enter】键。

拷贝一个文件，相当于新创建了一个文件。除文件的内容相同外，文件的时间显示的也是
创建这个文件的时间。

```
[root@server ~]# ls -l /etc/hosts /opt/xx
-rw-r--r--. 1 root root 158 9月  10 2018 /etc/hosts
-rw-r--r--. 1 root root 158 11月 19 22:44 /opt/xx
[root@server ~]#
```

可以看到，时间不一样。

拷贝一个文件时，如果想把文件的属性一起拷贝过去，就需要加上 -p 选项。

```
[root@server ~]# cp -p /etc/hosts /opt/xx
cp：是否覆盖 '/opt/xx'？ y
[root@server ~]#
[root@server ~]# ls -l /etc/hosts /opt/xx
-rw-r--r--. 1 root root 158 9月  10 2018 /etc/hosts
-rw-r--r--. 1 root root 158 9月  10 2018 /opt/xx
[root@server ~]#
```

这样看起来，时间也都一致了。

下面用 cp 命令拷贝目录，把 /etc 拷贝到当前目录中。

```
[root@server ~]# cp /etc/ .
cp：未指定 -r；略过目录 '/etc/'
[root@server ~]#
```

此处没有拷贝成功，因为 /etc 是一个目录，cp 需要加上 -r 选项才行，-r 表示递归的意思。

```
[root@server ~]# cp -r /etc/ .
[root@server ~]#
```

删除这个 etc 目录。

```
[root@server ~]# rm -rf etc/
[root@server ~]#
```

记住，不要写成 rm -rf /etc/ 了。

如果拷贝目录，同时想保持目录属性不变，可以用 -rp 选项，或者 -a 选项。-a 选项中包括一系列其他选项如 -r、-p 等的功能。

```
[root@server ~]# cp -a /etc/ .
[root@server ~]#
```

剪切所用的命令是 mv，mv 的语法如下。

```
mv 选项 /path1/xx /path2/yy
```

如果 /path2/yy 是一个目录，意思是把 /path1/xx 剪切到 /path2/yy 中。如果 /path2/yy 不存在或是一个文件，意思是把 /path1/xx 剪切到 /path2 中并命名为 yy。

把 /opt/hosts 剪切到当前目录中，命令如下。

```
[root@server ~]# mv /opt/hosts .
[root@server ~]# ls /opt/
11  xx
[root@server ~]#
```

mv 命令也用于重命名操作，如把 /opt 下的 xx 重命名为 yy。

```
[root@server ~]# mv /opt/xx /opt/yy
[root@server ~]# ls /opt
11  yy
[root@server ~]#
```

3.5 常见命令归纳

在 Windows 中，可以通过某文件的图标或文件的后缀，来判断这是一个什么类型的文件，如是可执行文件，还是一个文本文件。但在 Linux 中，很多文件类型往往和后缀没有关系，所以我们要判断一个文件是什么类型的文件可以用 file 来判断。file 的用法如下。

```
file /path/file
```

例如，判断 /etc/hosts 是什么类型的文件，命令如下。

```
[root@server ~]# file /etc/hosts
/etc/hosts: ASCII text
[root@server ~]#
```

这里显示 /etc/hosts 是一个文本文件。

判断 /boot/initramfs-4.18.0-305.el8.x86_64.img 的文件类型，命令如下。

```
[root@server ~]# file /boot/initramfs-4.18.0-305.el8.x86_64.img
/boot/initramfs-4.18.0-305.el8.x86_64.img: ASCII cpio archive (SVR4 with no CRC)
[root@server ~]#
```

这里显示 /boot/initramfs-4.18.0-305.el8.x86_64.img 是一个 CPIO 归档文件。

> **注意**
>
> 这里 /boot/initramfs-4.18.0-305.el8.x86_64.img 中的版本，请通过 ls /boot 来确定。

wc 用于统计文件的行数、单词数、字符数，先查看 /etc/hosts 中的内容。

```
[root@server ~]# cat /etc/hosts
127.0.0.1    localhost localhost.localdomain localhost4 localhost4.localdomain4
::1          localhost localhost.localdomain localhost6 localhost6.localdomain6
[root@server ~]#
```

然后用 wc 统计 /etc/hosts 的信息。

```
[root@server ~]# wc /etc/hosts
  2   10 158 /etc/hosts
[root@server ~]#
```

第一个数字 2 表示 /etc/hosts 有 2 行。第二个数字 10 表示 /etc/hosts 有 10 个单词，这里单词指的是以空格、【Tab】、逗号隔开的字符。第三个数字 158 表示 /etc/hosts 一共有 158 个字符，这里统计字符数包括了空格及行末我们看不到的换行符。

以上这几个信息也可以单独查看，wc -l 可以查看文件的行数。

```
[root@server ~]# wc -l /etc/hosts
2 /etc/hosts
[root@server ~]#
```

wc -w 可以查看文件的单词数。

```
[root@server ~]# wc -w /etc/hosts
10 /etc/hosts
[root@server ~]#
```

wc -c 可以查看文件的字符数。

```
[root@server ~]# wc -c /etc/hosts
158 /etc/hosts
[root@server ~]#
```

touch 用于创建文件或更新一个文件的时间，用法如下。

```
touch /path/file
```

如果 /path/file 不存在，则会把这个文件创建出来；如果存在，则会更新这个文件的时间。

先查看 /opt 目录中的内容。

```
[root@server ~]# ls /opt/
11  yy
[root@server ~]#
```

这里并不存在 aa1.txt 文件。

```
[root@server ~]# touch /opt/aa1.txt
[root@server ~]# ls /opt/
11  aa1.txt  yy
[root@server ~]#
```

这样就把 aa1.txt 创建出来了。

我们知道 /etc/hosts 是存在的，先查看这个文件的信息。

```
[root@server ~]# ls -l /etc/hosts
-rw-r--r--. 1 root root 158 9月  10 2018 /etc/hosts
[root@server ~]#
```

然后对这个文件进行 touch 操作。

```
[root@server ~]# touch /etc/hosts
[root@server ~]# ls -l /etc/hosts
-rw-r--r--. 1 root root 158 11月 19 23:45 /etc/hosts
[root@server ~]#
```

可以看到，这个文件的时间更新了，这里并不会覆盖这个文件的内容，仅仅是更新了时间而已。

rm 用于删除一个文件和目录。

```
[root@server ~]# rm /opt/aa1.txt
rm: 是否删除普通空文件 '/opt/aa1.txt'？ y
[root@server ~]#
```

这里必须输入 "y"，如果什么都不输入直接按【Enter】键，等同于输入 "n" 并按【Enter】

键，即不删除的意思。

```
[root@server ~]# rm /opt/11/
rm: 无法删除 '/opt/11/': 是一个目录
[root@server ~]#
```

因为 /opt/11 是一个目录，所以可以在 rm 后加上 -rf 选项，-r 表示递归的意思，-f 表示强制的意思。

```
[root@server ~]# rm -rf /opt/11/
[root@server ~]# ls /opt/
yy
[root@server ~]#
```

ln 用于创建软键接，所谓软键接，就是 Windows 中的快捷方式，ln 的用法如下。

```
ln -s 源文件 快捷方式
```

例如，给 /opt/yy 创建一个快捷方式 /opt/zz，命令如下。

```
[root@server ~]# ln -s /opt/yy /opt/zz
[root@server ~]# ls -l /opt/zz
lrwxrwxrwx. 1 root root 7 11月 19 23:58 /opt/zz -> /opt/yy
[root@server ~]#
```

查看 /opt/zz 的属性，可以看到 /opt/zz 是指向 /opt/yy 的。删除 /opt/zz，命令如下。

```
[root@server ~]# rm -rf /opt/zz
[root@server ~]#
```

alias 用于创建别名，对于一个复杂的命令，我们可以创建一个别名，以后执行别名即可。alias 的用法如下。

```
alias 别名='命令'
```

下面做一个练习，用命令 ifconfig ens160 创建一个别名 xx，注意系统中是没有 xx 命令的。

```
[root@server ~]# xx
bash: xx: 未找到命令 ...
[root@server ~]#
```

下面为 ifconfig ens160 设置一个别名 xx。

```
[root@server ~]# alias xx='ifconfig ens160'
[root@server ~]# xx
ens160: flags=4163<UP,BROADCAST,RUNNING,MULTICAST>  mtu 1500
        inet 192.168.26.130  netmask 255.255.255.0  broadcast 192.168.26.255
        inet6 fe80::20c:29ff:fec4:5b02  prefixlen 64  scopeid 0x20<link>
```

```
        ether 00:0c:29:c4:5b:02  txqueuelen 1000  (Ethernet)
        RX packets 169  bytes 33613 (32.8 KiB)
        RX errors 0  dropped 0  overruns 0  frame 0
        TX packets 179  bytes 23241 (22.6 KiB)
        TX errors 0  dropped 0 overruns 0  carrier 0  collisions 0

[root@server ~]#
```

可以看到，当执行 xx 命令时，实际上执行的是 ifconfig ens160 命令。

取消别名的语法如下。

```
unalias 别名
```

取消 xx 这个别名，命令如下。

```
[root@server ~]# unalias xx
[root@server ~]#
```

cat 用于查看比较小的（文本）文件，用法如下。

```
cat /path/file
```

例如，查看 /etc/hosts 中的内容，命令如下。

```
[root@server ~]# cat /etc/hosts
127.0.0.1    localhost localhost.localdomain localhost4 localhost4.localdomain4
::1          localhost localhost.localdomain localhost6 localhost6.localdomain6
[root@server ~]#
```

但是对于比较大的文件 cat 就不太合适了，因为 cat 命令会很快地将文件的内容像翻书一样"翻"过去，直接翻到最后，我们可以用 less 或 more 命令。

more 的用法如下。

```
more /path/file
```

此时只是按终端大小来显示，如图 3-9 所示。

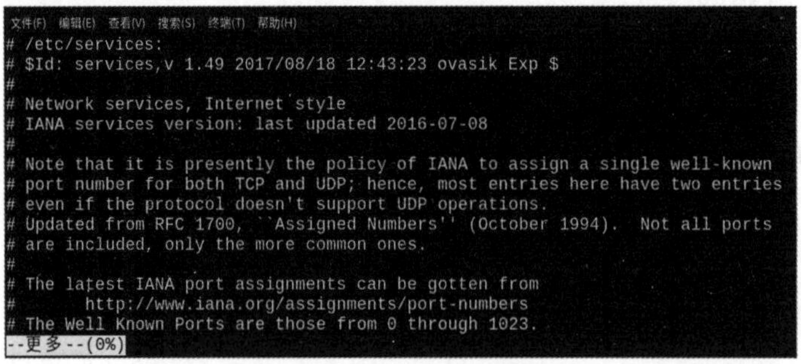

图 3-9 more 的用法

此时左下角显示有"更多",说明还有更多的内容,此时按【Enter】键会一行一行地往下显示,按空格键会一页一页地往下显示(这里终端的大小就是一页的大小),按【q】键退出。

比 more 更灵活的命令是 less,用法是 less /path/file,与 more 类似,按【Enter】键会一行一行地往下显示,按空格键会一页一页地往下显示。不过 less 支持按【PgUp】键往前翻页和按【PgDn】键往后翻页,也支持按【Home】键跳到开头和按【End】键跳到结束。

head 默认查看文件的前 10 行,如果想查看文件前几行,有两种方法,命令如下。

```
head -n N /path/file
```

或

```
head -N /path/file
```

例如,查看 /etc/passwd 的前 2 行,命令如下。

```
[root@server ~]# head -n 2 /etc/passwd
root:x:0:0:root:/root:/bin/bash
bin:x:1:1:bin:/bin:/sbin/nologin
[root@server ~]#
```

或

```
[root@server ~]# head -2 /etc/passwd
root:x:0:0:root:/root:/bin/bash
bin:x:1:1:bin:/bin:/sbin/nologin
[root@server ~]#
```

tail 默认查看文件的后 10 行,如果想查看文件后几行,有两种方法,命令如下。

```
tail -n N /path/file
```

或

```
tail -N /path/file
```

例如,查看 /etc/passwd 的最后 2 行,命令如下。

```
[root@server ~]# tail -n 2 /etc/passwd
tcpdump:x:72:72::/:/sbin/nologin
lduan:x:1000:1000:lduan:/home/lduan:/bin/bash
[root@server ~]#
```

或

```
[root@server ~]# tail -2 /etc/passwd
tcpdump:x:72:72::/:/sbin/nologin
lduan:x:1000:1000:lduan:/home/lduan:/bin/bash
[root@server ~]#
```

3.6 重定向

执行一条命令时，命令的结果总是输出到屏幕上的。如果希望把这个命令的结果保存在某个文件中而不是输出到屏幕上，就要用到重定向了。重定向就是重新定位输出的方向，能用到的符号包括 ">"">"">""2>""2>>""&>""&>>"，这里不要把 ">" 当作大于号，当作 "箭头" 就很容易理解了。

下面分别看一下这些重定向的使用方法。

```
命令 > /path/file
```

如果 /path/file 不存在，则会自动创建出来；如果存在，则会先清空此文件的内容，然后把命令的结果写入此文件中，这种写法叫作覆盖写。

下面练习一下 ">" 重定向。

```
[root@server ~]# uname
Linux
[root@server ~]# ls aa.txt
ls: 无法访问 'aa.txt': 没有那个文件或目录
[root@server ~]#
```

这里没有重定向，uname 的结果直接输出到屏幕上了，当前目录中 aa.txt 也是不存在的。

```
[root@server ~]# uname > aa.txt
[root@server ~]#
```

这里用了重定向，uname 的结果并没有输出到屏幕上，而是写入当前目录的 aa.txt 中了，如果 aa.txt 不存在，则 aa.txt 会被创建。下面查看 aa.txt 中的内容，命令如下。

```
[root@server ~]# cat aa.txt
Linux
[root@server ~]#
```

可以看到，aa.txt 中的内容就是 uname 命令的结果。下面再输入一个命令重定向到 aa.txt 中。

```
[root@server ~]# cal > aa.txt
[root@server ~]#
```

cal 的结果并没有任何输出，因为通过重定向写入 aa.txt 中了。

```
[root@server ~]# cat aa.txt
```

```
       十一月 2021
日  一  二  三  四  五  六
       1   2   3   4   5   6
 7   8   9  10  11  12  13
14  15  16  17  18  19  20
21  22  23  24  25  26  27
28  29  30

[root@server ~]#
```

可以看到，aa.txt 中原来的内容 "Linux" 已经没有了，因为 ">" 是覆盖写，要先清空 aa.txt 的内容，然后再把 cal 命令的结果写进去。

```
命令 >> /path/file
```

如果 /path/file 不存在，则会自动创建出来；如果存在，命令的结果会在 /path/file 原有内容的后面接着写，并不清空此文件的内容，这种写法叫作追加写。

下面我们执行两次 uname，通过 ">>" 写进 aa.txt 中。

```
[root@server ~]# uname >> aa.txt
[root@server ~]# uname >> aa.txt
[root@server ~]# cat aa.txt
       十一月 2021
日  一  二  三  四  五  六
       1   2   3   4   5   6
 7   8   9  10  11  12  13
14  15  16  17  18  19  20
21  22  23  24  25  26  27
28  29  30

Linux
Linux
[root@server ~]#
```

可以看到，aa.txt 中原有的内容仍然是存在的，uname 的结果是在后面接着写的。

不管是 ">" 还是 ">>"，都只能重定向正确的结果，不能重定向错误的结果。

```
[root@server ~]# unamexx > aa.txt
bash: unamexx: 未找到命令 ...
[root@server ~]# cat aa.txt
[root@server ~]#
```

因为 ">" 会先清空 aa.txt 的内容，unamexx 命令是不存在的，结果报错了，所以没有重定向成功，aa.txt 的内容被清空了。

　　如果要重定向错误的结果，需要用到 "2>" 和 "2>>"。这两个符号与 ">" 和 ">>" 一样，"2>" 表示覆盖写，"2>>" 表示追加写。下面看一个例子。

```
[root@server ~]# unamexx 2> aa.txt
[root@server ~]# cat aa.txt
bash: unamexx: 未找到命令 ...
[root@server ~]#
```

　　这里 unamexx 是一个错误的命令，报错信息并没有输出到屏幕上，而是写入 aa.txt 中了。

```
[root@server ~]# xxxx 2> aa.txt
[root@server ~]# cat aa.txt
bash: xxxx: 未找到命令 ...
[root@server ~]#
```

　　这里再次执行了一个错误命令 xxxx，结果也没有输出到屏幕上，而是覆盖地写入 aa.txt 中了，所以 aa.txt 中没有原来的 unamexx 的报错信息。

　　再次执行两次 unamexx 命令，通过 "2>>" 来重定向。

```
[root@server ~]# unamexx 2>> aa.txt
[root@server ~]# unamexx 2>> aa.txt
[root@server ~]#
[root@server ~]# cat aa.txt
bash: xxxx: 未找到命令 ...
bash: unamexx: 未找到命令 ...
bash: unamexx: 未找到命令 ...
[root@server ~]#
```

　　因为 "2>>" 表示追加写，所以报错信息是追加着写到 aa.txt 中了，并没有清空原来 xxxx 的报错信息。

　　如果想不管是正确还是错误的结果都能重定向，可以用 "&>" 和 "&>>"。"&>" 表示追加写，"&>>" 表示覆盖写，凡是带 ">" 的都是覆盖写，凡是带 ">>" 的都是追加写。下面练习一下。

```
[root@server ~]# uname &> aa.txt
[root@server ~]# xxxx &>> aa.txt
[root@server ~]# cat aa.txt
Linux
bash: xxxx: 未找到命令 ...
[root@server ~]#
```

　　可以看到，不管是正确还是错误的命令都重定向到 aa.txt 中了。

3.7 管道

在 Windows 的 CMD 中执行 netstat -an 命令，会获取大量的内容，显示当前系统的端口状态及建立的连接。如果想查看端口 445 的状态，可以用如下命令。

```
C:\Users\lduan>netstat -an  |  find "445"
  TCP    0.0.0.0:445           0.0.0.0:0              LISTENING
  TCP    [::]:445              [::]:0                 LISTENING

C:\Users\lduan>
```

这里 find "445" 是在哪里查询 445 呢？是从前面 netstat -an 命令的结果中来查询。这当中的竖杠 "|" 就是管道的意思，管道的用法如下。

命令 1 | 命令 2

管道可以把多个命令连接起来，管道前面命令的结果作为管道后面命令的参数。

例如，要查看 /etc/passwd 的第 6 行到第 10 行的内容，命令如下。

```
[root@server ~]# head /etc/passwd | tail -5
sync:x:5:0:sync:/sbin:/bin/sync
shutdown:x:6:0:shutdown:/sbin:/sbin/shutdown
halt:x:7:0:halt:/sbin:/sbin/halt
mail:x:8:12:mail:/var/spool/mail:/sbin/nologin
operator:x:11:0:operator:/root:/sbin/nologin
[root@server ~]#
```

先用 head 获取 /etc/passwd 的前 10 行，然后通过管道传递给 tail，获取 /etc/passwd 前 10 行的后 5 行，也就是从第 6 行到第 10 行的内容。

又如，要获取网卡 ens160 含有 IP 的那行内容，命令如下。

```
[root@server ~]# ifconfig ens160 | grep 'inet '
        inet 192.168.26.130  netmask 255.255.255.0  broadcast 192.168.26.255
[root@server ~]#
```

先通过 ifconfig ens160 获取 ens160 的 IP，然后通过 grep 从这个结果中过滤到含有 "inet " 的行。grep 的意思是从指定的文件或内容中获取含有某个关键字的行。

注意

上面命令 inet 的后面有一个空格。

这里使用了管道之后，只显示了最终的结果，管道前面命令的结果并没有保留。如果想把管道前面命令的结果保留下来，可以用 tee 命令。例如，下面的命令。

```
[root@server ~]#  ifconfig ens160 | tee bb.txt
ens160: flags=4163<UP,BROADCAST,RUNNING,MULTICAST>  mtu 1500
        inet 192.168.26.101  netmask 255.255.255.0  broadcast 192.168.26.255
        inet6 fe80::20c:29ff:fec4:5b02  prefixlen 64  scopeid 0x20<link>
        ...输出...
[root@server ~]#
```

这里 ifconfig ens160 先把结果通过管道传递给 tee 命令，保存在 bb.txt 中，然后结果正常输出到屏幕上。这样 ifconfig ens160 的结果既保存在 bb.txt 中，也输出到屏幕上了。

再看下面的例子。

```
[root@server ~]#  ifconfig ens160 | tee bb.txt | grep 'inet '
        inet 192.168.26.101  netmask 255.255.255.0  broadcast 192.168.26.255
[root@server ~]#
```

这里 ifconfig ens160 先把结果传递给 tee 命令，保存在 bb.txt 中。然后结果本应继续输出到屏幕上的，但是又遇到了管道，把结果传递到 grep 过滤含有关键字的行，这样最终看到的是含有"inet "的那行。

下面查看 bb.txt 的内容，命令如下。

```
[root@server ~]# cat bb.txt
ens160: flags=4163<UP,BROADCAST,RUNNING,MULTICAST>  mtu 1500
        inet 192.168.26.101  netmask 255.255.255.0  broadcast 192.168.26.255
        inet6 fe80::20c:29ff:fec4:5b02  prefixlen 64  scopeid 0x20<link>
        ...输出...
[root@server ~]#
```

1. 下面哪个命令能把文件 myfile 重命名为 mynewfile？

a. mv myfile mynewfile   b. rm myfile mynewfile

c. rn myfile mynewfile   d. ren myfile mynewfile

2. 下面哪个命令可以创建 /home 的软链接到 /tmp/xx？

a. ln /tmp/xx /home   b. ln /home /tmp/xx

c. ln -s /home /tmp/xx   d. ln -s /tmp/xx /home

3. 下面哪个命令可以查看文件的前 10 行？

a. head   b. top   c. first   d. cat

4. 下面哪个命令可以查看一个文本文件的行数？

a. count   b. list   c. ls −l   d. wc

5. 在使用 less 命令查看文档时，按哪个键能退出当前的文本文件？

a. End   b. PgDn   c. Q   d. G

6. ls 的结果非常多，想借助 less 查看 ls 的输出结果，下面哪个命令正确？

a. ls > less   b. ls >> less   c. ls >| less   d. ls | less

7. 如果要查看 /etc/passwd 的第 5 行到第 10 行的内容，应该使用下面哪个命令？

a. head −n 5-10 /etc/passwd   b. head /etc/passwd | tail −5

c. top −n 5-10 /etc/passwd   d. head /etc/passwd | tail −6

8. 某脚本 aa.sh 运行时，不管是对还是错，希望把输出重定向到 aa.txt 中的写法是哪个？

a. ./aa.sh > aa.txt   b. ./aa.sh 2 > aa.txt

c. ./aa 1 > aa.txt   d. ./aa.sh & > aa.txt

9. 如果想把 /etc/service 拷贝到 /opt 中同时保留属性不变，下面哪个命令能实现？

a. cp /etc/service /opt   b. cp −r /etc/service /opt

c. cp −a /etc/service /opt   d. cp −p /etc/service /opt

10. 执行 date 命令，想把命令的结果显示在屏幕上，同时保存在 aa.txt 中，下面哪个命令能实现？

a. date | tee aa.txt   b. date > aa.txt

c. date & > aa.txt   d. date 2 > aa.txt

第4章
获取帮助

本章主要介绍如何在 Linux 中获取帮助。

- 使用 whatis 查看命令的作用
- 使用 --help 选项查看命令的具体用法和选项
- 使用 man 获取帮助

前面已经讲了很多命令的使用方法，但是系统中还有很多我们没有见过的命令，每个命令中还有很多选项。我们不可能把每个命令、命令的每个选项都记住，那么如果遇到不认识的命令或选项，就需要通过获取帮助来解决问题。

这里介绍获取帮助的命令：whatis、--help 选项、man。

4.1 whatis

whatis 命令可以帮助查看某个命令的作用，用法如下。

```
whatis 命令
```

例如，要查看 ls 的作用，命令如下。

```
[root@server ~]# whatis ls
ls: 没有 appropriate。
[root@server ~]#
```

如果遇到这个问题，只要使用 root 用户执行 mandb 命令即可。

```
[root@server ~]# mandb
正在删除 /usr/share/man/overrides 中的旧数据库条目 ...
    ... 大量输出 ...
0 stray cats were added.
19 old database entries were purged.
[root@server ~]#
```

然后再次执行 whatis 命令。

```
[root@server ~]# whatis ls
ls (1)                 - list directory contents
ls (1p)                - list directory contents
[root@server ~]#
```

在结果的第二列中，我们只要关注小括号中是纯数字的那行就可以了。从上面的结果中可以看到，ls 的作用是列出目录中的内容。

查看 date 命令的作用，命令如下。

```
[root@server ~]# whatis date
date (1)               - print or set the system date and time
date (1p)              - write the date and time
[root@server ~]#
```

可以看到，date 命令是用于显示或设置系统日期和时间的。

执行下面的命令，可以看到 cal 命令是用于显示日历的。

```
[root@server ~]# whatis cal
cal (1)                   - display a calendar
cal (1p)                  - print a calendar
[root@server ~]#
```

whatis 的输出其实是从 man 中截取出来的，关于 man 后面会讲。

通过 whatis 我们知道了命令有什么作用，但并没有告诉我们这个命令怎么使用及有哪些可用选项。下面介绍命令的 --help 选项。

4.2 --help 选项

--help 选项的用法如下。

```
命令 --help
```

我们先查看 ls 的具体用法。

```
[root@server ~]# ls --help
用法：ls [选项]... [文件]...
List information about the FILEs (the current directory by default).
Sort entries alphabetically if none of -cftuvSUX nor --sort is specified.

必选参数对长短选项同时适用。
  -a, --all              不隐藏任何以 . 开始的项目
  -A, --almost-all       列出除 . 和 .. 外的任何项目
   ... 大量输出 ...

[root@server ~]#
```

这里显示了 ls 的用法及 ls 所能用到的选项。例如，-a 等同于 --all，是列出包括隐藏文件在内的所有文件。

```
[root@server ~]# ls -a
.   aa.txt            .bash_logout .cache   .dbus    .tcshrc         yy
..  anaconda-ks.cfg   .bash_profile .config  hosts    .viminfo
11  .bash_history     .bashrc  .cshrc   initial-setup-ks.cfg  .Xauthority
[root@server ~]#
```

这里有很多以点开头的文件表示隐藏文件，也包括表示当前目录的 . 和上一层目录的 ..。

ls -A 等同于 ls --almost-all，意思是列出除表示当前目录 . 和上一层目录 .. 外的所有文件。

```
[root@server ~]# ls -A
11  .bash_history  .bashrc   .cshrc  initial-setup-ks.cfg  .Xauthority
aa.txt             .bash_logout  .cache  .dbus  .tcshrc    yy
anaconda-ks.cfg    .bash_profile .config  hosts  .viminfo
[root@server ~]#
```

如果想目录优先排在前面，通过查看帮助可以知道应该使用 --group-directories-first 选项。

```
[root@server ~]# ls --group-directories-first
11  yy  aa.txt  anaconda-ks.cfg  hosts  initial-setup-ks.cfg
[root@server ~]#
```

这里 11 和 yy 是目录，如果想以时间的先后顺序进行排序，可以用 -t 选项。

```
[root@server ~]# ls -t
aa.txt  hosts  11  yy  initial-setup-ks.cfg  anaconda-ks.cfg
[root@server ~]#
```

这里文件越新越排在前面，读者练习时可以使用 ls -lt 命令进行查看。

如果想按时间进行倒序排序，可以加上 -r 选项。

```
[root@server ~]# ls -t -r
anaconda-ks.cfg  initial-setup-ks.cfg  yy  11  hosts  aa.txt
[root@server ~]#
```

提示

大家练习时可以使用 ls -ltr 命令进行查看。关于 ls 的其他选项，读者可以根据需要自行查看和练习。

下面看一下 date 的用法。

如果直接输入 date 命令，会显示当前的日期和时间。

```
[root@server ~]# date
2021 年 11 月 20 日 星期六 15:34:57 CST
[root@server ~]#
```

下面查看 date 的更多用法，命令如下。

```
[root@server ~]# date --help
用法：date [ 选项 ]... [+ 格式 ]
  或：date [-u|--utc|--universal] [MMDDhhmm[[CC]YY][.ss]]
     ... 大量输出 ...
或者在本地使用：info '(coreutils) date invocation'
[root@server ~]#
```

这里显示 date 有两种用法：一种是"date［选项］...［+ 格式］"，用于查看日期或时间。如果使用格式，格式前面要有一个加号"+"，在 date --help 的结果中列出了支持的所有格式，大家可以自行查看和练习。下面我们演示一些。

%Y 表示年份。

```
[root@server ~]# date +%Y
2021
[root@server ~]#
```

%F 表示年月日。

```
[root@server ~]# date +%F
2021-11-20
[root@server ~]#
```

%R 表示"时：分"。

```
[root@server ~]# date +%R
15:47
[root@server ~]#
```

%T 表示"时：分：秒"。

```
[root@server ~]# date +%T
15:47:24
[root@server ~]#
```

我们也可以把多个格式组合在一起使用，用法是 date +" 格式 1 格式 2"，格式 1 和格式 2 之间用什么分隔符是可以随便指定的。

如果以"年 - 月 - 日 时：分：秒"的格式显示，命令如下。

```
[root@server ~]# date +"%F %T"
2021-11-20 15:47:53
[root@server ~]#
```

date 的另一种用法，就是用于设置时间，用法如下。

```
date [-u|--utc|--universal] [MMDDhhmm[[CC]YY][.ss]]
```

这里格式是"月日时分年.秒"，格式中用中括号括起来的表示可选的，可以不写。这里"年"可以不写，不写表示今年，可以写成四位数年如2021，也可以写成两位数年如21。"秒"可以不写，如果写，前面需要加点"."。但需要注意的是，如果是个位数则前面补 0，如 1 要写成 01。

假设把系统时间设置为"2012-12-21 10：00：08"，命令如下。

```
[root@server ~]# date 122110002012.08
```

```
2012年 12月 21日 星期五 10:00:08 CST
[root@server ~]#
[root@server ~]# date
2012年 12月 21日 星期五 10:00:09 CST
[root@server ~]#
```

因为通过 date 修改时间只是修改了系统时间，并没有改变 BIOS 中的时间。通过 hwclock -s 把系统时间改为与 BIOS 中的时间一致，也就是当前时间。

```
[root@server ~]# hwclock -s
[root@server ~]#
```

如果通过 date 修改了系统时间之后也想写入 BIOS 中，那么执行 hwclock -w 命令即可。

刚才这种设置时间的方法看起来并不符合我们的习惯，通过查看帮助可以看到有一个 -s 选项。

格式为 date -s " 年 – 月 – 日 时 : 分 : 秒 "。

下面再次把时间设置为"2012-12-21 10：00：08"，可以使用如下命令。

```
[root@server ~]# date -s "2012-12-21 10:00:08"
2012年 12月 21日 星期五 10:00:08 CST
[root@server ~]# date
2012年 12月 21日 星期五 10:00:09 CST
[root@server ~]#
```

这样就方便了许多。

通过 hwclock -s 把系统时间改为当前时间。

```
[root@server ~]# hwclock -s
[root@server ~]#
```

关于 hwclock 命令的使用，请大家自行查阅帮助。

4.3 man

man 是 manual 的简写，是手册的意思，一般称为 man page。同一个命令如果有多个意思，可以把 man 放在不同"章节"中来显示。下面通过 whatis 查看 passwd 结果。

```
[root@server ~]# whatis passwd
openssl-passwd (1ssl) - compute password hashes
passwd (1)           - update user's authentication tokens
passwd (5)           - password file
[root@server ~]#
```

第二列小括号中的数字指的是在 man 的第几章中有详细解释。passwd 作为一个修改用户密码的命令，在 man 的第 1 章中有详细解释；passwd 作为一个密码文件，在 man 的第 5 章中有详细解释。

如果要查看 passwd 作为密码文件的解释，可以用 man 5 passwd 进行查看，如图 4-1 所示。

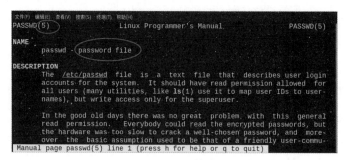

图 4-1　man 5 passwd 的结果

按【q】键退出。

如果要查看 passwd 作为一个命令的解释，可以用 man 1 passwd 进行查看，如图 4-2 所示。

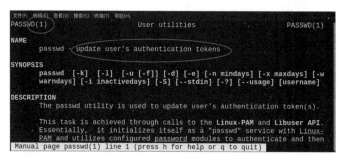

图 4-2　man 1 passwd 的结果

按【q】键退出，这里可以写成 man passwd。

1. 现在想把系统时间设置为 2022 年 12 月 23 日上午 10 点 23 分 27 秒，下面哪个命令不对？

a. date 12231023202227　　　　　　b. date -s "2022-12-23 10:23:27"

c. date 20221223102327　　　　　　d. timedateCtrl set-time "2022-12-23 10:23:27"

2. 下面哪个命令可以列出当前目录中所有的文件，并按时间倒序排序，即最先创建的文件排在最后？

a. ls -lRt　　　　　　b. ls -lrt　　　　　　c. ls -alrt　　　　　　d. ls -alr

第5章

vim编辑器

本章主要介绍如何使用 vim 编辑文件。

- ♦ vim 的基本使用
- ♦ vim 几种模式的切换
- ♦ vim 在末行模式中的用法
- ♦ vim 在命令模式中的用法

在 Linux 中，很多时候需要使用编辑器来修改文件，使用最多的编辑器就是 vim，用法如下。

```
vim /path/file
```

如果这个文件不存在，则会在内存中创建出来，与在 Windows 中单击【开始】→【所有程序】→【记事本】的功能相同，只是在内存中打开，并没有存储在硬盘上。如果文件存在，则把此文件打开。

环境准备的命令如下。

```
[tom@vms10 ~]$ head /etc/passwd > aa.txt
[tom@vms10 ~]$
```

先创建一个测试文件 aa.txt，这里的意思是把 /etc/passswd 前 10 行的内容写入 aa.txt 中。

然后执行 vim aa.txt 命令打开此文件，界面如图 5-1 所示。

此时会发现按【Enter】键不会产生空白行，按【Backspace】键也不会删除任何字符，即现在无法编辑。这里就涉及了 vim 的三种模式。

图 5-1　刚打开 aa.txt 的界面

5.1　插入模式

用 vim 打开文件时，是在命令模式下，如果想修改文件内容，需要进入插入模式（也称为编辑模式）。从命令模式切换到插入模式，有 6 个常见的字符。

（1）i：从当前光标所在字符处插入。

（2）a：从当前光标的后一个字符处插入。

（3）o：在当前行的下一行产生一个空白行并进入插入模式。

（4）I：光标跳到本行的开头，并进入插入模式。

（5）A：光标跳到本行的结束，并进入插入模式。

（6）O：在当前行的上一行产生一个空白行并进入插入模式。

用上、下、左、右键调整光标到合适的位置之后，如图 5-2 所示，把光标放在 r 的位置。

按【i】键进入插入模式，如图 5-3 所示。

图 5-2　现在是命令模式

图 5-3　按【i】键进入插入模式

可以看到，光标仍然是在 r 上面的（这就叫作从当前光标所在字符插入），左下角显示为"插入"或"insert"，此时就进入插入模式了。

然后可以通过上、下、左、右键调整位置对文件进行修改，例如，修改成图 5-4 所示的内容。

修改完成之后需要对文件进行保存，在插入模式下是无法保存的，必须进入末行模式才可以。需要按【Esc】键退回到命令模式，然后从命令模式进入末行模式，如图 5-5 所示。

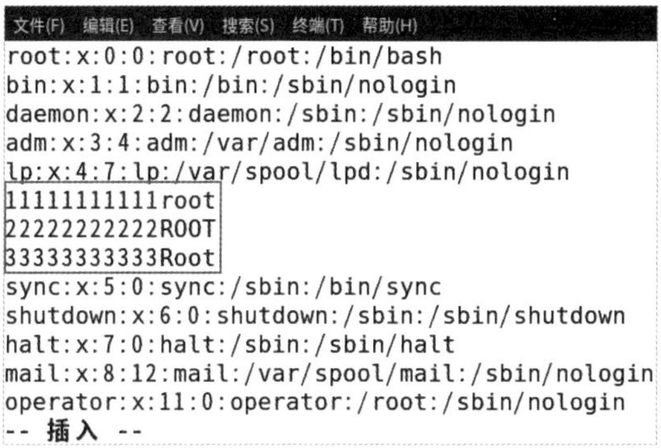

图 5-4　修改文件内容

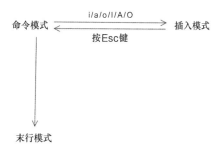
图 5-5　从插入模式退回到命令模式

5.2　末行模式

从命令模式进入末行模式有两种方式。

1. / 关键字

这种一般用于在文件中查询所有的关键字，如果想忽略大小写可以用"/ 关键字 \c"。

例如，在 passwd 中查询所有的 root，先按【/】键，然后在后面输入"root"，如图 5-6 所示。

此刻会高亮显示所有的关键字 root，不过可以看到 ROOT 和 Root 并没有高亮显示出来，因为在 Linux 中是严格区分大小写的，如果想忽略大小写，可以写成 /root\c，如图 5-7 所示。

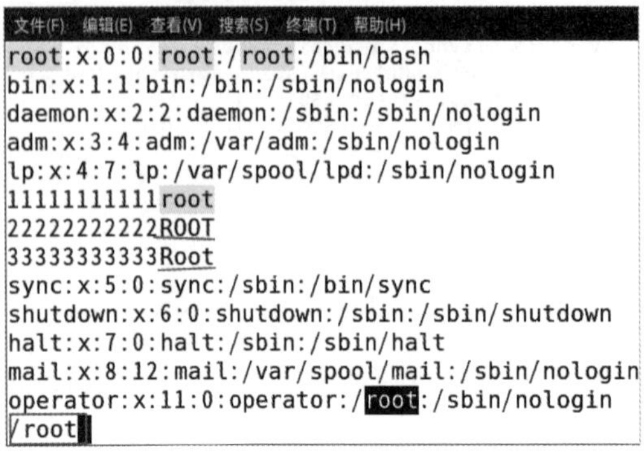

图 5-6　进入末行模式

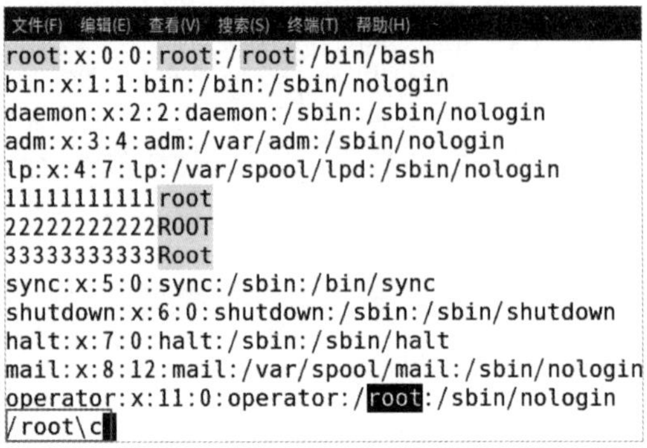

图 5-7　忽略大小写查询

但是此时被高亮显示的关键字以后会一直被高亮显示，如果想去掉，可以随意输入一个字符串，如图 5-8 所示。

然后按【Enter】键，如图 5-9 所示。

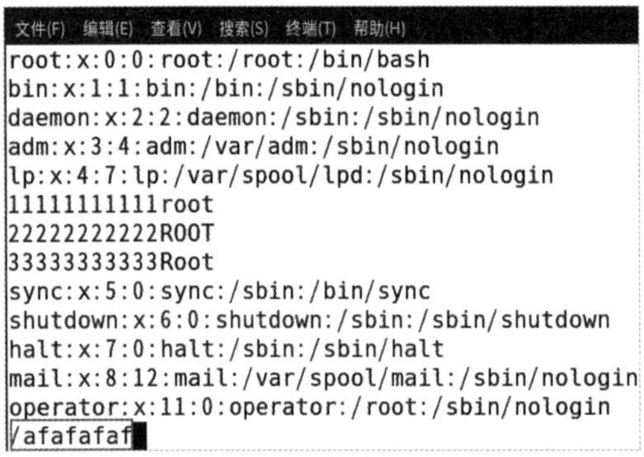

图 5-8　随意输入字符串

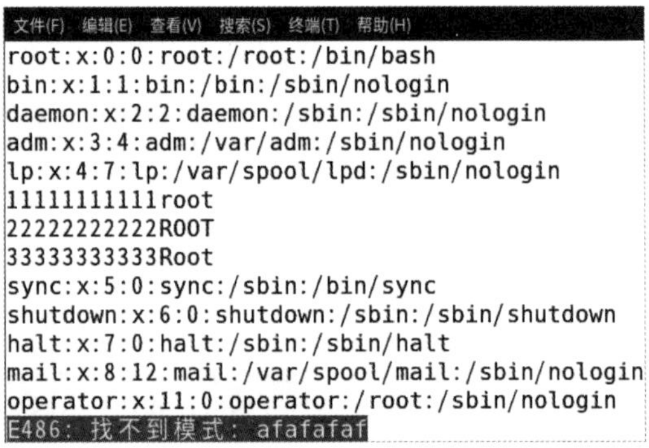

图 5-9　高亮被去除了

这些高亮的印迹就没有了，下面"E486：找不到模式"的提示可以忽略，如果看着不舒服，可以按【/】键之后按【Backspace】键，就可以取消了。

2. 在命令模式下按冒号

在命令模式下按冒号，如图 5-10 所示。

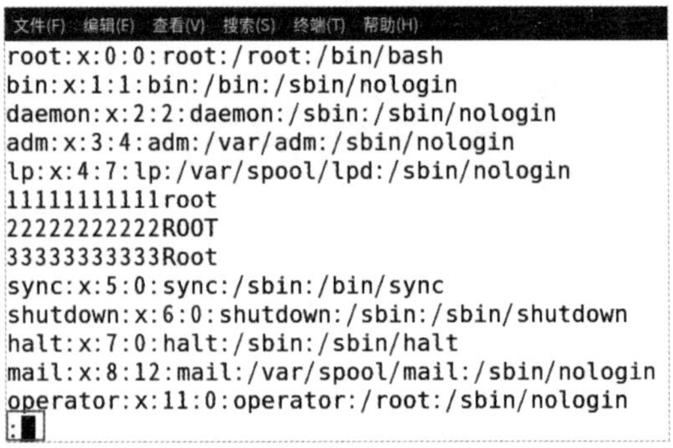

这里可以执行各种操作，总结如下。

（1）保存但不退出：:w。

（2）保存退出：:wq。

图 5-10　进入末行模式

（3）保存退出：:x（小写）。

（4）另存为：:w /path/new-name。

（5）加载其他文件：:r /path/text-file。

（6）显示行号：:set nu，如图 5-11 所示。

（7）去除行号：:set nonu。

（8）切换行：:数字，这样光标可以快速切换到指定的行。

（9）替换操作：语法如下。

```
 1 root:x:0:0:root:/root:/bin/bash
 2 bin:x:1:1:bin:/bin:/sbin/nologin
 3 daemon:x:2:2:daemon:/sbin:/sbin/nologin
 4 adm:x:3:4:adm:/var/adm:/sbin/nologin
 5 lp:x:4:7:lp:/var/spool/lpd:/sbin/nologin
 6 11111111111root
 7 22222222222ROOT
 8 33333333333Root
 9 sync:x:5:0:sync:/sbin:/bin/sync
10 shutdown:x:6:0:shutdown:/sbin:/sbin/shutdown
11 halt:x:7:0:halt:/sbin:/sbin/halt
12 mail:x:8:12:mail:/var/spool/mail:/sbin/nologin
13 operator:x:11:0:operator:/root:/sbin/nologin
:set nu
```

图 5-11　显示行号

```
:s/old/new/
```

把当前光标所在行的 old 替换成 new，如果想忽略 old 的大小写可以写成 old\c，这里 / 是分隔符。

练习：请自行把光标调整到第一行，并修改成图 5-12 所示的内容。

```
 1 root:x:0:0:root:/root:/bin rooT ROOT /bash
```

图 5-12　添加一些大写 root

把 root 替换成 RHCE，如图 5-13 所示。

按【Enter】键查看内容，如图 5-14 所示。

```
 1 root:x:0:0:root:/root:/bin rooT ROOT /bash
 2 bin:x:1:1:bin:/bin:/sbin/nologin
 3 daemon:x:2:2:daemon:/sbin:/sbin/nologin
 4 adm:x:3:4:adm:/var/adm:/sbin/nologin
 5 lp:x:4:7:lp:/var/spool/lpd:/sbin/nologin
 6 11111111111root
 7 22222222222ROOT
 8 33333333333Root
 9 sync:x:5:0:sync:/sbin:/bin/sync
10 shutdown:x:6:0:shutdown:/sbin:/sbin/shutdown
11 halt:x:7:0:halt:/sbin:/sbin/halt
12 mail:x:8:12:mail:/var/spool/mail:/sbin/nologin
13 operator:x:11:0:operator:/root:/sbin/nologin
:s/root/RHCE/
```

图 5-13　把 root 替换成 RHCE

```
 1 RHCE:x:0:0:root:/root:/bin rooT ROOT /bash
 2 bin:x:1:1:bin:/bin:/sbin/nologin
 3 daemon:x:2:2:daemon:/sbin:/sbin/nologin
 4 adm:x:3:4:adm:/var/adm:/sbin/nologin
 5 lp:x:4:7:lp:/var/spool/lpd:/sbin/nologin
 6 11111111111root
 7 22222222222ROOT
 8 33333333333Root
 9 sync:x:5:0:sync:/sbin:/bin/sync
10 shutdown:x:6:0:shutdown:/sbin:/sbin/shutdown
11 halt:x:7:0:halt:/sbin:/sbin/halt
12 mail:x:8:12:mail:/var/spool/mail:/sbin/nologin
13 operator:x:11:0:operator:/root:/sbin/nologin
:s/root/RHCE/
```

图 5-14　只替换了第一个 root

可以发现，只是第一行（光标在第一行）发生了替换，且只替换了那行的第一个关键字。如果想把本行所有的关键字全部替换，需要写成 :s/old/new/g，这里 g 的意思是本行全部关键字。

此时按【u】键执行撤销操作，然后把本行所有的 root（不管大小写）全部替换成 RHCE，写法如图 5-15 所示。

```
 1 root:x:0:0:root:/root:/bin rooT ROOT /bash
 2 bin:x:1:1:bin:/bin:/sbin/nologin
 3 daemon:x:2:2:daemon:/sbin:/sbin/nologin
 4 adm:x:3:4:adm:/var/adm:/sbin/nologin
 5 lp:x:4:7:lp:/var/spool/lpd:/sbin/nologin
 6 11111111111root
 7 22222222222ROOT
 8 33333333333Root
 9 sync:x:5:0:sync:/sbin:/bin/sync
10 shutdown:x:6:0:shutdown:/sbin:/sbin/shutdown
11 halt:x:7:0:halt:/sbin:/sbin/halt
12 mail:x:8:12:mail:/var/spool/mail:/sbin/nologin
13 operator:x:11:0:operator:/root:/sbin/nologin
:s/root\c/RHCE/g
```

图 5-15　替换不管是大写还是小写的 root

按【Enter】键后看第一行的内容，如图 5-16 所示。

```
1 RHCE:x:0:0:RHCE:/RHCE:/bin RHCE RHCE /bash
```
图 5-16　验证已经替换成功

按【u】键执行撤销操作。

此时替换操作只是替换当前光标所在行，如果想替换指定的一些行，可以写成 :m,ns/old/new/g，意思是从第 m 行到第 n 行中所有的 old 全部替换成 new。假设现在想把从第 1 行到第 7 行中所有的 root（不管大小写）全部替换成 RHCE，写法如图 5-17 所示。

按【Enter】键后的效果如图 5-18 所示。

```
 1 root:x:0:0:root:/root:/bin rooT ROOT /bash
 2 bin:x:1:1:bin:/bin:/sbin/nologin
 3 daemon:x:2:2:daemon:/sbin:/sbin/nologin
 4 adm:x:3:4:adm:/var/adm:/sbin/nologin
 5 lp:x:4:7:lp:/var/spool/lpd:/sbin/nologin
 6 11111111111root
 7 22222222222ROOT
 8 33333333333Root
 9 sync:x:5:0:sync:/sbin:/bin/sync
10 shutdown:x:6:0:shutdown:/sbin:/sbin/shutdown
11 halt:x:7:0:halt:/sbin:/sbin/halt
12 mail:x:8:12:mail:/var/spool/mail:/sbin/nologin
13 operator:x:11:0:operator:/root:/sbin/nologin
:1,7s/root\c/RHCE/g
```
图 5-17　替换指定范围的关键字

```
 1 RHCE:x:0:0:RHCE:/RHCE:/bin RHCE RHCE /bash
 2 bin:x:1:1:bin:/bin:/sbin/nologin
 3 daemon:x:2:2:daemon:/sbin:/sbin/nologin
 4 adm:x:3:4:adm:/var/adm:/sbin/nologin
 5 lp:x:4:7:lp:/var/spool/lpd:/sbin/nologin
 6 11111111111RHCE
 7 22222222222RHCE
 8 33333333333Root
 9 sync:x:5:0:sync:/sbin:/bin/sync
10 shutdown:x:6:0:shutdown:/sbin:/sbin/shutdown
11 halt:x:7:0:halt:/sbin:/sbin/halt
12 mail:x:8:12:mail:/var/spool/mail:/sbin/nologin
13 operator:x:11:0:operator:/root:/sbin/nologin
7 次替换，共 3 行
```
图 5-18　替换成功

按【u】键撤销。

这里还可以用 $ 表示最后一行，对应的 $-1 表示倒数第二行，以此类推。

例如，想把从第二行到倒数第二行中所有的 root（不管大小写）全部替换成 RHCE，写法如图 5-19 所示。

按【Enter】键查看效果，然后按【u】键撤销。

```
 1 root:x:0:0:root:/root:/bin rooT ROOT /bash
 2 bin:x:1:1:bin:/bin:/sbin/nologin
 3 daemon:x:2:2:daemon:/sbin:/sbin/nologin
 4 adm:x:3:4:adm:/var/adm:/sbin/nologin
 5 lp:x:4:7:lp:/var/spool/lpd:/sbin/nologin
 6 11111111111root
 7 22222222222ROOT
 8 33333333333Root
 9 sync:x:5:0:sync:/sbin:/bin/sync
10 shutdown:x:6:0:shutdown:/sbin:/sbin/shutdown
11 halt:x:7:0:halt:/sbin:/sbin/halt
12 mail:x:8:12:mail:/var/spool/mail:/sbin/nologin
13 operator:x:11:0:operator:/root:/sbin/nologin
:2,$-1s/root\c/RHCE/g
```
图 5-19　$ 符号的使用

如果想全文替换，可以写成 :1,$s/old/new/g，这里 1,$ 是从第一行到最后一行，表示全文，还可以直接用 % 表示全文，即 :%s/old/new/g。

替换完成之后，请自行按【u】键撤销。

刚才替换时用的是 / 作为分隔符，但如果关键字中就含有 /，则很容易出错。例如，把第一行的 /root 替换成 RHCE，如果写成 :s//root/RHCE/g，则会报错，因为我们希望按照下面的规则替换。

```
:s//root/RHCE/g
```

但是它会把前面三个 / 作为分隔符，后面的字符是多余的。

```
:s//root/RHCE/g
```

所以会报错，为了防止 /root 中的 / 被当成分隔符，我们可以用转义符，如下所示。

```
:s/\/root/RHCE/g
```

这样就不会把 /root 的 / 当成分隔符了，但是这样写看起来过于复杂。其实我们不一定非得用 / 作为分隔符，使用其他分隔符也是可以的，如 #，这样替换操作就可以写成如下命令。

```
:s#/root#RHCE#g
```

5.3 命令模式

要想从末行模式切换到命令模式，只要按两次【Esc】键即可，如图 5-20 所示。

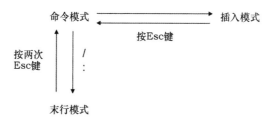

图 5-20　总结几种模式

一开始在命令模式下无法做具体的操作（无法删除，按【Enter】键也没用），其实在命令模式下也可以做许多操作。

（1）复制行。

nyy（n 为数字）表示从当前行开始，一共复制 n 行。

如图 5-21 所示，把光标调整到第 6 行，此时按【3yy】键，就会把 6、7、8 三行复制下来，如图 5-22 所示。

```
 1 root:x:0:0:root:/root:/bin rooT ROOT /bash
 2 bin:x:1:1:bin:/bin:/sbin/nologin
 3 daemon:x:2:2:daemon:/sbin:/sbin/nologin
 4 adm:x:3:4:adm:/var/adm:/sbin/nologin
 5 lp:x:4:7:lp:/var/spool/lpd:/sbin/nologin
 6 11111111111root
 7 22222222222ROOT
 8 33333333333Root
 9 sync:x:5:0:sync:/sbin:/bin/sync
10 shutdown:x:6:0:shutdown:/sbin:/sbin/shutdown
11 halt:x:7:0:halt:/sbin:/sbin/halt
12 mail:x:8:12:mail:/var/spool/mail:/sbin/nologin
13 operator:x:11:0:operator:/root:/sbin/nologin
```

图 5-21　把光标调整到第 6 行

```
 1 root:x:0:0:root:/root:/bin rooT ROOT /bash
 2 bin:x:1:1:bin:/bin:/sbin/nologin
 3 daemon:x:2:2:daemon:/sbin:/sbin/nologin
 4 adm:x:3:4:adm:/var/adm:/sbin/nologin
 5 lp:x:4:7:lp:/var/spool/lpd:/sbin/nologin
 6 11111111111root
 7 22222222222ROOT
 8 33333333333Root
 9 sync:x:5:0:sync:/sbin:/bin/sync
10 shutdown:x:6:0:shutdown:/sbin:/sbin/shutdown
11 halt:x:7:0:halt:/sbin:/sbin/halt
12 mail:x:8:12:mail:/var/spool/mail:/sbin/nologin
13 operator:x:11:0:operator:/root:/sbin/nologin
3 lines yanked
```

图 5-22　复制 3 行

（2）粘贴行。

调整光标到指定的行之后，按【p】键执行粘贴操作。例如，这里在第 10 行即 shutdown 那行按【p】键，如图 5-23 所示。

自行按【u】键撤销。

（3）剪切行。

ndd（n 为数字）表示从当前行开始，一共剪切 n 行，用法与 nyy 类似。

但是如果不按【p】键粘贴，则这几行就是删除的意思。

如果想把从当前行开始到最后一行全部删除，可以按【dG】键或随便按一个比较大的数字，然后按【dd】键，如【9999dd】。

```
 4 adm:x:3:4:adm:/var/adm:/sbin/nologin
 5 lp:x:4:7:lp:/var/spool/lpd:/sbin/nologin
 6 11111111111root
 7 22222222222ROOT
 8 33333333333Root
 9 sync:x:5:0:sync:/sbin:/bin/sync
10 shutdown:x:6:0:shutdown:/sbin:/sbin/shutdown
11 11111111111root
12 22222222222ROOT
13 33333333333Root
14 halt:x:7:0:halt:/sbin:/sbin/halt
15 mail:x:8:12:mail:/var/spool/mail:/sbin/nologin
16 operator:x:11:0:operator:/root:/sbin/nologin
多了 3 行
```

图 5-23　调整光标后按【p】键粘贴

（4）删除字符。

在光标所在的字符位置按【x】键，就可以删除此字符。如果想删除当前光标往后所有的字符，可以按一个比较大的数字，然后按【x】键，如【9999x】。

（5）定位行。

按【nG】键（n 为数字），光标跳到第 n 行。

如果想切换到最后一行，直接按【G】键。

如果想跳到第一行，直接按【gg】键。

（6）替换。

如果想替换当前光标的字符，先按【r】键，然后按所要替换的字符就可以了。

例如，当前光标是在 a 上，如图 5-24 所示。

```
lp:x:4:7:lp:/var/spool/lpd:/sbin/nologin
```

图 5-24　把光标调整到 a 的位置

此时按一下【r】键，再按一个【9】键，这样就可以把 a 替换成【9】了，如图 5-25 所示。

```
lp:x:4:7:lp:/v9r/spool/lpd:/sbin/nologin
```

图 5-25　按【r】键之后按【9】键

按小写的【r】键只是做一次替换，如果想再替换其他字符，还需要按【r】键才行。如果想一直处于替换状态，则需要按大写的【R】键，这样当替换当前字符之后，光标会跳到下一个字符并处于替换状态，我们可以通过调整光标来替换所要替换的字符，直到按【Esc】键结束。

（7）撤销。

如果编辑错了，可以按【u】键撤销，类似于 Word 中的撤销操作。

（8）前进。

前进符，按【Ctrl+R】组合键。

1. 如果想让所有用户在用 vim 编辑器打开文本文件时都显示行号，该编辑下面哪个文件？

a. ~/.vimrc   b. ~/etc/vimrc   c. /etc/vimrc   d. /etc/profile

2. 在 vim 打开的某文件中，使用下面哪个命令可以把全文所有的 old 替换成 new？

a. :%s/old/new/g   b. :%r/old/new/   c. :s/old/new/g   d. r:/old/new

3. 使用 vim 打开文件 myfile.txt，现在想把从当前行行始算，一共 4 行删除，在键盘上按什么键可以实现？

a. 4dd   b. 4xx   c. 4esc   d. 4del

第6章
归档与压缩

本章主要介绍如何将 Linux 的文件进行归档和压缩。

- ♦ 使用 tar 对多个文件进行归档
- ♦ 使用 gzip 对文件进行压缩和解压
- ♦ 使用 bzip2 对文件进行压缩和解压
- ♦ 使用 tar 结合 gzip 实现文件的归档和压缩
- ♦ 使用 tar 结合 bzip2 实现文件的归档和压缩

6.1 归档

为了方便文件在网络上传输，我们需要把多个文件打包成一个文件（归档）。常见的归档命令包括 tar 和 cpio，这里讲 tar 的使用，cpio 请大家自行学习。

tar 的语法如下。

```
tar cvf aa.tar file1 file2 file3
c 的意思是创建归档
v 的意思是创建归档时显示被归档的文件，为了简化输出，可以不加 v 选项
f 用于指定归档文件
这里的意思是把 file1、file2、file3 归档到 aa.tar 中
```

归档文件一般使用 tar 后缀。

先做准备，拷贝几个文件到当前目录，命令如下。

```
[root@server ~]# cp /etc/hosts /etc/passwd /etc/services .
[root@server ~]# ls
anaconda-ks.cfg  hosts  initial-setup-ks.cfg  passwd  services
[root@server ~]#
```

然后把 hosts、passwd、services 三个文件归档成一个文件 aa.tar，命令如下。

```
[root@server ~]# tar cf aa.tar hosts passwd services
[root@server ~]# ls
aa.tar  anaconda-ks.cfg  hosts  initial-setup-ks.cfg  passwd  services
[root@server ~]#
```

这里归档文件是 aa.tar，查看它们的大小，命令如下。

```
[root@server ~]# ls -lh passwd services hosts aa.tar
-rw-r--r--. 1 root root 690K 8 月  10 23:33 aa.tar
-rw-r--r--. 1 root root  158 8 月  10 23:32 hosts
-rw-r--r--. 1 root root 2.6K 8 月  10 23:32 passwd
-rw-r--r--. 1 root root 677K 8 月  10 23:32 services
[root@server ~]#
```

可以看到，aa.tar 文件的大小比三个文件大小的总和还大，说明用 tar 只有归档功能，并没有压缩功能。

从上面的操作可以看出，当创建好归档文件后，源文件还是在的，即把 hosts、passwd、services 归档到 aa.tar 中之后，这三个文件依然存在。如果希望归档之后同时删除源文件，可以加上 --remove-files 选项。

删除 aa.tar，然后再次归档，命令如下。

```
[root@server ~]# rm -rf aa.tar
[root@server ~]# tar cf aa.tar hosts passwd services --remove-files
[root@server ~]# ls
aa.tar  anaconda-ks.cfg  initial-setup-ks.cfg
[root@server ~]#
```

可以看到，三个文件归档到 aa.tar 中之后就被删除了。

查看归档文件中有哪些文件，可以使用 t 选项，命令如下。

```
[root@server ~]# tar tf aa.tar
hosts
passwd
services
[root@server ~]#
```

想在归档文件中追加一个文件用 r 选项，命令如下。

```
[root@server ~]# tar rf aa.tar anaconda-ks.cfg
[root@server ~]# tar tf aa.tar
hosts
passwd
services
anaconda-ks.cfg
[root@server ~]#
```

这里已经把 anaconda-ks.cfg 写入 aa.tar 中了。

对归档文件进行解档，解档的语法如下。

```
tar xvf aa.tar
    这里 x 表示解档
    v 显示解档出来的文件，为了简化输出，v 选项可以不写
    f 用于指定归档文件
```

练习：把 aa.tar 解档，命令如下。

```
[root@server ~]# tar xf aa.tar
[root@server ~]# ls
aa.tar  anaconda-ks.cfg  hosts  initial-setup-ks.cfg  passwd  services
[root@server ~]#
```

可以看到，解档时默认为解档到当前目录。如果要解档到指定的目录，需要加上 "-C 指定目录"，现在要把 aa.tar 解档到 /opt 目录中，命令如下。

```
[root@server ~]# ls /opt/
[root@server ~]# tar xf aa.tar -C /opt
```

```
[root@server ~]# ls /opt
anaconda-ks.cfg  hosts  passwd  services
[root@server ~]#
```

然后清空 /opt 中的内容，命令如下。

```
[root@server ~]# rm -rf /opt/*
[root@server ~]# ls /opt
[root@server ~]#
```

当然，也可以只解档 aa.tar 中的某一个文件，只要在正常解档命令后面加上要解档的文件即可。

把 aa.tar 中的 hosts 解档出来放在 /opt 中，命令如下。

```
[root@server ~]# ls /opt
[root@server ~]#
[root@server ~]# tar xf aa.tar -C /opt hosts
[root@server ~]# ls /opt
hosts
[root@server ~]#
```

需要注意的是，这里 hosts 要写在 -C /opt 的后面。

6.2 压缩

前面讲 tar 只是归档，并没有压缩功能。要是想压缩，有专门的工具，如 gzip、bzip2、zip。

先创建一个测试文件，命令如下。

```
[root@server ~]# dd if=/dev/zero of=file bs=1M count=100
记录了 100+0 的读入
记录了 100+0 的写出
104857600 bytes (105 MB, 100 MiB) copied, 0.281021 s, 373 MB/s
[root@server ~]#
```

（1）if 是读取哪里的内容，这里是 /dev/zero。

（2）of 是组成的文件名。

（3）count 指定 zero 的数目。

（4）bs 指定每个 zero 的大小，如果没有指定单位则默认为 B。

这里的意思是拿 100 个大小为 1M 的 /dev/zero 组成一个名称叫 file 的文件，此 file 的大小应该是 100M。

```
[root@server ~]# ls -lh file
```

```
-rw-r--r--. 1 root root 100M 8月  10 23:48 file
[root@server ~]#
```

6.2.1 gzip 的用法

gzip 的用法如下。

压缩：**gzip file**，压缩出来的文件后缀为 gz
解压：**gzip -d file.gz**

使用 gzip 对 file 进行压缩，命令如下。

```
[root@server ~]# gzip file
[root@server ~]# ls -lh file.gz
-rw-r--r--. 1 root root 100K 8月  10 23:48 file.gz
[root@server ~]#
```

可以看到，file 原来 100M，压缩成 file.gz 的大小只有 100K。因为 file 文件过于简单，所以压缩率很高。

用 gzip 把 file.gz 解压，命令如下。

```
[root@server ~]# gzip -d file.gz
[root@server ~]#
```

一般情况下，tar 和 gzip 结合在一起使用，用法如下。

```
tar zcf aa.tar.gz file1 file2 file3
```

在 tar 选项中加 z 表示调用 gzip，z 和 c 一起使用就表示压缩，后缀一般为 tar.gz。这句话的意思是把 file1、file2、file3 归档并压缩到 aa.tar.gz 中。

练习：把 file 归档并压缩到 aa.tar.gz 中，命令如下。

```
[root@server ~]# tar zcf aa.tar.gz file
[root@server ~]#
[root@server ~]# ls -lh aa.tar.gz file
-rw-r--r--. 1 root root 100M 8月  10 23:48 file
-rw-r--r--. 1 root root 100K 8月  11 00:22 aa.tar.gz
[root@server ~]#
```

解压 tar.gz 格式的文件用 tar zxf aa.tar.gz。

这里 z 表示调用 gzip，与 x 一起使用就表示解压。

```
[root@server ~]# rm -rf file
[root@server ~]# tar zxf aa.tar.gz
[root@server ~]#
```

6.2.2 bzip2 的用法

bzip2 也是常用的压缩工具，用法如下。

压缩：**bzip2 file**，压缩出来的文件后缀为 bz2
解压：**bzip2 -d file.bz2**

使用 bzip2 对 file 进行压缩，命令如下。

```
[root@server ~]# bzip2 file
[root@server ~]# ls -lh file.bz2
-rw-r--r--. 1 root root 113 8月  10 23:48 file.bz2
[root@server ~]#
```

这里把 100M 的 file 压缩到 1K 以下。因为 file 文件过于简单，所以压缩率很高。

使用 bzip2 进行解压，命令如下。

```
[root@server ~]# bzip2 -d file.bz2
[root@server ~]#
```

一般情况下，tar 和 bzip2 结合在一起使用，用法如下。

```
 tar jcf aa.tar.bz2 file1 file2 file3
```

在 tar 选项中加 j 表示调用 bzip2，j 和 c 一起使用就表示压缩，后缀一般为 tar.bz2。这句话的意思是把 file1、file2、file3 归档并压缩到 aa.tar.bz2 中。

```
[root@server ~]# tar jcf aa.tar.bz2 file
[root@server ~]# ls -lh aa.tar.bz2
-rw-r--r--. 1 root root 194 8月  11 10:17 aa.tar.bz2
[root@server ~]#
```

解压 tar.bz2 格式的文件用 tar jxf aa.tar.bz2。

这里 j 表示调用 bzip2，与 x 一起使用就表示解压。

```
[root@server ~]# rm -rf file
[root@server ~]# tar jxf aa.tar.bz2
[root@server ~]#
```

6.2.3 zip 的用法

zip 是常用的压缩工具，在 Windows 中也经常使用。zip 的用法如下。

压缩文件：zip aa.zip file，把 file 压缩到 aa.zip 中
压缩目录：zip **-r** bb.zip dir，把目录 dir 压缩到 bb.zip 中

如果解压 zip 格式的压缩文件，则用 unzip 命令，用法如下。

```
unzip aa.zip
```

练习：把 file 压缩到 aa.zip 中，命令如下。

```
[root@server ~]# zip aa.zip file
  adding: file (deflated 100%)
[root@server ~]#
[root@server ~]# ls -lh file aa.zip
-rw-r--r--. 1 root root 100K 8月  11 10:36 aa.zip
-rw-r--r--. 1 root root 100M 8月  10 23:48 file
[root@server ~]#
```

解压 zip 格式的压缩文件，命令如下。

```
[root@server ~]# rm -rf file
[root@server ~]# unzip aa.zip
Archive:  aa.zip
  inflating: file
[root@server ~]#
```

1. 有一个压缩文件 aa.tar.gz，现在想把它解压，用的命令是哪个？

a. tar xvf aa.tar.gz   b. tar jxf aa.tar.gz

c. tar zxf aa.tar.gz   d. gzip -d aa.tar.gz

2. 有一个压缩文件 aa.tar.bz2，现在想把它解压，用的命令是哪个？

a. tar xvf aa.tar.bz2   b. tar jxf aa.tar.bz2

c. tar zxf aa.tar.bz2   d. gzip -d aa.tar.bz2

3. 有一个压缩文件 figlet-2.2.4.tar.gz，在不解压的情况下查看里面有哪些文件，用的命令是哪个？

a. tar tf figlet-2.2.4.tar.gz   b. tar lf figlet-2.2.4.tar.gz

c. tar xf figlet-2.2.4.tar.gz   d. tar xf figlet-2.2.4.tar.gz

第7章
服务管理

本章主要介绍如何管理 Linux 中的服务。

- 💧 了解服务
- 💧 启动和关闭服务
- 💧 设置服务开机自动启动

刚装好 Windows 系统时，需要进行一些优化，如图 7-1 所示。

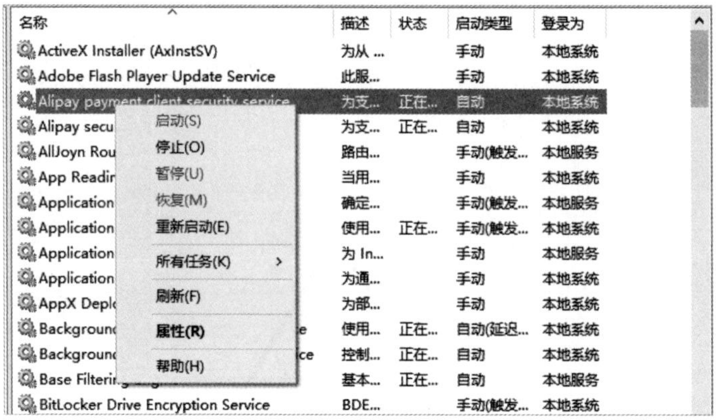

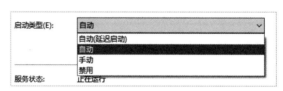

图 7-1　Windows 中对服务的管理

右击某个服务，可以看到一些选项，包括启动、停止、重新启动等。这些选项管理的是这个服务的当前状态。

双击服务名，在启动类型中设置的是系统启动时，这个服务要不要跟着一起运行，如图 7-2 所示。

图 7-2　设置服务开机启动

在 Windows 中管理一个服务，有以下两种管理方式。

（1）管理服务当前状态。

（2）管理服务开机是否自动启动。

在 RHEL8 中，通过输入 systemctl list-unit-file 命令可以列出系统中所有的服务，其中后缀为 service 的那些服务类似于 Windows 中的服务。查看后缀为 service 的服务可以使用 systemctl list-unit-files --type service 命令。

```
[root@server ~]# systemctl list-unit-files --type service
UNIT FILE                            STATE
accounts-daemon.service              enabled
alsa-restore.service                 static
... 输出 ...
[root@server ~]#
```

最后按【q】键退出。

　　一般情况下，我们启动、停止、重新启动服务，指的就是这些后缀为 service 的服务，后缀 .service 一般可以不用写。

 管理服务当前状态

　　查看 sshd 这个服务是否运行，命令如下。

```
[root@server ~]# systemctl is-active sshd
active
[root@server ~]#
```

　　只有状态为 active 才说明此服务是正常运行的，其他状态都表示这个服务没有运行或没有正常运行。

　　关闭 sshd，命令如下。

```
[root@server ~]# systemctl stop sshd
[root@server ~]# systemctl is-active sshd
inactive
[root@server ~]#
```

　　开启 sshd，命令如下。

```
[root@server ~]# systemctl start sshd
[root@server ~]# systemctl is-active sshd
active
[root@server ~]#
```

　　重启 sshd，命令如下。

```
[root@server ~]# systemctl restart sshd
[root@server ~]#
```

　　查看 sshd 的运行状态，命令如下。

```
[root@server ~]# systemctl status sshd
● sshd.service - OpenSSH server daemon
   Loaded: loaded (/usr/lib/systemd/system/sshd.service; enabled; vendor
preset: enabled)
   Active: active (running) since Wed 2021-08-11 23:35:30 CST; 39s ago
   ... 输出 ...
[root@server ~]#
```

　　上面 enabled 说明此服务开机时自动启动，active 表示当前是正常运行的。

最下行并没有显示终端提示符，按【q】键退出。

禁用服务，命令如下。

```
[root@server ~]# systemctl mask sshd
Created symlink /etc/systemd/system/sshd.service → /dev/null.
[root@server ~]# systemctl stop sshd
[root@server ~]# systemctl start sshd
Failed to restart sshd.service: Unit sshd.service is masked.
[root@server ~]#
```

将 sshd 设置为 mask，则此服务关闭之后就不能再启动了，这个类似于 Windows 中把某服务禁用了。通过 systemctl status sshd 来查看是否设置为了 mask。

```
[root@server ~]# systemctl status sshd
● sshd.service
   Loaded: masked (Reason: Unit sshd.service is masked.)
   Active: inactive (dead) since Wed 2021-08-11 23:44:06 CST; 6s ago
   ...输出...
[root@server ~]#
```

要取消 mask，使用 unmask 命令即可，如下所示。

```
[root@server ~]# systemctl unmask sshd
Removed /etc/systemd/system/sshd.service.
[root@server ~]#
[root@server ~]# systemctl start sshd
[root@server ~]#
```

以上这些除 mask 外的操作只是影响当前状态，并不会影响系统重启后此服务是否会自动启动。

7.2 管理服务开机是否自动启动

查看某服务开机是否自动启动，可以使用"systemctl is-enabled 服务名"命令来判断，结果如果是 enabled 则开机会自动运行，不管当前是否启动，系统启动时此服务会自动启动，如下所示。

```
[root@server ~]# systemctl is-enabled sshd
enabled
[root@server ~]#
```

这里显示结果为 enabled，说明 sshd 服务开机时会自动启动。如果不希望开机自动启动，则使用 "systemctl disable 服务名" 即可，如下所示。

```
[root@server ~]# systemctl disable sshd
Removed /etc/systemd/system/multi-user.target.wants/sshd.service.
[root@server ~]# systemctl is-enabled sshd
disabled
[root@server ~]#
```

现在显示为 disabled，说明 sshd 服务开机时不会自动启动，即使 sshd 现在是运行的，但是重启系统之后 sshd 也是不会自动运行的，只有手动 start 之后才能运行。

enable 和 disable 操作影响的是开机是否会自动启动，并不影响当前状态。如果希望设置开机自动启动，同时设置现在也启动起来，那么加上 --now 选项，如下所示。

```
[root@server ~]# systemctl stop sshd
[root@server ~]# systemctl enable sshd --now
Created symlink /etc/systemd/system/multi-user.target.wants/sshd.service →
/usr/lib/systemd/system/sshd.service.
[root@server ~]#
```

现在查看 sshd 的状态，如下所示。

```
[root@server ~]# systemctl is-active sshd
active
[root@server ~]# systemctl is-enabled sshd
enabled
[root@server ~]#
```

7.3 判断服务名是什么

很多时候我们安装了某个软件之后，想知道服务名是什么，可以通过 "systemctl list-unit-files --type service | grep 关键字" 来判断。例如，ssh 这个服务到底是 ssh 还是 sshd？

```
[root@server ~]# systemctl list-unit-files --type service | grep ssh
anaconda-sshd.service                      static
sshd-keygen@.service                       disabled
sshd.service                               enabled
sshd@.service                              static
sssd-ssh.service                           indirect
[root@server ~]#
```

1. 某天管理员 tom 新接手了一台服务器，当他启动 vsftpd 时发现如下报错，如图 7-3 所示。

```
[root@server ~]# systemctl start vsftpd
Failed to start vsftpd.service: Unit is masked.
[root@server ~]#
```

图 7-3　错误提示

他找你帮忙解决一下，那么你该如何做？

2. 当你解决这个问题之后，过了一段时间 tom 又来找你，说 vsftpd 这个服务在每次重启系统之后都要手动启动这个服务，实在是麻烦。请问你有没有什么好方法来解决这个问题？

第2篇　用户及权限管理

第8章
用户管理

本章主要介绍 Linux 系统中的用户管理。

- ◆ 基本概念的理解
- ◆ 创建及删除用户
- ◆ 修改用户属性
- ◆ 修改密码策略
- ◆ 通过 sudo 对用户进行授权

8.1 基本概念

用户在操作系统中是非常重要的，我们登录系统、访问共享文件夹等都需要用户进行验证。所以，掌握管理用户的知识是非常有必要的。

说到用户，我们会提到两个名词：账户信息和密码信息。

（1）账户信息：以 QQ 为例，可以理解为 QQ 号码、QQ 签名、QQ 中填写的个人资料等。

（2）密码信息：以 QQ 为例，就是登录 QQ 的密码。

用户的账户信息是存储在 /etc/passwd 中的，在此文件中一行一个用户信息，各字段用 ":" 隔开，如图 8-1 所示。

```
[root@server ~]# grep lduan /etc/passwd
    1     2    3    4
lduan:x:1000:1000:lduan:/home/lduan:/bin/bash
                         5          6           7
[root@server ~]#
```

图 8-1　用户账户信息结构

1：用户名。

2：原来此处用于存储用户的密码，因为安全性问题，这里统一用 x 作为占位符。

3：用户的 uid，每个用户都会有一个 user id，简称为 uid。root 的 uid 为 0。

4：用户的 gid，每个组也都会有一个 group id，简称为 gid。

5：用户的描述信息。

6：用户的家目录。

7：用户的 shell。

上面的命令也可以通过 "getent passwd 用户名" 来获取，如下所示。

```
[root@server ~]# getent passwd lduan
lduan:x:1000:1000:lduan:/home/lduan:/bin/bash
[root@server ~]#
```

用户的密码信息存储在 /etc/shadow 中，如下所示。

```
[root@server ~]# grep lduan /etc/shadow
lduan:$6$Z7aM5EPapyU3cvCV$ha.zQkx9XgRmGyMnub.Fw7hqxmcwhGxMqXGSO.ZXmFt.uBXSpzbz
Q.1ATUfyNBA6gppPigSU45NatmpipZv48/::0:99999:7:::
[root@server ~]#
```

上面第一个和第二个冒号之间的斜体字就是被加密后的密码。上面的信息也可以通过 "getent shadow 用户名" 来获取，如下所示。

```
[root@server ~]# getent shadow lduan
lduan:$6$Z7aM5EPapyU3cvCV$ha.zQkx9XgRmGyMnub.Fw7hqxmcwhGxMqXGSO.ZXmFt.uBXS
pzbzQ.1ATUfyNBA6gppPigSU45NatmpipZv48/::0:99999:7:::
[root@server ~]#
```

判断一个用户是否存在，可以使用"id 用户名"命令，如下所示。

```
[root@server ~]# id tom
id: "tom": 无此用户
[root@server ~]#
```

这里 tom 用户不存在，则显示无此用户。如果用户存在，则显示用户信息，如图 8-2 所示。

```
[root@server ~]# id lduan
uid=1000(lduan) gid=1000(lduan) 组=1000(lduan)
              1               2              3
[root@server ~]#
```

图 8-2　用 id 显示用户信息

1：显示用户的 uid 信息。

2：显示用户的 gid 信息。

3：显示用户的 gid 信息。

如果 id 后面没有跟用户，则显示当前用户自己的信息。

```
[root@server ~]# id
uid=0(root) gid=0(root) 组 =0(root) 环境 =unconfined_u:unconfined_r:unc...
[root@server ~]#
```

8.2　管理用户

管理用户包括创建用户和修改用户属性。

8.2.1 创建用户

利用 useradd 命令可以创建用户，useradd 中常见的选项包括 8 种。

（1）-d：指定用户的家目录，默认为 /home/ 用户名。

（2）-m：创建家目录，这是默认选项，一般不用指定。

（3）-M：不为用户创建家目录，即创建好用户之后没有"/home/ 用户名"。

（4）-s：指定用户的 shell，默认为 /bin/bash。

（5）-c：用来指定备注信息，不指定则为空。

（6）-u：指定用户的 uid。

（7）-g：默认情况下，创建用户时会创建一个同名组。例如，创建 tom 用户，则会创建一个 tom 组，然后把 tom 用户加入 tom 组中。如果指定了 -g root，则创建用户时直接把 tom 加入 root 组，就不会再创建 tom 组，此时 tom 只属于一个组。

（8）-G：指定附属组，即把用户加入一个额外的组，此时 tom 属于两个组。

如果同时指定 -g 和 -G 选项，如 -g root -G users，这里的意思是不再为 tom 创建命名组，直接加入 root 组，同时再额外地加入 users 组，此时 tom 就属于两个组，即 root 和 users 组。

下面创建 tom 用户，如下所示。

```
[root@server ~]# useradd -d /tom -s /sbin/nologin \
>  -c "Im tom" -u 2000 -g root -G users tom
[root@server ~]#
```

这里创建一个 tom 用户，因为命令太长，所以最后加一个反斜线后按【Enter】键，这里虽然换行了，但是系统会认为仍然是一行的。

记住，反斜线后面不能有空格，按【Enter】键之后前面会自动出现一个提示符 ">"，这个 ">" 不是我们输入的。

现在查看 tom 用户的属性，如下所示。

```
[root@server ~]# grep tom /etc/passwd
tom:x:2000:0:Im tom:/tom:/sbin/nologin
[root@server ~]#
```

可以看到，这里 tom 用户的属性完全是按照我们的要求创建出来的。

查看密码信息，如下所示。

```
[root@server ~]# grep tom /etc/shadow
tom:!!:18848:0:99999:7:::
[root@server ~]#
```

因为我们在创建用户时，并没有指定用户的密码，所以这里密码为空。当我们创建用户时，没有给这个用户设置密码，则这个用户是处于被锁定状态，即不能登录，如下所示。

```
[root@server ~]# passwd -S tom
tom LK 2021-08-09 0 99999 7 -1 (密码已被锁定。)
[root@server ~]#
```

现在为 tom 用户设置密码，可以使用如下命令。

```
[root@server ~]# passwd tom
更改用户 tom 的密码 。
新的 密码：haha001
```

```
无效的密码：密码少于 8 个字符
重新输入新的 密码：haha001
passwd：所有的身份验证令牌已经成功更新。
[root@server ~]#
```

这里把密码设置为 haha001，或者使用如下命令。

```
[root@server ~]# echo haha001 | passwd --stdin tom
更改用户 tom 的密码 。
passwd：所有的身份验证令牌已经成功更新。
[root@server ~]#
```

再次查看用户的状态，如下所示。

```
[root@server ~]# passwd -S tom
tom PS 2021-08-09 0 99999 7 -1 ( 密码已设置，使用 SHA512 算法。)
[root@server ~]#
```

这里显示用户已经设置了密码。查看密码信息，如下所示。

```
[root@server ~]# grep tom /etc/shadow
tom:$6$dj7axXv3/Dw7FliM$DRlhxqOKlHCVmjrkzlk30jFYsEGm7LjQyanzZswAVpDgvo8055
XJKv0LsIS9Y4kTIJMscup4mrw3qy/cg6Enl0:18848:0:99999:7:::
[root@server ~]#
```

这里已经有了密码。

但是现在用户仍然是不能登录的，所以用 su 命令切换到 tom 用户。

```
[root@server ~]# su - tom
This account is currently not available.
[root@server ~]#
```

这是因为 tom 用户的 shell 被设置为了 /sbin/nologin，任何用户的 shell 被设置为 /sbin/nologin，则此用户是不能登录系统的。那么，创建此用户的意义何在？很多时候我们搭建了服务，如用 samba 共享了一个目录，希望其他主机来访问此共享目录时不能以匿名用户访问，必须输入相关的用户名和密码，但又不想让他能登录系统，这种情况下就可以用到了。

8.2.2 修改用户属性

如果想修改用户属性，可以使用 usermod 命令。usermod 命令所能用到的选项与 useradd 是差不多的，下面讲最常见的 5 个选项。

（1）-c：修改注释信息。

（2）-s：修改 shell 信息。

（3）-d：修改家目录。

（4）-L：锁定用户。

（5）-U：解锁用户。

把 tom 的 shell 改成 /bin/bash，并把备注信息改成 hello tom，如下所示。

```
[root@server ~]# usermod -s /bin/bash -c "hello tom" tom
[root@server ~]# grep tom /etc/passwd
tom:x:2000:0:hello tom:/tom:/bin/bash
[root@server ~]#
```

1. 锁定用户

锁定用户，命令如下。

```
[root@server ~]# usermod -L tom
[root@server ~]# passwd -S tom
tom LK 2021-08-09 0 99999 7 -1 (密码已被锁定。)
[root@server ~]#
```

锁定用户，使用 root 用户是可以用 su 命令切换过去的，但是使用其他用户是不能用 su 命令切换过去的，如下所示。

```
[root@server ~]# su - tom
[tom@server ~]$ exit
注销
[root@server ~]#
```

再打开一个终端，这个终端中是以 lduan 用户登录的，然后通过 su 命令切换到 tom 用户，如下所示。

```
[lduan@server ~]$ su - tom
密码:
su: 鉴定故障
[lduan@server ~]$
```

可以看到，lduan 用户不能用 su 命令切换过去，提示为鉴定故障。

2. 解锁用户

如果要解锁用户，可以使用 usermod -U 命令。下面把 tom 用户解锁。

```
[root@server ~]# usermod -U tom
[root@server ~]# passwd -S tom
tom PS 2021-08-09 0 99999 7 -1 (密码已设置，使用 SHA512 算法。)
[root@server ~]#
```

在第二个终端中 lduan 用户用 su 命令切换到 tom 用户。

```
[lduan@server ~]$ su - tom
密码:
[tom@server ~]$ whoami
tom
[tom@server ~]$ pwd
/tom
[tom@server ~]$ exit
注销
[lduan@server ~]$
```

此时其他用户是可以正常切换的。

3. 修改用户的家目录

前面已经看到了,tom用户的家目录设置为/tom,现在想把家目录改成/home/tom,命令如下。

```
[root@server ~]# usermod -d /home/tom tom
[root@server ~]# grep tom /etc/passwd
tom:x:2000:0:hello tom:/home/tom:/bin/bash
[root@server ~]#
```

可以看到,tom用户的家目录已经设置为了 /home/tom。在第二个终端中测试,输入如下命令。

```
[lduan@server ~]$ su - tom
密码:
su: 警告:无法更改到 /home/tom 目录 : 没有那个文件或目录
[tom@server lduan]$
```

这里显示无法切换到 /home/tom。因为创建用户时用户的家目录是创建在 /tom 下的,但是手动修改 tom 的家目录为 /home/tom,这个家目录并没有在 /home 下创建,所以才会出现刚才的问题。我们只要把原来的家目录拷贝过去即可,在第一个终端中执行如下命令。

```
[root@server ~]# cp -a /tom/ /home/
[root@server ~]# ls /home/
lduan  tom
[root@server ~]#
```

再回到第二个终端中测试,输入如下命令。

```
[tom@server lduan]$ exit
注销
[lduan@server ~]$ su - tom
密码:
[tom@server ~]$ pwd
/home/lduan
[tom@server ~]$ exit
注销
[lduan@server ~]$
```

可以看到，已经可以切换到家目录了。

4. 管理组

所有组的信息都是放在 /etc/group 中的，如果要判断一个组是否存在，可以到 /etc/group 中查询。例如，现在判断 bob 组是否存在，命令如下。

```
[root@server ~]# grep bob /etc/group
[root@server ~]#
```

没有任何输出，说明 bob 组不存在。如果想创建一个新的组，则用"groupadd 组名"命令。例如，现在要创建 bob 组，命令如下。

```
[root@server ~]# groupadd bob
[root@server ~]# grep bob /etc/group
bob:x:1001:
[root@server ~]#
```

如果要删除某个组，则用"groupdel 组名"命令。例如，现在要删除 bob 组，命令如下。

```
[root@server ~]# groupdel bob
[root@server ~]# grep bob /etc/group
[root@server ~]#
```

创建组时，可以通过 -g 选项来指定 gid 信息。例如，创建 bob 组，组 id 设置为 3000，命令如下。

```
[root@server ~]# groupadd -g 3000 bob
[root@server ~]# grep bob /etc/group
bob:x:3000:
[root@server ~]#
```

再次删除 bob 组。

查看用户属于哪个组的，可以通过"groups 用户"来查看。例如，查看 tom 属于哪个组，命令如下。

```
[root@server ~]# groups tom
tom : root users
[root@server ~]#
```

可以看到，tom 属于 root 和 users 组。如果想把用户继续添加到其他组中，可以通过"gpasswd -a 用户 组"来添加。例如，现在要把 tom 加入 bin 组，命令如下。

```
[root@server ~]# gpasswd -a tom bin
正在将用户"tom"加入"bin"组中
[root@server ~]#
[root@server ~]# groups tom
tom : root bin users
[root@server ~]#
```

可以看到，tom 已经属于 bin 组了。

要是想把用户从某个组中踢出去，则通过"gpasswd -d 用户 组"来删除。例如，现在要把 tom 从 bin 组中删除，命令如下。

```
[root@server ~]# gpasswd -d tom bin
正在将用户"tom"从"bin"组中删除
[root@server ~]# groups tom
tom : root users
[root@server ~]#
```

可以看到，tom 已经不属于 bin 组了。

8.3 用户的密码策略

很多人是没有修改密码的习惯的，设置了一个密码就一直使用下去，这样会带来一定的安全隐患。所以，为了提高安全性，需要设置一定的密码策略，使用的命令是 chage。

chage 常见的选项包括以下几个。

（1）-l：列出用户的信息。

```
[root@server ~]# chage -l tom
最近一次密码修改时间          ：8 月 09, 2021
密码过期时间                 ：从不
密码失效时间                 ：从不
    ... 输出 ...
[root@server ~]#
```

可以看到，tom 的密码是在 2021 年 8 月 9 日修改的。

（2）-d：用于更改最近一次修改密码的日期，如改成 2021 年 7 月 8 日。

```
[root@server ~]# chage -d 2021-07-08 tom
[root@server ~]# chage -l tom
最近一次密码修改时间          ：7 月 08, 2021
密码过期时间                 ：从不
密码失效时间                 ：从不
    ... 输出 ...
[root@server ~]#
```

（3）-E：设置此账户什么时候过期，如要设置 2022 年 12 月 21 日过期。

```
[root@server ~]# chage -E 2022-12-21 tom
[root@server ~]# chage -l tom
```

```
    ... 输出 ...
账户过期时间                            : 12 月 21, 2022
两次改变密码之间相距的最小天数            : 0
    ... 输出 ...
[root@server ~]#
```

那么，tom 用户到了 2022 年 12 月 21 日就会被锁定，不能登录系统了。

（4）-E -1：设置为永不过期。

```
[root@server ~]# chage -E -1 tom
[root@server ~]# chage -l tom
最近一次密码修改时间                    : 7 月 08, 2021
    ... 输出 ...
账户过期时间                            : 从不
    ... 输出 ...
[root@server ~]#
```

（5）-E 1：设置为立即过期。

（6）-M：最大使用天数，过了这个天数还没有修改密码，账户将被锁定。

（7）-m：最小使用天数，两次修改密码的间隔不得低于这个天数，不能今天改了明天再改回去。

（8）-W：达到最大使用天数之前，提前几天警告。如同房贷，提前一周短信通知用户银行卡余额要足够。

（9）-I：达到最大使用天数之后还没有修改密码，不会立即锁定账户，而是会给几天的缓冲期，但是在缓冲期内不管何时登录系统，都会强迫你修改密码。如果在缓冲期内也没有修改密码，则会锁定账户。

```
[root@server ~]# chage -m 5 -M 30 -W 6 -I 3 tom
[root@server ~]# chage -l tom
最近一次密码修改时间          : 7 月 08, 2021
密码过期时间                  : 8 月 07, 2021
密码失效时间                  : 8 月 10, 2021
账户过期时间                  : 从不
两次改变密码之间相距的最小天数  : 5
两次改变密码之间相距的最大天数  : 30
在密码过期之前警告的天数   : 6
[root@server ~]#
```

这里把最小使用天数设置为 5 天，最大使用天数设置为 30 天，警告天数设置为 6 天，缓冲期设置为 3 天。我们能看到上次修改密码是在 2021 年 7 月 8 日，到 2021 年 8 月 7 日是最大使用天数了，加上 3 天的缓冲期即 2021 年 8 月 10 日，到现在还在缓冲期内（做本实验的日期是 2021 年 8 月 9 日）。在第二个终端中 lduan 用户用 su 命令切换到 tom 用户。

```
[lduan@server ~]$ su - tom
密码: 旧密码
You are required to change your password immediately (password expired)
Current password: 旧密码
新的 密码:
重新输入新的 密码:
[tom@server ~]$
```

此处输入原来的密码之后并没有进入系统，而是开始强制让用户设置新密码了。

在第一个终端中，再次把密码设置为 haha001。

```
[root@server ~]# echo haha001 | passwd --stdin tom
更改用户 tom 的密码 。
passwd: 所有的身份验证令牌已经成功更新。
[root@server ~]#
```

设置下次登录强制修改密码，命令如下。

```
[root@server ~]# chage -d 0 tom
[root@server ~]#
```

此时 tom 登录时，必须重置密码才可以。

上面关于账户的锁定及密码的过期时间，也可以使用 passwd 命令来实现，如图 8-3 所示。

```
[root@server ~]# passwd --help
用法: passwd [选项...] <帐号名称>
 -k, --keep-tokens         保持身份验证令牌不过期
 -d, --delete              删除命名帐户的密码（仅限 root
                           用户）；也删除密码锁（如果有）
 -l, --lock                锁定指名帐户的密码(仅限 root 用户)
 -u, --unlock              解锁指名帐户的密码(仅限 root 用户)
 -e, --expire              终止指名帐户的密码(仅限 root 用户)
 -f, --force               强制执行操作
 -x, --maximum=DAYS        密码的最长有效时限(只有 root
                           用户才能进行此操作)
 -n, --minimum=DAYS        密码的最短有效时限(只有 root
                           用户才能进行此操作)
 -w, --warning=DAYS        在密码过期前多少天开始提醒用户(只有
                           root 用户才能进行此操作)
 -i, --inactive=DAYS       当密码过期后经过多少天该帐号会被禁用(只有 roo
t 用户才能进行此操作)
 -S, --status              报告已命名帐号的密码状态(只有 root
                           用户才能进行此操作)
    --stdin                从标准输入读取令牌(只有 root
```

图 8-3　chage 的选项

提示

具体操作，读者可以自行练习。

这里需要注意的是，如果想清除某用户的密码，可以使用 "passwd -d 用户名" 命令来实现，命令如下。

```
[root@server ~]# passwd -d tom
清除用户的密码 tom。
passwd: 操作成功
```

```
[root@server ~]# passwd -S tom
tom NP 2021-08-09 5 30 6 3 (密码为空。)
[root@server ~]#
```

tom 再登录系统时，是不需要密码的。

```
[lduan@server ~]$ su - tom
[tom@server ~]$
[tom@server ~]$ exit
注销
[lduan@server ~]$
```

删除用户的命令是 userdel。

```
[root@server ~]# userdel -r tom
[root@server ~]# ls /home/
lduan
[root@server ~]# id tom
id: "tom": 无此用户
[root@server ~]#
```

userdel 后面加上 -r 选项的意思是除删除此用户外，还把用户的家目录、邮件等全部删除。

8.4 ▶ 用户的授权

前面讲了普通用户很多时候权限是不够的，例如，下面的命令。

```
[lduan@server ~]$ mount /dev/cdrom /mnt
mount: 只有 root 能执行该操作
[lduan@server ~]$
```

要执行该操作，需要使用 su 命令切换到 root。但是并不希望其他人知道 root 密码，那怎么办？我们可以让 root 用户通过 sudo 对普通用户进行授权。

首先查看本机的主机名，命令如下。

```
[root@server ~]# hostname
server.rhce.cc
[root@server ~]#
```

到 /etc/sudoers.d 下随便创建一个文件，建议使用用户名作为文件名（不过文件名可以随便取），这样比较方便看出来是对哪个用户授权的。假设现在对 lduan 用户授权，则创建文件 /etc/sudoers.d/lduan，文件中的格式如下。

```
userX    主机名 Z=(userY)    命令 1, 命令 2, 命令 3, ...
```

这里表明授权用户 userX 在主机名 Z 这台主机上有权限执行命令 1, 命令 2, 命令 3,…。

需要注意的是,这里主机名要写本机的主机名,不要写错了。为了防止写错,可以把主机名写成 ALL。

```
userX    ALL=(userY)    命令 1, 命令 2, 命令 3, ...
```

假设现在授权 lduan 用户在本机能以 root 身份使用 mount 命令,编辑内容如下。

```
[root@server ~]# cat /etc/sudoers.d/lduan
lduan   server.rhce.cc=(root)   /bin/mount
[root@server ~]#
```

用户要是想执行 sudo 授权过的命令,则命令前面要加上 sudo。

在另外一个终端中执行 mount 命令,命令如下。

```
[lduan@server ~]$ sudo mount /dev/cdrom /mnt
   ... 输出 ...
[sudo] lduan 的密码:此处输入 lduan 的密码
mount: /mnt: WARNING: device write-protected, mounted read-only.
[lduan@server ~]$
```

可以看到,已经可以执行了,这里输入的密码会保留 5 分钟,5 分钟之内再次执行 sudo 是不需要密码的,过了 5 分钟再执行 sudo 命令则还需要输入密码。可以使用 sudo -k 命令立即清除记忆的密码。

下面执行 umount 命令,命令如下。

```
[lduan@server ~]$ sudo umount /mnt
对不起,用户 lduan 无权以 root 的身份在 server.rhce.cc 上执行 /bin/umount /mnt。
[lduan@server ~]$
```

还是不行,为何?因为我们只授权 lduan 执行 mount 命令,并没有授权执行 umount 命令。下面使用 root 授权 lduan 能执行 umount 命令,修改 /etc/sudoers.d/lduan 的内容如下。

```
[root@server ~]# cat /etc/sudoers.d/lduan
lduan   server.rhce.cc=(root)   /bin/mount,/bin/umount
[root@server ~]#
```

此时已经对 lduan 授权 mount 和 umount 命令,然后到第二个终端中再次执行如下命令。

```
[lduan@server ~]$ sudo umount /mnt
[lduan@server ~]$
```

已经可以正常执行了。

查看 lduan 被授权执行哪些命令，可以通过 sudo -l 来查看，命令如下。

```
[lduan@server ~]$ sudo -l
... 一堆输出 ...
用户 lduan 可以在 server 上运行以下命令：
    (root) /bin/mount, /bin/umount
[lduan@server ~]$
```

前面介绍了 sudo 命令需要输入密码，这个密码会保留 5 分钟，如果想修改此默认时间，可以通过 vim 修改 /etc/sudoers，添加 Defaults timestamp_timeout=N，此处 N 为一个数字，单位为分钟。如果想立即清除保存的密码，使用 sudo -k 即可。

如果想让 lduan 执行授权命令时不需要输入密码，则可以加上 NOPASSWD，修改 /etc/sudoers.d/lduan 的内容如下。

```
[root@server ~]# cat /etc/sudoers.d/lduan
lduan    server.rhce.cc=(root) NOPASSWD:    /bin/mount,/bin/umount
[root@server ~]#
```

在另外一个终端中验证，命令如下。

```
[lduan@server ~]$ sudo -k
[lduan@server ~]$ sudo mount /dev/cdrom /mnt
mount: /mnt: WARNING: device write-protected, mounted read-only.
[lduan@server ~]$ sudo -k
[lduan@server ~]$ sudo umount /mnt
[lduan@server ~]$
```

此时并没有输入密码，这里特意执行 sudo -k 命令的目的就是确保没有缓存密码。

如果想授权所有命令给 lduan，则可以在命令位置上用 ALL 替代，命令如下。

```
[root@server ~]# cat /etc/sudoers.d/lduan
lduan        server.rhce.cc=(root) NOPASSWD:        ALL
[root@server ~]#
```

此时 lduan 用户通过 sudo -i 无密码切换到 root 用户，命令如下。

```
[lduan@server ~]$ sudo -i
[root@server ~]#
[root@server ~]# exit
注销
[lduan@server ~]$
```

在编辑 /etc/sudoers.d/lduan 时，为了防止主机名写错，可以在主机名的位置写 ALL，命令如下。

```
[root@server ~]# cat /etc/sudoers.d/lduan
lduan                ALL=(root) NOPASSWD:                ALL
[root@server ~]#
```

8.5 重置 root 密码

前面已经讲了对用户的管理，我们都是以 root 用户操作的，如果忘记了 root 用户的密码，那么该如何重新设置 root 密码呢？下面开始练习如何重置 root 密码。

步骤❶：首先重启系统，在看到内核引导界面时通过上、下键选择第一行（默认选择的就是第一行），如图 8-4 所示。

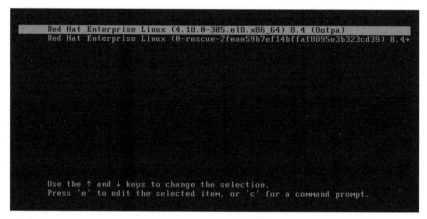

图 8-4　内核引导界面

步骤❷：在键盘上按【e】键，表示编辑，通过上、下键把光标调整到 linux 那行，然后按【End】键，把光标调整到 linux 那行的最后，输入"rd.break"，如图 8-5 所示。

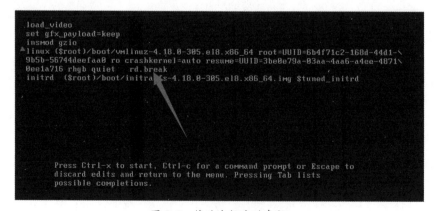

图 8-5　修改内核启动参数

步骤 ❸：修改之后按【Ctrl+x】组合键启动系统，之后能看到一个提示符，如图 8-6 所示。

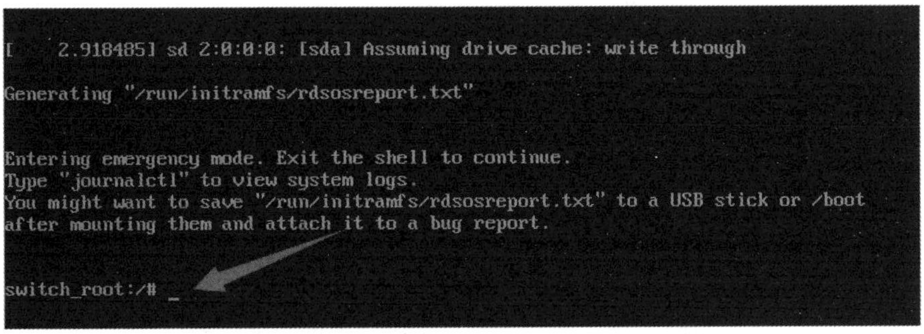

图 8-6　启动系统

现在进入的是一个处于内存中的临时系统，之前挂载到"/"的分区 /dev/sda1 被挂载到当前这个系统的 /sysroot 目录上了，如图 8-7 所示。

图 8-7　/dev/sda1 被挂载到当前系统的 /sysroot 目录上

这里 /dev/sda1 是以只读（ro）的方式挂载到 /sysroot 目录上的，如图 8-8 所示。

图 8-8　/dev/sda1 以只读的方式被挂载到 /sysroot 目录上

步骤 ❹：把 /dev/sda1 以读写（rw）的方式重新挂载到 /sysroot 目录上，如图 8-9 所示。

图 8-9　/dev/sda1 以读写的方式被挂载到 /sysroot 目录上

这样就把 /dev/sda1 以 rw 的方式挂载到 /sysroot 目录上了，如图 8-10 所示。

图 8-10　以 rw 的方式挂载 /dev/sda1

步骤 ❺：通过 chroot /sysroot 命令切换到硬盘所在系统，如图 8-11 所示。

```
switch_root:/#
switch_root:/# chroot /sysroot/
sh-4.4#
sh-4.4#
```

图 8-11 执行 chroot 命令

这样我们所处的就不再是内存中的那个临时系统了，而是进入了之前安装在 /dev/sda1 中的操作系统中。

步骤❻：把 root 密码修改为 haha001，如图 8-12 所示。

```
sh-4.4#
sh-4.4# echo haha001 | passwd --stdin root
■ ■ ■ ■  root ■ ■ ■  ■
passwd■ ■ ■ ■ ■ ■ ■ ■ ■ ■ ■ ■ ■ ■ ■ ■ ■
sh-4.4#
```

图 8-12 修改 root 密码为 haha001

因为我们的系统默认语言是简体中文，在当前模式下并不能显示中文，所以这里会出现方块字。如果要把结果以英文来输出，则在 passwd 命令前加上 LANG=C 即可，如图 8-13 所示。

```
sh-4.4#
sh-4.4# echo haha001 | LANG=C passwd --stdin root
Changing password for user root.
passwd: all authentication tokens updated successfully.
sh-4.4#
```

图 8-13 以英文输出结果

步骤❼：在 / 目录下创建隐藏文件 /.autorelabel，如图 8-14 所示。

```
sh-4.4#
sh-4.4# touch /.autorelabel
sh-4.4#
```

图 8-14 创建隐藏文件 /.autorelabel

因为重置了密码，所以要重置 SELinux 标签，创建这个文件的目的就是重置 SELinux 标签。关于 SELinux 的内容，在后面有专门章节讲解。

需要注意的是，这里是 /.autorelabel，不是 /.autorelable，也不是 ./autorelabel。

步骤❽：输入“exit”并按【Enter】键，再次输入“exit”并按【Enter】键，如图 8-15 所示。

```
sh-4.4#
sh-4.4# exit
exit
switch_root:/# exit
logout
[  599.337712] piix4_smbus 0000:00:07.3: SMBus Host Controller not enabled!
[  599.890638] selinux-autorelabel[894]: *** Warning -- SELinux targeted policy relabel is required.
[  599.890759] selinux-autorelabel[894]: *** Relabeling could take a very long time, depending on file
[  599.890829] selinux-autorelabel[894]: *** system size and speed of hard drives.
```

图 8-15 退出编辑

之后系统会自动重启，不过这里需要稍微等待一会才能重启成功。

1. 下面哪个文件是存储用户加密后的密码信息的？

a. /etc/passwd   b. /etc/shadow   c. /etc/users   d. /etc/secure

2. 下面哪个文件是存储用户账户信息的？

a. /etc/passwd   b. /etc/shadow   c. /etc/users   d. /etc/secure

3. 下面哪个配置文件可以指定创建用户时的默认家目录？

a. /etc/login.defaults   b. /etc/login.defs

c. /etc/default/useradd   d. /etc/default/login.defs

4. 设置用户 tom 的密码最大使用天数为 40 天，该使用下面哪个命令？

a. chage –M 40 tom   b. passwdmax 40 tom

c. chage –m 40 tom   d. passwd –M 40 tom

5. 创建用户 bob 时，默认会为此用户创建一个同名组 bob，现在要求创建 bob 时不创建 bob 组，而是直接把 bob 加入 root 组，使用下面哪个选项？

a. –G   b. –g   c. –a   d. 不可能的

6. 如果想锁定 tom 账户，该使用下面哪个命令？

a. usermod –l tom   b. usermod –L tom

c. userloack tom   d. passwd –L tom

7. 系统中存在 tom 用户，如果此时想查看 tom 的账户信息，可以用的命令是哪个？

a. getent passwd tom   b. getent password tom

c. getent shadow tom   d. grep tom /etc/passwd

第9章

权限管理

本章主要介绍 Linux 系统中的权限管理。

- ♦ 所有者和所属组的管理
- ♦ 权限管理
- ♦ 用数字表示权限
- ♦ 默认权限、特殊权限和隐藏权限

9.1 所有者和所属组

为了理解所有者和所属组的概念，我们先看图 9-1。

张老板是某公司老板，买了一套房作为员工宿舍给 A 部门员工居住。张老板是房主，所以他对房子具有很多权限，A 部门员工只有使用权而不能私自装修等，除张老板和 A 部门员工外，其他所有人都没有任何权限。

那么，这套房子对三组人设置的权限如表 9-1 所示。

图 9-1 用房子来帮助理解所有者和所属组

表 9-1 了解 u、g、o

所有者	所属组	其他人
张老板	A 部门员工	其他所有人
u	g	o

同理，在 Linux 系统中对文件的授权也是通过这样的分组来进行的，如图 9-2 所示。

```
[root@server ~]# cp /etc/hosts /opt/
[root@server ~]# ls -lh /opt/hosts
-rw-r--r--. 1 root root 158 8月  10 02:21 /opt/hosts
                1    2
[root@server ~]#
```

图 9-2 查看文件所有者和所属组

1 的位置是所有者，这里 /opt/hosts 的所有者为 root。

2 的位置是所属组，这里 /opt/hosts 的所属组为 root。

如果想改变所有者，可以使用 chown 命令来实现，chown 的用法如下。

```
chown user1 file
```

这里的意思是把 file 的所有者改为 user1（理解为过户）。例如，把 /opt/hosts 的所有者改为 lduan，如下所示。

```
[root@server ~]# chown lduan /opt/hosts
[root@server ~]# ls -l /opt/hosts
-rw-r--r--. 1 lduan root 158 8月  10 02:21 /opt/hosts
[root@server ~]#
```

chown 也可以用于修改组，用法如下。

```
chown .group1 file  或  chown :group1 file
```

把 file 的所属组改成 group1，这里组前面有一个点或冒号。例如，把 /opt/hosts 的所属组改成 users，如下所示。

```
[root@server ~]# chown .users /opt/hosts
[root@server ~]# ls -l /opt/hosts
-rw-r--r--. 1 lduan users 158 8月  10 02:21 /opt/hosts
[root@server ~]#
```

需要注意的是，这里的点或冒号一定不要忘记了，否则就是修改所有者了。

也可以同时修改所有者和所属组，用法为"chown user1.group1 file"。例如，把 /opt/hosts 的所有者改成 root，所属组改成 lduan，如下所示。

```
[root@server ~]# chown root.lduan /opt/hosts
[root@server ~]# ls -l /opt/hosts
-rw-r--r--. 1 root lduan 158 8月  10 02:21 /opt/hosts
[root@server ~]#
```

创建目录 /opt/xx，把 /etc/hosts 拷贝到 /opt/xx 中，然后查看 /opt/xx 和 /opt/xx/hosts 的权限，如下所示。

```
[root@server ~]# mkdir /opt/xx
[root@server ~]# cp /etc/hosts /opt/xx
[root@server ~]# ls -ld /opt/xx
drwxr-xr-x. 2 root root 19 8月  10 02:27 /opt/xx
[root@server ~]# ls -l /opt/xx/hosts
-rw-r--r--. 1 root root 158 8月  10 02:27 /opt/xx/hosts
[root@server ~]#
```

可以看到，所有者都是 root。

现在修改 /opt/xx 的所有者为 lduan，如下所示。

```
[root@server ~]# chown lduan /opt/xx
[root@server ~]# ls -ld /opt/xx/
drwxr-xr-x. 2 lduan root 19 8月  10 02:27 /opt/xx/
[root@server ~]#
[root@server ~]# ls -l /opt/xx/hosts
-rw-r--r--. 1 root root 158 8月  10 02:27 /opt/xx/hosts
[root@server ~]#
```

可以看到，/opt/xx 的所有者变为了 lduan，但是 /opt/xx 中文件 hosts 的所有者并没有修改，这就意味着，当修改目录的所有者或所属组时，并不会影响目录中文件的属性。如果在改变目录属主/组时，想把里面内容的属主/组一起改掉，需要加上 -R 选项（表示递归），如下所示。

```
[root@server ~]# chown -R lduan /opt/xx/
[root@server ~]# ls -ld /opt/xx/
drwxr-xr-x. 2 lduan root 19 8月  10 02:27 /opt/xx/
[root@server ~]# ls -l /opt/xx/hosts
-rw-r--r--. 1 lduan root 158 8月  10 02:27 /opt/xx/hosts
[root@server ~]#
```

可以看到，不仅把 /opt/xx 的属主改了，同时把 /opt/xx 里面内容的属主也改了。

如果想单独修改所属组，还可以使用 chgrp 命令，用法如下。

```
chgrp group1 file
```

把 /opt/hosts 的所属组改为 users，如下所示。

```
[root@server ~]# ls -l /opt/hosts
-rw-r--r--. 1 root lduan 158 8月  10 02:21 /opt/hosts
[root@server ~]# chgrp users /opt/hosts
[root@server ~]# ls -l /opt/hosts
-rw-r--r--. 1 root users 158 8月  10 02:21 /opt/hosts
[root@server ~]#
```

当然，chgrp 也可以使用 -R 选项（表示递归），大家自行练习即可。

再次把 /opt/hosts 的所有者和所属组改为 root，如下所示。

```
[root@server ~]# chown root.root /opt/hosts
[root@server ~]# ls -l /opt/hosts
-rw-r--r--. 1 root root 158 8月  10 02:21 /opt/hosts
[root@server ~]#
```

9.2 查看及修改权限

对于一个文件来说，我们可以设置某用户对它具有什么操作权限，例如，是否可以看这个文件中的内容，是否可以往这个文件中写内容等。具有的权限包括以下 3 种。

（1）r：读权限。

（2）w：写权限。

（3）x：可执行权限。

r 权限和 w 权限比较好理解，x 权限如何理解呢？

对于一个目录 dir1 来说，如果用户 user1 对目录 dir1 有 x 权限，则 user1 是可以用 cd 命令进入到 dir1 中的，反之则不能用 cd 命令进入到此目录。

对于文件 file1 来说，如果用户 user1 对 file1 具有 x 权限，则用户可以把 file1 当成一个命令来执行，当然运行的结果就要看 file1 的内容写的是什么了。

在 Linux 系统中，文件或目录的权限是通过 u、g、o 授权的，看下面的例子，如图 9-3 所示。

```
[root@server ~]# ls -l /opt/hosts
-rw-r--r--. 1 root root 158 8月  10 02:21 /opt/hosts
   1  2  3
[root@server ~]#
```

图 9-3 查看权限

1 是所有者的权限，这里的权限为 rw。

2 是所属组的权限，这里的权限为 r。

3 是其他人的权限，这里的权限为 r。

查看 lduan 所属组，命令如下。

```
[root@server ~]# groups lduan
lduan : lduan
[root@server ~]#
```

lduan 用户只属于 lduan 组，所以 lduan 用户对 /opt/hosts 文件只能使用 o 的权限，即只读 r。

修改权限使用的是 chmod 命令，用法如图 9-4 所示。

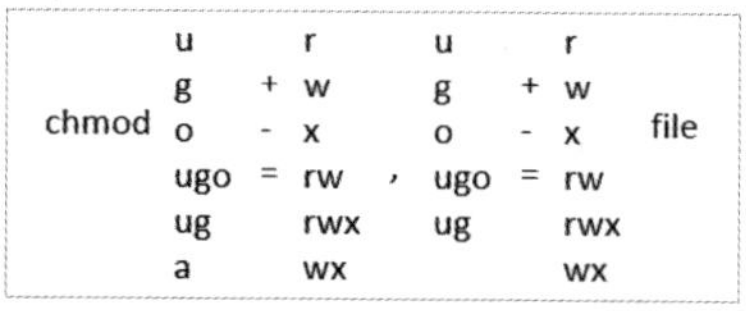

设置 o 不允许读 /opt/hosts。

```
        u    r      u    r
        g  + w      g  + w
chmod   o  - x  ,   o  - x    file
        ugo = rw    ugo = rw
        ug   rwx    ug   rwx
        a    wx          wx
```

图 9-4 使用 chmod 修改权限的语法

```
[root@server ~]# chmod o-r /opt/hosts
[root@server ~]# ls -l /opt/hosts
-rw-r-----. 1 root root 158 8月  10 02:21 /opt/hosts
[root@server ~]#
```

使用 lduan 用户读取此文件。

```
[lduan@server ~]$ cat /opt/hosts
cat: /opt/hosts: 权限不够
[lduan@server ~]$
```

可以看到，lduan 用户没有了读取 /opt/hosts 的权限。

现在把所有者的写权限去掉，同时给 o 加上读和写权限。

```
[root@server ~]# chmod u-w,o+rw /opt/hosts
[root@server ~]# ls -l /opt/hosts
-r--r--rw-. 1 root root 158 8月  10 02:21 /opt/hosts
[root@server ~]#
```

测试 lduan 是否对此文件可读可写。

```
[lduan@server ~]$ cat /opt/hosts
127.0.0.1    localhost localhost.localdomain localhost4 localhost4.localdomain4
::1          localhost localhost.localdomain localhost6 localhost6.localdomain6
[lduan@server ~]$ echo 111 >> /opt/hosts
[lduan@server ~]$
```

可以看到，lduan 对此文件具备读和写权限了。

然后使用 root 进行写测试。

```
[root@server ~]# ls -l /opt/hosts
-r--r--rw-. 1 root root 158 8月  10 02:21 /opt/hosts
[root@server ~]#
[root@server ~]# echo 22 > /opt/hosts
[root@server ~]#
```

从权限来看，root 对此文件是只读权限，应该是写不进去的，但是实际却写进去了，这是因为很多时候这些权限设置对 root 是不生效的。

刚才对权限的修改使用的是 + 和 −，都是在原有权限的基础上进行增添删减，还可以直接用 =，就是把权限设置为 = 后面的值，不管原来的权限是什么，如下所示。

```
[root@server ~]# chmod o=r /opt/hosts
[root@server ~]# ls -l /opt/hosts
-r--r--r--. 1 root root 3 8月  10 02:45 /opt/hosts
[root@server ~]#
```

这里就是直接把 o 的权限设置为 r，不管 o 原来的权限是什么。

9.3 用数字表示权限

我们还可以用三个数字分别表示 u、g、o 的权限，规则如下。

（1）r——4。

（2）w——2。

（3）x——1。

再来看前面的图，如图 9-5 所示。

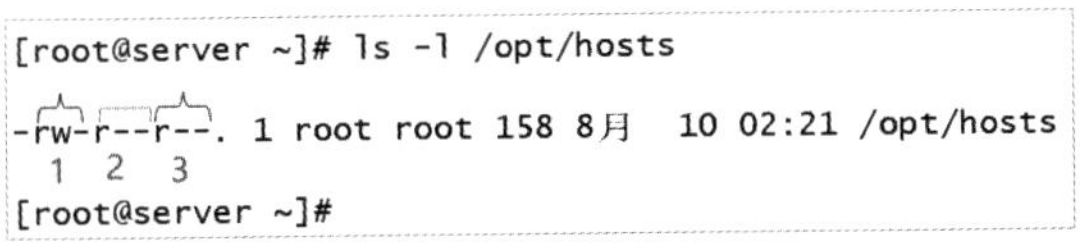

图 9-5　用数字表示权限

这里 u 的权限为 rw，则 r=4, w=2，没有 x 则是 0，数字加起来为 6，所以用 6 表示 u 的权限。g 的权限为 r，所以用 4 表示 g 的权限。o 的权限为 r，所以用 4 表示 o 的权限。

查看目录 /opt 的属性，命令如下。

```
[root@server ~]# ls -ld /opt/
drwxr-xr-x. 3 root root 29 8月  10 02:27 /opt/
[root@server ~]#
```

这里 u 的权限为 rwx，对应数字的和是 4+2+1=7。

g 的权限为 rx，对应数字的和是 4+0+1=5。

o 的权限为 rx，对应数字的和是 4+0+1=5。

除给出权限能知道对应的数字外，给出数字也要能知道对应的权限。给出 3 个数字，要知道第一个数字是 u 的权限，第二个数字是 g 的权限，第三个数字是 o 的权限，然后每个数字用 4、2、1 进行分解。案例如下。

```
chmod 426 /opt/hosts
```

此处 4 是 u 的权限，4 不能再次拆分，对应的权限为 r。

2 是 g 的权限，对应的权限为 w。

6 是 o 的权限，6=4+2，所以对应的权限为 r 和 w。

```
[root@server ~]# chmod 426 /opt/hosts
[root@server ~]# ls -l /opt/hosts
-r---w-rw-. 1 root root 3 8月  10 02:45 /opt/hosts
[root@server ~]#
```

使用 chmod 命令改变目录权限时，也可以使用 -R 选项，这样改变目录权限时也会把里面的文件及子目录的权限也改掉。

如果想给一个目录 / 文件设置权限，让所有人都具备所有权限，可以把此目录 / 文件的权限设置为 777。

9.4 默认权限

先做如下操作，清空 /opt 中所有的内容，命令如下。

```
[root@server ~]# cd /opt/
[root@server opt]# rm -rf *
```

```
[root@server opt]# ls
[root@server opt]#
```

然后创建两个目录 aa 和 bb，创建两个文件 11 和 22。

```
[root@server opt]# mkdir aa bb
[root@server opt]# touch 11 22
[root@server opt]# ll
总用量 0
-rw-r--r--. 1 root root 0 8月  10 11:41 11
-rw-r--r--. 1 root root 0 8月  10 11:41 22
drwxr-xr-x. 2 root root 6 8月  10 11:41 aa
drwxr-xr-x. 2 root root 6 8月  10 11:41 bb
[root@server opt]#
```

可以看到，文件的默认权限都是 644，目录的默认权限都是 755（大家可以自行再多创建几个文件和目录进行验证），这个默认权限是哪里来的呢？系统中存在一个叫 umask 的值。

```
[root@server opt]# umask
0022
[root@server opt]#
```

这个 umask 值我们称为权限过滤符，有四个数字，其中第一个数字 0 表示八进制，默认权限就是由后面三个数字决定的，这里看到的 umask 默认值是 022。

创建文件时最多能具有的权限是 666，创建目录时最多能具有的权限是 777，然后通过 umask 命令来过滤，最终得到的权限就是默认权限了。

此时有人会得到一个结论：文件的默认权限是 666-umask，目录的默认权限是 777-umask。但这个结论并不完全正确。

先用默认的 umask=022 来分析，如图 9-6 所示。

图 9-6　默认权限

在图 9-6 中，u 的权限不做任何过滤，g 和 o 的权限分别把 w 给过滤掉，所以文件的权限为 644，目录的权限为 755。

现在把 umask 设置为 033 再次进行分析，如图 9-7 所示。

图 9-7　默认权限

在图 9-7 中，umask 要过滤 g 和 o 的 wx 权限，但是创建文件时本身就不带 x，所以这里过滤 x 并没用。对于目录来说，则是把 g 和 o 的 wx 都过滤掉了。

所以，得到的结论如下。

（1）目录的默认权限 =777-umask。

（2）文件的默认权限 =666-(umask 每个奇数 -1)，如 umask=333，则目录默认权限 =666-222。

相反，如果需要在创建一个文件时要有一个特定的默认权限，就要知道如何设置 umask 的值。例如，要求创建文件时默认权限为 222，umask=666-222=444，所以 umask 可以设置为 444，也可以设置为 544、554、455 等，只要 umask 的三个数字中有奇数就减 1，最后为 444 即可。

9.5　特殊权限

除具有 r、w、x 三个权限外，还有 s 和 t 权限。

1. s 设置在可执行命令上

当某可执行命令的所有者的位置上有 s 位时，那么当普通用户再执行这个命令时将具有所有者的权限，如图 9-8 所示。

图 9-8　举例了解什么是 s 位

例如，济公的扇子在济公手中是有法力的，但是这扇子在张三手中就没有了法力，济公如果在扇子上加上一个 s 位，则张三拿到此扇子将和济公一样具有法力。

我们知道用户的密码都是存放在 /etc/shadow 中的，而 /etc/shadow 对其他人来说是没有任何权限的。

```
[root@server opt]# ls -l /etc/shadow
----------. 1 root root 1340 8月  10 02:03 /etc/shadow
[root@server opt]#
```

普通用户是可以修改密码的。

```
[lduan@server ~]$ passwd
更改用户 lduan 的密码 。
Current password:
新的 密码:
重新输入新的 密码:
passwd: 所有的身份验证令牌已经成功更新。
[lduan@server ~]$
```

能修改密码, 也就意味着 /etc/shadow 的内容被修改了, 这与普通用户没有权限修改 /etc/ shadow 相冲突, 为什么能修改呢? 问题在于 passwd 命令身上, 我们来看一下此命令的属性。

```
[root@server opt]# which passwd
/usr/bin/passwd
[root@server opt]# ls -l /usr/bin/passwd
-rwsr-xr-x. 1 root root 33544 12 月 14 2019 /usr/bin/passwd
[root@server opt]#
```

先通过 which 命令查看 passwd 的路径, 然后使用 ls -l 命令查看它的属性, 其实这两条命令可以写成一条, 如下所示。

```
[root@server opt]# ls -l $(which passwd)
-rwsr-xr-x. 1 root root 33544 12 月 14 2019 /usr/bin/passwd
[root@server opt]#
```

这样可以把 $() 中命令的结果传递给外面的命令使用, 此处 $() 可以换成反引号 ``, 记住是反引号不是单引号, 反引号就是键盘上的【~】键。

可以看到, passwd 命令所有者的位置上有 s 位。所以, root 用户用 passwd 命令可以修改密码, 即修改 /etc/shadow 的内容, 如下所示。

```
[root@server opt]# echo haha001 | passwd --stdin lduan
更改用户 lduan 的密码 。
passwd: 所有的身份验证令牌已经成功更新。
[root@server opt]#
```

那么, 普通用户使用 passwd 命令也能修改 /etc/shadow 的内容。

再举一个例子, 查看 /opt/11 的权限。

```
[root@server opt]# touch /opt/11
[root@server opt]# ls -l /opt/11
-rw-r--r--. 1 root root 0 8 月  10 11:49 /opt/11
[root@server opt]#
```

再看一下 vim 命令的属性。

```
[root@server opt]# ls -l $(which vim)
-rwxr-xr-x. 1 root root 3063856 6月   3 2020 /usr/bin/vim
[root@server opt]#
```

这里 vim 命令没有 s 位。

lduan 用户对 /opt/11 只能使用 o 的权限，即 r--，是没
有写权限的，请自行用 vim 打开此文件，写入一些数据，
然后强制保存，如图 9-9 所示，发现是写不进去的。

给 vim 命令所有者位置上加上 s 权限。

图 9-9　没有写权限

```
[root@server opt]# chmod u+s $(which vim)
[root@server opt]# ls -l $(which vim)
-rwsr-xr-x. 1 root root 3063856 6月   3 2020 /usr/bin/vim
[root@server opt]#
```

然后再次使用 lduan 用户编辑 /opt/11 文件，
按【i】键进入插入模式，随意写入一些内容，
如图 9-10 所示。

虽然这里提示修改的是只读文件，但是强制
保存，也是可以写进去的。

图 9-10　往文件中写数据

```
[lduan@server ~]$ cat /opt/11
这是一个测试
[lduan@server ~]$
```

把 vim 命令所有者位置上的 s 权限去除，命令如下。

```
[root@server opt]# chmod u-s $(which vim)
[root@server opt]# ls -l $(which vim)
-rwxr-xr-x. 1 root root 3063856 6月   3 2020 /usr/bin/vim
[root@server opt]#
```

2. s 设置在目录的所属组上

如果目录所属组的位置上有 s 位，则不管谁在此目录中新创建的文件或目录，都会继承这
个目录所属组。

查看目录 /opt/aa 的属性信息，命令如下。

```
[root@server opt]# ls -ld /opt/aa/
drwxr-xr-x. 2 root root 6 8月   10 11:41 /opt/aa/
[root@server opt]#
```

把此目录所属组改成 users，给 g 加上 s 权限，为了测试方便，给 o 加上 w 权限，这样

lduan 用户也可以往此目录中写内容，如下所示。

```
[root@server opt]# chgrp users /opt/aa/
[root@server opt]# chmod g+s,o+w /opt/aa
[root@server opt]# ls -ld /opt/aa/
drwxr-srwx. 2 root users 6 8月  10 11:41 /opt/aa/
[root@server opt]#
```

先使用 root 用户在此目录中创建一个文件 aa.txt，然后查看其属性，命令如下。

```
[root@server opt]# touch /opt/aa/aa.txt
[root@server opt]# ls -l /opt/aa/aa.txt
-rw-r--r--. 1 root users 0 8月  10 12:02 /opt/aa/aa.txt
[root@server opt]#
```

使用 lduan 用户在此目录中创建一个文件 bb.txt，然后查看其属性，命令如下。

```
[lduan@server ~]$ touch /opt/aa/bb.txt
[lduan@server ~]$ ls -l /opt/aa/bb.txt
-rw-rw-r--. 1 lduan users 0 8月  10 12:04 /opt/aa/bb.txt
[lduan@server ~]$
```

可以看到，两个文件所属组都是 users，因为它们所在的目录 /opt/aa 所属组的位置上有 s
权限，且 /opt/aa 所属组为 users，这样不管谁在 /opt/aa 中新创建的文件 / 目录，都会继承 /opt/
aa 所属组。

3. t 设置在目录的 o 位置上

如果某个目录 o 位置上有 t 位，那么此目录中的文件除所有者和 root 外，其他用户即使对
此文件具有所有权限，也无法删除此文件。

先创建一个用户 tom，以作备用，命令如下。

```
[root@server opt]# useradd tom
[root@server opt]# echo haha001 | passwd --stdin tom
更改用户 tom 的密码 。
passwd: 所有的身份验证令牌已经成功更新。
[root@server opt]# cd
[root@server ~]#
```

root 用户创建一个目录 /aa，把权限修改为 777。

```
[root@server ~]# chmod 777 /aa
[root@server ~]# ls -ld /aa
drwxrwxrwx. 2 root root 6 8月  10 12:11 /aa
[root@server ~]#
```

使用 lduan 用户在 /aa 中创建一个文件 aa.txt，并把权限设置为 777。

```
[lduan@server ~]$ cd /aa
[lduan@server aa]$ touch aa.txt
[lduan@server aa]$ chmod 777 aa.txt
[lduan@server aa]$ ls -l aa.txt
-rwxrwxrwx. 1 lduan lduan 0 8月  10 12:15 aa.txt
[lduan@server aa]$
```

这样任何人对 /aa/aa.txt 都具备所有权限，包括删除。

再打开一个终端，切换到 tom，然后删除 /aa/aa.txt，命令如下。

```
[tom@server ~]$ ls /aa
aa.txt
[tom@server ~]$ rm -rf /aa/aa.txt
[tom@server ~]$ ls /aa
[tom@server ~]$
```

可以看到，tom 删除了 /aa/aa.txt，因为此文件的权限为 777。

使用 root 用户在 /aa 的 o 位置上增加 t 权限，命令如下。

```
[root@server ~]# chmod o+t /aa
[root@server ~]# ls -ld /aa
drwxrwxrwt. 2 root root 6 8月  10 12:16 /aa
[root@server ~]#
```

然后重复刚才的操作，lduan 用户创建 /aa/aa.txt，并把权限设置为 777。

```
[lduan@server aa]$ touch aa.txt
[lduan@server aa]$ chmod 777 aa.txt
[lduan@server aa]$ ls -l aa.txt
-rwxrwxrwx. 1 lduan lduan 0 8月  10 12:17 aa.txt
[lduan@server aa]$
```

再次切换到 tom 删除此文件。

```
[tom@server ~]$ ls -l /aa/aa.txt
-rwxrwxrwx. 1 lduan lduan 0 8月  10 12:17 /aa/aa.txt
[tom@server ~]$ rm -rf /aa/aa.txt
rm: 无法删除 '/aa/aa.txt': 不允许的操作
[tom@server ~]$
```

虽然 /aa/aa.txt 的权限为 777，但是现在 tom 是删除不掉的，因为目录 /aao 位置上有 t 权限，目录 /aa 中的内容只有所有者和 root 才能删除。

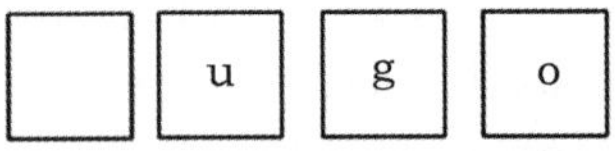

前面讲可以用数字表示权限，3 个数字分别是 u、g、o 的权限，有时我们可以看到有 4 个数字，如图 9-11 所示。

其中后面三个是 u、g、o 的权限，第一个数字就是特

	u	g	o

图 9-11　粘贴位授权

殊权限了。

（1）4= 所有者 +s。

（2）2= 所属组 +s。

（3）1= 其他人 +t。

练习：

```
[root@server ~]# chmod 6644 /opt/aa
```

这里的 6 就是特殊权限，6=4+2，那么也就是 u+s、g+s 了。

```
[root@server ~]# ls -ld /opt/aa
drwSr-Sr--. 2 root users 34 8 月  10 12:04 /opt/aa
[root@server ~]#
```

9.6 隐藏权限

系统中还存在一些隐藏权限，这些权限的设置对 root 也是生效的。查看隐藏权限的命令是 lsattr，如果是查看目录的隐藏权限，需要加上 -d 选项。

```
[root@server ~]# lsattr -d /opt/aa/
-------------------- /opt/aa/
[root@server ~]#
```

这里不存在任何隐藏权限。修改隐藏权限的命令是 chattr，常见的隐藏权限包括以下两种。

（1）a：只能增加，不能删除。

（2）i：不能增加，也不能删除。

增加权限用 +，减去权限用 -。

为 /opt/aa 增加 a 权限，命令如下。

```
[root@server ~]# chattr +a /opt/aa/
[root@server ~]# lsattr -d /opt/aa/
-----a-------------- /opt/aa/
[root@server ~]#
```

目录 /opt/aa 中的内容只能增加，不能删除。

```
[root@server ~]# cp /etc/hosts /opt/aa
[root@server ~]# ls /opt/aa/
aa.txt  bb.txt  hosts
[root@server ~]# rm -rf /opt/aa/hosts
```

```
rm: 无法删除 '/opt/aa/hosts': 不允许的操作
[root@server ~]#
```

删除失败，因为目录 /opt/aa 中的内容不允许删除，但是里面的文件是可以修改的。

```
[root@server ~]# echo 1111 > /opt/aa/hosts
[root@server ~]#
```

可以看到，修改成功了。

去除 a 权限，命令如下。

```
[root@server ~]# chattr -a /opt/aa/
[root@server ~]# lsattr -d /opt/aa/
-------------------- /opt/aa/
[root@server ~]#
```

为 /opt/aa 增加 i 权限，命令如下。

```
[root@server ~]# chattr +i /opt/aa
[root@server ~]# lsattr -d /opt/aa
----i--------------- /opt/aa
[root@server ~]#
```

在 /opt/aa 中写入内容，命令如下。

```
[root@server ~]# ls /opt/aa/
aa.txt  bb.txt  hosts
[root@server ~]# cp /etc/services /opt/aa/
cp: 无法创建普通文件 '/opt/aa/services': 不允许的操作
[root@server ~]#
```

会发现写不进去。下面删除一个文件，命令如下。

```
[root@server ~]# rm -rf /opt/aa/hosts
rm: 无法删除 '/opt/aa/hosts': 不允许的操作
[root@server ~]#
```

文件也删除不掉。

查看是否可以修改文件内容，命令如下。

```
[root@server ~]# echo 222 > /opt/aa/hosts
[root@server ~]#
```

是可以修改的。请自行把 /opt/aa 的 i 权限删除，然后清空 /opt 中的内容。

```
[root@server ~]# chattr -i /opt/aa/
[root@server ~]# rm -rf /opt/*
[root@server ~]# ls /opt/
[root@server ~]#
```

1. 有一个文件 aa.txt，想把其所属组改成 bob，下面哪个命令能实现？

a. chgrp bob aa.txt   b. chmod bob aa.txt

c. chown .bob aa.txt   d. chown :bob aa.txt

2. 下面的命令中，哪个命令可以设置所有者和所属组的权限为可读可写，其他人没有任何权限？

a. chown 007 filename   b. chmod 077 filename

c. chmod 660 filename   d. chmod 770 filename

3. 有一个目录 /dir 所属组为 bob，希望不管谁在 /dir 中新创建的目录或文件，其所属组均为 bob，下面哪个命令能实现？

a. chmod u+s /dir   b. chmod g-s /dir

c. chmod g+s /dir   d. chmod 1770 /dir

4. 现在希望创建的新的文件默认权限为所有者具有所有权限、所属组只具有读权限、其他人没有任何权限，那么 umask 的值应该设置为多少？

a. 740   b. 750   c. 027   d. 047

5. 下面哪个命令能列出文件 myfile 的隐藏权限？

a. ls --attr myfile   b. getattr myfile   c. lsattr myfile   d. listattr myfile

6. 存在一个文件 /opt/hosts，root 用户要删除此文件，却得到图 9-12 所示的结果。

```
[root@server ~]# rm -rf /opt/hosts
rm: 无法删除'/opt/hosts'：不允许的操作
[root@server ~]#
```

图 9-12 显示的结果

请你分析原因，并提出解决方案。

第10章

ACL权限

本章主要介绍 ACL 权限。

- ACL 的用法
- ACL 的 mask 权限
- 设置默认权限

10.1 ACL 介绍及基本用法

前面讲权限时，是对 u、g、o 设置权限的，现在假如有图 10-1 所示的需求。

有一个目录 aa，要求 tom、bob、mary 具有不同的权限，利用前面讲过的知识是完全可以实现的。

所有者设置为 tom，把所有者的权限设置为 rw。

所属组设置为 bob，把所属组的权限设置为 r。

mary 使用 o 的权限，把 o 的权限设置为 rx。

但是如果有四个或更多个用户，要求设置不同的权限，如图 10-2 所示。

图 10-1　为三个用户设置权限　　　　图 10-2　为四个用户设置权限

利用前面讲的知识就无法实现了，要实现对具体用户设置权限，我们可以考虑 ACL。

ACL 的用法如下。

```
setfacl -m u:用户名:rw- file/dir    -- 对用户设置 ACL
setfacl -m g:组名:rw- file/dir      -- 对组设置 ACL
```

在 /opt 下创建一个文件 /opt/aa.txt，命令如下。

```
[root@server ~]# cd /opt/
[root@server opt]# touch aa.txt
[root@server opt]# ls -l aa.txt
-rw-r--r--. 1 root root 0 8月  10 13:09 aa.txt
[root@server opt]#
```

对于 lduan 用户来说，只能使用 o 的权限，所以 lduan 是不能往此 aa.txt 中写内容的。打开一个新标签使用 lduan 登录，然后在 aa.txt 中测试写。

```
[lduan@server ~]$ echo aaa > /opt/aa.txt
-bash: /opt/aa.txt: 权限不够
[lduan@server ~]$
```

此时是写不进去的。使用 root 用户对 aa.txt 设置 ACL 权限，首先查看 aa.txt 是否具有 ACL 权限，查看的命令是 getfacl，如下所示。

```
[root@server opt]# getfacl aa.txt
# file: aa.txt
# owner: root
# group: root
user::rw-
group::r--
other::r--
[root@server opt]#
```

如果不想结果中显示前面几行带有 # 的，可以加上 -c 选项，命令如下。

```
[root@server opt]# getfacl -c aa.txt
user::rw-
group::r--
other::r--

[root@server opt]#
```

设置 aa.txt 的 ACL 权限，使得 lduan 用户对 aa.txt 只具有写权限而没有读权限。

```
[root@server opt]# setfacl -m u:lduan:-w- aa.txt
[root@server opt]#
```

查看 aa.txt 的 ACL 权限，命令如下。

```
[root@server opt]# getfacl -c aa.txt
user::rw-
user:lduan:-w-
group::r--
mask::rw-
other::r--

[root@server opt]#
```

使用 lduan 用户进行测试，命令如下。

```
[lduan@server ~]$ echo aaa > /opt/aa.txt
[lduan@server ~]$ cat /opt/aa.txt
cat: /opt/aa.txt: 权限不够
[lduan@server ~]$
```

可以看到，lduan 用户对 /opt/aa.txt 具备写权限，但是没有读权限。

为 aa.txt 设置 ACL 权限，让 lduan 用户具备读写权限，命令如下。

```
[root@server opt]# setfacl -m u:lduan:rw- aa.txt
[root@server opt]#
```

可以看到，lduan 用户对 aa.txt 具有 rw 权限了，然后使用 lduan 用户往 aa.txt 中写数据，如下所示。

```
[lduan@server ~]$ echo aaa > /opt/aa.txt
[lduan@server ~]$ cat /opt/aa.txt
aaa
[lduan@server ~]$
```

已经成功写进去了，也能看到文件中的内容。

如果对组设置 ACL 权限，如设置 aa.txt 的 ACL 权限，让 tom 组的用户具备读写权限，命令如下。

```
[root@server opt]# setfacl -m g:tom:rw- aa.txt
[root@server opt]#
```

此后凡是 tom 组的用户对 aa.txt 都具有 rw 权限。

注意

（1）假设一个用户 bob 已经登录系统但是不属于 tom 组，然后把 bob 加入 tom 组后，bob 需要退出重新登录才能使用权限。

（2）如果对一个不存在的用户或组设置 ACL 权限，会有"无效的参数"报错。

```
[root@server opt]# setfacl -m u:tomxx:rw- aa.txt
setfacl: Option -m: 无效的参数 near character 3
[root@server opt]#
```

10.2 ACL 的 mask 权限

先查看 aa.txt 的 ACL 权限，然后介绍 5 个名词。

```
[root@server opt]# getfacl -c aa.txt    # 这里 -c 可以去除前几行的注释行
user::rw-            ## ACL_USER_OBJ
user:lduan:rw-      ## ACL_USER
group::r--          ## ACL_GROUP_OBJ
group:tom:rw-       ## ACL_GROUP
```

```
mask::rw-                      ## ACL_MASK
other::r--

[root@server opt]#
```

（1）ACL_USER_OBJ：文件的所有者。

（2）ACL_USER：通过 ACL 授权的用户。

（3）ACL_GROUP_OBJ：文件所属组。

（4）ACL_GROUP：通过 ACL 授权的组。

（5）ACL_MASK：ACL_USER、ACL_GROUP_OBJ 和 ACL_GROUP 中的最大权限。

如果没有手动配置 ACL_MASK 的权限，则 ACL_MASK 的权限会随着 ACL_USER、ACL_GROUP_OBJ 和 ACL_GROUP 的变化而变化，始终是这几个权限的最大值。

假设将 tom 组（ACL_GROUP）的权限改成 r--，命令如下。

```
[root@server opt]# setfacl -m g:tom:r-- aa.txt
[root@server opt]# getfacl -c aa.txt
user::rw-
user:lduan:rw-
group::r--
group:tom:r--
mask::rw-
other::r--

[root@server opt]#
```

这里因为 ACL_USER（lduan 用户）的权限是 rw，是这几者中最高的，所以 ACL_MASK 的权限并没有改变。现在将 lduan 的 ACL 权限改成 ---，命令如下。

```
[root@server opt]# setfacl -m u:lduan:--- aa.txt
[root@server opt]# getfacl -c aa.txt
user::rw-
user:lduan:---
group::r--
group:tom:r--
mask::r--
other::r--

[root@server opt]#
```

因为这几者中最高权限为 r，所以 ACL_MASK 的权限为 r。

如果将 lduan 的 ACL 权限设置为 rwx，如下所示。

```
[root@server opt]# setfacl -m u:lduan:rwx aa.txt
[root@server opt]# getfacl -c aa.txt
user::rw-
user:lduan:rwx
group::r--
group:tom:r--
mask::rwx
other::r--

[root@server opt]#
```

lduan 的 ACL 权限现在是最高的，所以 mask 也跟着变成了 rwx。

当然，我们也可以手动设置 ACL_MASK 的权限，语法如下。

```
setfacl -m m::rw- file/dir
```

下面手动将 aa.txt 的 mask 权限设置为 r--。

```
[root@server opt]# setfacl -m m:r-- aa.txt
[root@server opt]# getfacl -c aa.txt
user::rw-
user:lduan:rwx            #effective:r--
group::r--
group:tom:r--
mask::r--
other::r--

[root@server opt]#
```

刚才讲 mask 设置的是 ACL_USER、ACL_GROUP_OBJ 和 ACL_GROUP 中的最大权限，所以即使 lduan 用户的权限有 rwx，但是生效的只有 r 权限，即上面结果中 #effective:r-- 显示的，因为最大权限被限定在 r 了。

如果将 mask 权限设置为 --- 呢？

```
[root@server opt]# getfacl -c aa.txt
user::rw-
user:lduan:rwx            #effective:---
group::r--                #effective:---
group:tom:r--             #effective:---
mask::---
other::r--

[root@server opt]#
```

因为 mask 是最高权限，所以上面显示的 ACL_USER、ACL_GROUP_OBJ 和 ACL_GROUP

实际能使用的权限均为 ---。下面测试 lduan 用户是否能读和写 aa.txt 的内容，如下所示。

```
[lduan@server ~]$ cat /opt/aa.txt
aaa
[lduan@server ~]$ echo bbb > /opt/aa.txt
-bash: /opt/aa.txt: 权限不够
[lduan@server ~]$
```

可以看到，lduan 用户能读但是不能写，这与 mask 权限 --- 相悖，因为这里又涉及了 other 权限，前面可以看到 o 的权限为 r，所以 lduan 用户是能读但是不能写的。

如果给 o 设置一个写权限，命令如下。

```
[root@server opt]# chmod o+w aa.txt
[root@server opt]#
```

则 lduan 用户可以往 aa.txt 中写内容。

```
[lduan@server ~]$ cat /opt/aa.txt
aaa
[lduan@server ~]$ echo bbb > /opt/aa.txt
[lduan@server ~]$
```

把 mask 权限设置为 r--。

```
[root@server opt]# setfacl -m m:r-- aa.txt
[root@server opt]# getfacl -c aa.txt
user::rw-
user:lduan:rwx          #effective:r--
group::r--
group:tom:r--
mask::r--
other::rw-

[root@server opt]#
```

这里 other 权限是 rw，然后用 lduan 进行测试。

```
[lduan@server ~]$ cat /opt/aa.txt
bbb
[lduan@server ~]$ echo bbb > /opt/aa.txt
-bash: /opt/aa.txt: 权限不够
[lduan@server ~]$
```

可以看到，此时 lduan 用户能读但是不能写。

结论：（1）如果没有手动设置 ACL 的 mask 权限，则对用户 / 组设置的 ACL 权限生效，不用考虑 o 的权限。

（2）如果手动设置了 mask 权限，且 mask 权限被设置为了 ---，则 other 权限生效。如果手动设置 mask 权限只要不是 ---，则不考虑 other 权限。

重新给任一用户设置 ACL 权限，则自动取消手动设置的 mask 权限。

要取消 ACL，语法如下。

```
setfacl -x u:用户名 file/dir
或
setfacl -x u:用户名 file/dir
```

要取消用户 lduan 和 tom 的 ACL 权限，命令如下。

```
[root@server opt]# setfacl -x u:lduan aa.txt
[root@server opt]# setfacl -x u:tom aa.txt
[root@server opt]#
```

上面练习的都是对文件设置 ACL 权限，对目录设置 ACL 权限是一样的，请大家自行练习。

10.3 设置默认权限

当我们对目录设置 ACL 时，还可以设置默认 ACL 权限，语法如下。

```
setfacl -m d:u:user1:rwx dir
```

不管谁在目录 dir 中新创建的目录或文件，对 user1 都会自动设置 ACL 权限 rwx。

> **注意**
>
> 这里的默认权限是对 dir 中新创建的目录或文件，并非对 dir 本身设置权限。

这里语法中的 d 是默认的意思。为了更好地解释，我们看下面的例子。

创建目录 /opt/xx，为了测试方便，可以设置 ACL 权限，让 tom 具有 rwx 权限，命令如下。

```
[root@server opt]# mkdir xx
[root@server opt]# setfacl -m u:tom:rwx xx
[root@server opt]# getfacl -c xx
user::rwx
user:tom:rwx
group::r-x
mask::rwx
other::r-x

[root@server opt]#
```

现在设置 lduan 对目录 xx 的默认 ACL 权限为 rwx，命令如下。

```
[root@server opt]# setfacl -m d:u:lduan:rwx xx
[root@server opt]# getfacl -c xx
    ... 输出 ...
default:user::rwx
default:user:lduan:rwx
default:group::r-x
    ... 输出 ...
[root@server opt]#
```

不管任何人在目录 xx 中新创建的文件或目录，对 lduan 都会有默认 ACL 权限 rwx。

测试：使用 tom 用户在 /opt/xx 下创建一个文件 aa.txt，然后查看此文件的 ACL 权限，命令如下。

```
[tom@server ~]$ touch /opt/xx/aa.txt
[tom@server ~]$ getfacl -c /opt/xx/aa.txt
getfacl: Removing leading '/' from absolute path names
user::rw-
user:lduan:rwx       #effective:rw-
group::r-x           #effective:r--
mask::rw-
other::r--

[tom@server ~]$
```

可以看到，lduan 对 /opt/xx/aa.txt 具有默认 ACL 权限 rwx。因为除了后期修改权限，创建文件时不会出现 x 权限，所以这里出现了 #effective:rw-。

然后 lduan 用户往 /opt/xx 中写入内容。

```
[lduan@server ~]$ touch /opt/xx/bb.txt
touch: 无法创建 '/opt/xx/bb.txt': 权限不够
[lduan@server ~]$
```

会发现权限不够，写不进去，说明默认权限是对 /opt/xx 中新创建的目录或文件，并非对 /opt/xx 本身设置权限。

取消默认权限，命令如下。

```
[root@server opt]# setfacl -x d:u:lduan xx
[root@server opt]#
```

取消默认权限之后，以后在 /opt/xx 中新创建的文件对 lduan 用户不会有默认 ACL 权限，但是已经存在的文件的默认权限也不会取消。

清空 /opt 中的内容，命令如下。

```
[root@server opt]# rm -rf *
[root@server opt]# cd
[root@server ~]#
```

1. 创建一个目录 /testdir，要求 tom 用户对此目录具备 rwx 权限，bob 具备 r-- 权限，mary 具备 rw- 权限（相关用户如果不存在则自行创建即可）。

2. 创建目录 /testdir2，要求 tom 组的用户对此目录具备 rwx 权限，然后把 bob 用户加入 tom 组，测试 bob 对 /testdir2 目录是否具备 rwx 权限。

3. 创建目录 /testdir3，要求在此目录中新创建的文件或目录对 tom 都具备 rw- 权限。这个需求仅仅针对 /testdir3 中新创建的文件或目录，并不包括 /testdir3 目录本身。

3

第 3 篇　网络相关配置

第11章
网络配置

本章主要介绍网络配置的方法。

- ♦ 网络基础知识
- ♦ 查看网络信息
- ♦ 图形化界面修改
- ♦ 通过配置文件修改
- ♦ 命令行管理
- ♦ 主机名的设置

网络基础知识

　　一台主机需要配置必要的网络信息，才可以连接到互联网。需要的配置网络信息包括 IP、子网掩码、网关和 DNS。

11.1.1 IP 地址

　　在计算机中对 IP 的标记使用的是 32bit 的二进制，例如：

11000000 10101000 00011010 01100100

　　这里共有 32 位由 1 和 0 组成的二进制数字，这样的地址对于人类来说并不好记忆，所以用 3 个点把这 32 位的二进制隔成 4 个部分，每个部分 8 个二进制数字。

11000000 .10101000 .00011010 .01100100

　　然后我们把每个部分的二进制转换成十进制之后，IP 的格式就是下面这样的：

192.168.26.100

　　这种对 IP 的表示方法叫作"点分十进制"。

　　如同我们的电话号码由"区号 + 电话号码"组成，例如，下面两个电话号码 01088888888 和 02188888888，一看号码我们就知道 01088888888 是北京的电话号码，02188888888 是上海的电话号码。因为不同的城市都有自己的区号，所以不同的城市即使电话号码一样也不会冲突，因为区号不一样。

　　同理，一个 IP 地址也可以分成两个部分，一个是网络位，另一个是主机位。对于电话号码来说，我们能一眼判断出来哪个是区号，哪个是电话号码，但是对于 IP 来说（如 192.168.26.100），哪些是网络位，哪些是主机位呢？这时就需要用到子网掩码了。

　　子网掩码是用来标记一个 IP 里面哪些是网络位，哪些是主机位的。例如，看一个二进制类型的 IP 地址，共写了两行。

11000000 10101000 00011010 01100100

11111111 11111111 11111111 00000000

　　第一行是 IP 地址，第二行是子网掩码，二者都是二进制格式的。需要注意的是，第二行子网掩码的格式是连续的 1 和连续的 0。

　　子网掩码为 1 的部分，对应 IP 地址的网络位部分；子网掩码为 0 的部分，对应 IP 地址的主机位部分。对二者分别用 3 个点隔成 4 个部分，变成如下内容。

11000000 .10101000. 00011010. 01100100

11111111 .11111111 .11111111 .00000000

再次分别转换成十进制，得到的结果如下。

192.168.26.100

255.255.255.0

所以，我们表示一个 IP 地址，具体的就是 192.168.26.100/255.255.255.0 或写成 192.168.26.100/24，这里 24 表示子网掩码中有 24 个 1，即前 24 位都是网络位。

11.1.2 网关

我们把一个网络中的网关理解为一个城市中的高铁站，如果我们想从一个城市去往另外一个城市，需要先到高铁站，坐上高铁之后，高铁会把我们送往另外一个城市。同样地，如果一个网络中的主机要发送一个数据包去往另外一个网络，则需要先把这个数据包发送到网关，然后由网关把这个数据包转发到另外一个网络。

所以，如果我们没有给一台机器配置网关，则这台机器的数据包是不能和其他网络的主机进行通信的，只能和同一个网段的数据包通信。

> **注意**
>
> 给机器配置的 IP 和网关必须是属于同一个网段的。在我们的练习环境中，本书所使用的网络是 192.168.26.0/24 网段，我们需要把网关设置为 192.168.26.2。如果读者所使用的网络是 192.168.X.0/24 网段，则需要把网关设置为 192.168.26.X.2，这里的 X 是一个数字。

11.1.3 DNS

两台主机通信时依赖的是 IP，但是 IP 地址并不好记忆，不如主机名好记，例如 www.rhce.cc，再如 www.baidu.com。我们说两台主机通信依赖的是 IP，但是我们访问 www.rhce.cc 时，这是主机名不是 IP，那是怎么通信的呢？这里就要用到 DNS 了。

DNS 服务器的主要作用是做域名解析，可以把主机名解析成 IP 地址，所以我们需要给系统指定 DNS 服务器。当我们指定了 DNS 服务器地址之后，在浏览器中输入 www.rhce.cc 时，系统会向 DNS 服务器查询 www.rhce.cc 的 IP，然后再通过这个 IP 来访问。

在我们的练习环境中，本书所使用的网络是 192.168.26.0/24 网段，我们需要把 DNS 设置为 192.168.26.2。如果读者所使用的网络是 192.168.X.0/24 网段，则需要把 DNS 设置为 192.168.26.X.2，这里的 X 是一个数字。

下面开始讲解如何查看这些网络信息，以及如何配置这些网络信息。

11.2 查看网络信息

查看 IP 信息可以通过 ifconfig 命令，命令如下。

```
[root@server ~]# ifconfig
ens160: flags=4163<UP,BROADCAST,RUNNING,MULTICAST>  mtu 1500
        inet 192.168.26.130  netmask 255.255.255.0  broadcast 192.168.26.255
        inet6 fe80::20c:29ff:fec4:5b02  prefixlen 64  scopeid 0x20<link>
        ether 00:0c:29:c4:5b:02  txqueuelen 1000  (Ethernet)
        RX packets 34942  bytes 5009818 (4.7 MiB)
        RX errors 0  dropped 0  overruns 0  frame 0
        TX packets 25451  bytes 2424735 (2.3 MiB)
        TX errors 0  dropped 0 overruns 0  carrier 0  collisions 0

lo: flags=73<UP,LOOPBACK,RUNNING>  mtu 65536
        inet 127.0.0.1  netmask 255.0.0.0
        inet6 ::1  prefixlen 128  scopeid 0x10<host>
        ... 输出 ...
virbr0: flags=4099<UP,BROADCAST,MULTICAST>  mtu 1500
        ether 52:54:00:b2:c1:98  txqueuelen 1000  (Ethernet)
        ... 输出 ...
[root@server ~]#
```

这里查看的是所有活跃网卡的信息，如果想查看不管是活跃还是不活跃网卡的信息，可以通过 ifconfig -a 来查看。如果只想查看某张网卡的信息，可以通过"ifconfig 网卡名"来查看。例如，只查看 ens160 的网络信息（这里 ens160 是网卡名），命令如下。

```
[root@server ~]# ifconfig ens160
ens160: flags=4163<UP,BROADCAST,RUNNING,MULTICAST>  mtu 1500
        inet 192.168.26.130  netmask 255.255.255.0  broadcast 192.168.26.255
        inet6 fe80::20c:29ff:fec4:5b02  prefixlen 64  scopeid 0x20<link>
        ether 00:0c:29:c4:5b:02  txqueuelen 1000  (Ethernet)
        RX packets 35037  bytes 5022038 (4.7 MiB)
        RX errors 0  dropped 0  overruns 0  frame 0
        TX packets 25564  bytes 2439402 (2.3 MiB)
        TX errors 0  dropped 0 overruns 0  carrier 0  collisions 0
[root@server ~]#
```

这里 inet 后面跟的是此网卡的 IP，ether 后面跟的是此网卡的 MAC 地址。

也可以通过"ip address show 网卡名"来查看。例如，查看 ens160 的网络信息，命令如下。

```
[root@server ~]# ip address show ens160
2: ens160: <BROADCAST,MULTICAST,UP,LOWER_UP> mtu 1500 qdisc mq state UP
group default qlen 1000
    link/ether 00:0c:29:c4:5b:02 brd ff:ff:ff:ff:ff:ff
    inet 192.168.26.130/24 brd 192.168.26.255 scope global dynamic noprefixroute ens160
       valid_lft 1537sec preferred_lft 1537sec
    inet6 fe80::20c:29ff:fec4:5b02/64 scope link noprefixroute
       valid_lft forever preferred_lft forever
[root@server ~]#
```

这里 address 可以简写为 addr 或 a，show 可以简写为 sh。

如果要查看所有网卡的信息，可以写为"ip a"。如果网卡 ens160 上配置了多个 IP，通过 ifconfig ens160 只能看到一个 IP，如果要看到所有的 IP，可以使用 ip address show ens160 命令。

查看网关可以使用 route -n 命令，这里的 -n 是为了防止反向解析，即防止把 IP 解析成主机名，命令如下。

```
[root@server ~]# route -n
Kernel IP routing table
Destination     Gateway         Genmask         Flags Metric Ref    Use
Iface
0.0.0.0         192.168.26.2    0.0.0.0         UG    100    0        0
ens160
192.168.26.0    0.0.0.0         255.255.255.0   U     100    0        0
ens160
[root@server ~]#
```

可以看到，网关是 192.168.26.2。

查看 DNS，所使用的 DNS 记录在 /etc/resolv.conf 中。

```
[root@server ~]# cat /etc/resolv.conf
# Generated by NetworkManager
search localdomain rhce.cc
nameserver 192.168.26.2
[root@server ~]#
```

在 nameserver 后面指定的就是当前默认使用的 DNS。

为了更好地理解，这里举一个例子。我们在一张标签上写上 IP、子网掩码、网关、DNS 等信息，然后把这个标签贴到网卡上，那么这张网卡就有这些网络信息了，如图 11-1 所示。

这个标签就叫作连接（connection），给网卡配置 IP，只要给这个网卡建立一个连接就可以了。

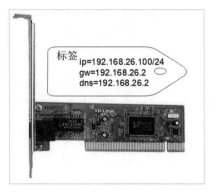

图 11-1　举例讲解什么是 connection

通过 nmcli connection 或简写为 nmcli conn 来查看当前连接，命令如下。

```
[root@server ~]# nmcli connection
NAME    UUID                                   TYPE      DEVICE
ens160  935ffc86-d4ce-465e-a32a-7d5aec8a9771   ethernet  ens160
[root@server ~]#
```

这里 DEVICE 对应的是网卡名，NAME 对应的是连接名。整句的意思就是网卡 ens160 存在一个连接，名称为 ens160。

查看连接的具体属性，可以通过"nmcli connection show 连接名"来查看。

下面查看 ens160 属性中与 IPv4 相关的条目，命令如下。

```
[root@server ~]# nmcli connection show ens160 | grep ipv4
ipv4.method:                         auto
ipv4.dns:                            --
    ... 输出 ...
ipv4.dhcp-reject-servers:            --
[root@server ~]#
```

可以看到，ens160 获取 IP 的方式是 DHCP。

因为我们要练习创建连接，所以这里先把此连接删除。

```
[root@server ~]# nmcli connection delete ens160
成功删除连接 "ens160" (935ffc86-d4ce-465e-a32a-7d5aec8a9771)。
[root@server ~]#
```

这里已经查看到相关的网络信息了，如果要配置 IP、网关、DNS 等网络信息呢？下面我们分别来讲解如何通过图形化界面的方式、修改配置文件的方式、命令行管理的方式来配置网络信息。

11.3 图形化界面修改

在 root 用户下，输入"nm-connection-editor"，结果如下。

```
[root@server ~]# nm-connection-editor
Unable to init server: 无法连接：拒绝连接

(nm-connection-editor:44901): Gtk-WARNING **: 16:36:19.357: cannot open display:
[root@server ~]#
```

可以看到，出现了报错。再打开一个终端，执行 ssh root@localhost -X 命令（这里 X 是大写的）。

```
[lduan@server ~]$ ssh root@localhost -X
The authenticity of host 'localhost (::1)' can't be established.
ECDSA key fingerprint is SHA256:FwHtphoJZ5TdnVjyB/DQILsfEZC77MaaQCRgk36/VlI.
Are you sure you want to continue connecting (yes/no/[fingerprint])? yes
Warning: Permanently added 'localhost' (ECDSA) to the list of known hosts.
root@localhost's password:
    ... 输出 ...
[root@server ~]#
```

然后再次执行 nm-connection-editor 命令。

```
[root@server ~]# nm-connection-editor
[1] 45012
[root@server ~]#
```

即可打开【网络连接】图形化界面窗口，这个窗口显示了当前具有的连接，单击左下角的
【+】按钮，添加一个连接，如图 11-2 所示。

在【选择连接类型】对话框中选择【以太网】选项，单击【创建】按钮，如图 11-3 所示。

图 11-2　打开网络连接管理器

图 11-3　新建连接

打开【编辑 ens160】对话框，在【常规】选项卡下的【连接名称】文本框中输入"ens160"，这是创建连接的名称，名称可以随意取，不必和网卡名一致；选中【自动以优先级连接】复选框，如图 11-4 所示。

选择【以太网】选项卡，在【设备】下拉列表中选择【ens160】选项，意思就是为网卡 ens160 创建一个连接，名称为 ens160，如图 11-5 所示。

图 11-4　新建连接　　　　　　　图 11-5　新建连接

选择【IPv4 设置】选项卡，这里设置的是连接 ens160 是通过什么方式获取 IP，可以手动设置也可以通过 DHCP 获取。在【方法】下拉列表中选择【手动】选项，单击下面的【添加】按钮，输入 IP 地址、子网掩码、网关、DNS 等。然后单击右下角的【保存】按钮，如图 11-6 所示。

如果要为 ens160 配置第二个 IP，单击图 11-6 右侧的【添加】按钮，然后输入 IP 地址即可。之后就可以看到已经创建了一个连接 ens160，如图 11-7 所示。

图 11-6　新建连接

图 11-7　新建连接

在另外一个终端中，输入"ifconfig ens160"，如下所示。

```
[lduan@server ~]$ ifconfig ens160
ens160: flags=4163<UP,BROADCAST,RUNNING,MULTICAST>  mtu 1500
        inet 192.168.26.100  netmask 255.255.255.0  broadcast 192.168.26.255
        inet6 fe80::5cea:baf4:d0a6:930b  prefixlen 64  scopeid 0x20<link>
        ether 00:0c:29:c4:5b:02  txqueuelen 1000  (Ethernet)
```

```
       RX packets 41293  bytes 7450588 (7.1 MiB)
       RX errors 0  dropped 0  overruns 0  frame 0
       TX packets 29131  bytes 2651574 (2.5 MiB)
       TX errors 0  dropped 0 overruns 0  carrier 0  collisions 0

[lduan@server ~]$
```

可以看到，这里的 IP 地址为 192.168.26.100，就是我们刚刚设置的 IP。

也可以通过查看连接 ens160 的属性来查看 IP 信息。

```
[lduan@server ~]$ nmcli connection show ens160 | grep ipv4
ipv4.method:                            manual
ipv4.dns:                               192.168.26.2
ipv4.dns-search:                        --
ipv4.dns-options:                       --
ipv4.dns-priority:                      0
ipv4.addresses:                         192.168.26.100/24
ipv4.gateway:                           192.168.26.2
    ... 输出 ...
[lduan@server ~]$
```

这里可以看到 IP 地址、网关、DNS 等信息。

因为这个连接是新创建的，所以创建好之后可以立即生效。

下面介绍如何修改已经存在连接的 IP。

选中【ens160】，单击下方的齿轮按钮，如图 11-8 所示。

选择【IPv4 设置】选项卡，将 IP 地址设置为"192.168.26.101"，单击【保存】按钮，如图 11-9 所示。

在终端中查看 ens160 的 IP。

```
[lduan@server ~]$ ifconfig ens160
ens160: flags=4163<UP,BROADCAST,
RUNNING,MULTICAST>  mtu 1500
        inet 192.168.26.100
netmask 255.255.255.0  broadcast
192.168.26.255
        inet6
fe80::5cea:baf4:d0a6:930b
prefixlen 64  scopeid 0x20<link>
```

图 11-8　修改已经存在的连接

图 11-9　修改已经存在的连接

```
        ether 00:0c:29:c4:5b:02  txqueuelen 1000  (Ethernet)
        RX packets 41316  bytes 7452807 (7.1 MiB)
        RX errors 0  dropped 0  overruns 0  frame 0
        TX packets 29145  bytes 2653538 (2.5 MiB)
        TX errors 0  dropped 0 overruns 0  carrier 0  collisions 0

[lduan@server ~]$
```

可以看到，IP 地址仍然是 192.168.26.100，并没有变成 192.168.26.101。

因为这个 IP 不是在创建连接时指定的，而是后期修改连接时指定的，所以这个 IP 不会生效。

如果想让其生效，需要执行"nmcli device reapply 设备名"命令。

```
[lduan@server ~]$ nmcli device reapply ens160
成功重新应用连接到设备 "ens160"。
[lduan@server ~]$
[lduan@server ~]$ ifconfig ens160
ens160: flags=4163<UP,BROADCAST,RUNNING,MULTICAST>  mtu 1500
        inet 192.168.26.101  netmask 255.255.255.0  broadcast 192.168.26.255
        inet6 fe80::5cea:baf4:d0a6:930b  prefixlen 64  scopeid 0x20<link>
        ether 00:0c:29:c4:5b:02  txqueuelen 1000  (Ethernet)
        RX packets 41320  bytes 7453429 (7.1 MiB)
        RX errors 0  dropped 0  overruns 0  frame 0
        TX packets 29158  bytes 2655659 (2.5 MiB)
        TX errors 0  dropped 0 overruns 0  carrier 0  collisions 0

[lduan@server ~]$
```

可以看到，现在 IP 地址已经变成 192.168.26.101 了。

删除连接的操作如下。

选中连接名，单击下面的【-】按钮，在弹出的界面中单击【删除】按钮即可，如图 11-10 所示。

图 11-10　删除连接

如果打不开上述图形化界面，可以在终端中输入"nmtui-edit"命令后按【Enter】键，然后按【Tab】键选择【添加】按钮，再按【Enter】键，如图 11-11 所示。

在【新建连接】界面中选中【以太网】，按【Tab】键选择【创建】按钮，然后按【Enter】键，如图 11-12 所示。

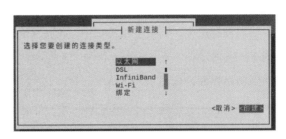

图 11-11　新建连接　　　　　　　　　　图 11-12　新建连接

在【编辑连接】界面的【配置集名称】中输入"ens160"，这是设置连接名的；在下方的【设备】中输入"ens160"。按【Tab】键选择【IPv4 配置】后的【显示】按钮，然后按【Enter】键，如图 11-13 所示。

图 11-13　新建连接

在【IPv4 配置】后面将获取 IP 的方式设置为"手动"，按【Tab】键选择【地址】后的【添加】按钮，然后按【Enter】键，如图 11-14 所示。

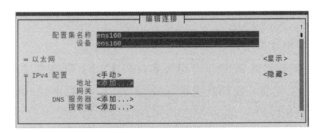

图 11-14　新建连接

输入相关的网络信息，如图 11-15 所示。

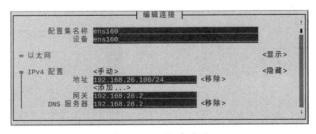

图 11-15　新建连接

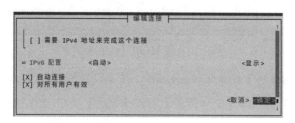

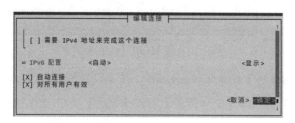

RHCSA/RHCE8 红帽Linux
认证学习教程

然后按多次【Tab】键，直到看到下面的界面，这里确保【自动连接】前面有"X"，即选中状态，如果没有选中，则按空格键选中，再按【Tab】键选择【确定】按钮，然后按【Enter】键，如图 11-16 所示。

返回到初始界面，如图 11-17 所示。

图 11-16　新建连接

图 11-17　新建连接

在第二个终端中查看 IP 信息。

```
[lduan@server ~]$ ifconfig ens160
ens160: flags=4163<UP,BROADCAST,RUNNING,MULTICAST>  mtu 1500
        inet 192.168.26.100  netmask 255.255.255.0  broadcast 192.168.26.255
        inet6 fe80::4eab:5208:f692:1150  prefixlen 64  scopeid 0x20<link>
        ether 00:0c:29:c4:5b:02  txqueuelen 1000  (Ethernet)
        RX packets 41383  bytes 7464236 (7.1 MiB)
        RX errors 0  dropped 0  overruns 0  frame 0
        TX packets 29218  bytes 2664239 (2.5 MiB)
        TX errors 0  dropped 0 overruns 0  carrier 0  collisions 0

[lduan@server ~]$
```

可以看到，此处 IP 地址已经被设置为 192.168.26.100 了。

如果要修改 IP，在初始界面中选中连接名，按【Tab】键选择【编辑】按钮，然后按【Enter】键，如图 11-18 所示，就可以正常修改 IP 了。记得修改之后需要执行 nmcli device reapply ens160 命令让其生效。

删除连接，先选中连接名，按【Tab】键选择【删除】按钮，然后按【Enter】键。弹出一个弹窗，按【Tab】键选择【删除】按钮，然后按【Enter】键，如图 11-19 所示。这种删除连接的方式是最简单的。

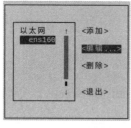

图 11-18　修改连接信息

图 11-19　删除连接信息

11.4 通过配置文件修改

网卡连接的配置文件在 /etc/sysconfig/network-scripts 中，格式为"ifcfg- 连接名"，可以看到连接都被删除了，现在没有任何连接。

```
[root@server ~]# nmcli connection

[root@server ~]#
```

下面为网卡 ens160 创建一个连接，连接名为 ens160。

创建一个文件 /etc/sysconfig/network-scripts/ifcfg-ens160，内容如下。

```
[root@server ~]# cat /etc/sysconfig/network-scripts/ifcfg-ens160
DEVICE=ens160
NAME=ens160
ONBOOT=yes
BOOTPROTO=none
IPADDR=192.168.26.100
NETMASK=255.255.255.0
GATEWAY=192.168.26.2
DNS1=192.168.26.2
[root@server ~]#
```

这里字段的含义如下。

（1）DEVICE：用于指定哪张网卡。

（2）NAME：用于指定连接的名称。

（3）ONBOOT：设置的是开机是否自动生效，这里设置为 yes。

（4）BOOTPROTO：设置的是通过什么方式获取 IP，可选值如下。

① dhcp：通过 DHCP 获取 IP。

② none 或 static：手动配置。

（5）IPADDR：设置 IP。

（6）NETMASK：设置子网掩码。

（7）GATEWAY：设置网关。

（8）DNS1：设置 DNS，这里最多可以指定 3 个 DNS，分别是 DNS1、DNS2、DNS3。

因为这个配置文件是新创建的，所以需要重新加载一下才能生效，命令如下。

```
[root@server ~]# nmcli connection reload
[root@server ~]#
```

然后查看网卡 ens160 的 IP。

```
[lduan@server ~]$ ifconfig ens160
ens160: flags=4163<UP,BROADCAST,RUNNING,MULTICAST>  mtu 1500
        inet 192.168.26.100  netmask 255.255.255.0  broadcast 192.168.26.255
        ... 输出 ...
[lduan@server ~]$
```

可以看到，现在已经生效了。

记住，因为这个文件是新创建的，所以只要执行 nmcli connection reload 命令即可生效。

下面开始修改 IP，把配置文件修改为如下内容。

```
[root@server ~]# cat /etc/sysconfig/network-scripts/ifcfg-ens160
DEVICE=ens160
NAME=ens160
ONBOOT=yes
BOOTPROTO=none
IPADDR=192.168.26.101
NETMASK=255.255.255.0
GATEWAY=192.168.26.2
DNS1=192.168.26.2
[root@server ~]#
```

修改之后执行 nmcli connection reload 命令。

```
[root@server ~]# nmcli connection reload
[root@server ~]# ifconfig ens160
ens160: flags=4163<UP,BROADCAST,RUNNING,MULTICAST>  mtu 1500
        inet 192.168.26.100  netmask 255.255.255.0  broadcast 192.168.26.255
        ... 输出 ...
[root@server ~]#
```

修改之后发现单执行 nmcli connection reload 命令是没用的，还要执行 nmcli device reapply ens160 命令。

总结如下。

（1）新创建好连接的配置文件，直接执行 nmcli connection reload 命令即可生效。

（2）修改已经存在的配置文件，之后需要执行 nmcli connection reload 和 nmcli device reapply ens160 命令才能让修改生效。

11.5 命令行管理

在命令中查看现有连接，命令如下。

```
[root@server ~]# nmcli connection
NAME      UUID                                      TYPE       DEVICE
ens160    ea74cf24-c2a2-ecee-3747-a2d76d46f93b      ethernet   ens160
[root@server ~]#
```

删除连接的命令如下。

```
nmcli connection delete 连接名
```

现在把连接 ens160 删除，命令如下。

```
[root@server ~]# nmcli connection delete ens160
成功删除连接 "ens160" (ea74cf24-c2a2-ecee-3747-a2d76d46f93b)。
[root@server ~]#
[root@server ~]# nmcli connection

[root@server ~]#
```

命令行添加连接的命令是 nmcli connection add，其常见的选项包括以下几个。

（1）type：类型。

（2）con-name：连接名。

（3）ifname：网卡名。

（4）ipv4.method manual/auto manual：手动配置 IP，auto 为自动获取。

（5）ipv4.addresses：指定 IP 及子网掩码。

（6）ipv4.gateway：指定网关。

（7）ipv4.dns：指定 DNS。

（8）autoconnect yes：设置连接开机自动生效。

下面为网卡 ens160 创建一个名称为 ens160、类型为以太网的连接。

```
[root@server ~]# nmcli connection add type ethernet con-name ens160 ifname
ens160 ipv4.method manual ipv4.addresses 192.168.26.100/24 ipv4.gateway
192.168.26.2 ipv4.dns 192.168.26.2 autoconnect yes
连接 "ens160" (e84786f3-db2d-46b9-8798-57a89beba56b) 已成功添加。
[root@server ~]#
```

这里命令比较长，可以想象一下在图形化界面中指定的内容。

（1）类型为以太网。

（2）连接名为 ens160。

（3）为哪张网卡用 ifname 指定。

此处创建好之后，可以查看连接属性，命令如下。

```
[root@server ~]# nmcli connection show ens160 | grep ipv4
ipv4.method:                         manual
ipv4.dns:                            192.168.26.2
ipv4.dns-search:                     --
ipv4.dns-options:                    --
ipv4.dns-priority:                   0
ipv4.addresses:                      192.168.26.100/24
ipv4.gateway:                        192.168.26.2
    ... 输出 ...
[root@server ~]#
```

左侧是此连接的属性，右侧是具体的值。

如果要修改配置，只要修改左侧对应的属性即可，语法如下。

```
nmcli connection modify 连接名 属性 1 值 1 属性 2 值 2 ...
```

这里的属性与前面创建连接用的属性一致。

现在把 ens160 的 IP 地址改为 192.168.26.101，命令如下。

```
[root@server ~]# nmcli connection modify ens160 ipv4.addresses 192.168.26.101/24
[root@server ~]#
[root@server ~]# nmcli device reapply ens160
成功重新应用连接到设备 "ens160"。
[root@server ~]#
```

一定要记得，修改之后要执行 nmcli device reapply ens160 命令让所做修改生效。如果不是修改的配置文件，则不必执行 nmcli connection reload 命令。

如果要给 ens160 再额外添加一个 IP 地址 192.168.26.100/24，可以用如下命令。

```
[root@server ~]# nmcli connection modify ens160 ifname ens160 ipv4.method
manual +ipv4.addresses 192.168.26.100/24
[root@server ~]# nmcli device reapply ens160
成功重新应用连接到设备 "ens160"。
[root@server ~]#
```

在添加 IP 地址时，ipv4.addresses 前面一定要有一个加号"+"，写作"+ipv4.addresses"表示额外添加一个 IP，如果没有这个 +，会覆盖原有的 IP。

查看 ens160 的 IP 信息。

```
[root@server ~]# ip addr show ens160
2: ens160: <BROADCAST,MULTICAST,UP,LOWER_UP > mtu 1500 qdisc mq state UP
group default qlen 1000
    link/ether 00:0c:29:c4:5b:02 brd ff:ff:ff:ff:ff:ff
    inet 192.168.26.101/24 brd 192.168.26.255 scope ... ens160
      valid_lft forever preferred_lft forever
    inet 192.168.26.100/24 brd 192.168.26.255 scope ... ens160
      valid_lft forever preferred_lft forever
[root@server ~]#
```

可以看到，ens160 现在是有两个 IP 地址的。

类似地，如果要删除 ens160 的某个 IP 地址，可以写作 "-ipv4.addresses"。例如，要删除 ens160 的 192.168.26.100 这个 IP 地址，可以用如下命令。

```
[root@server ~]# nmcli connection modify ens160 ifname ens160 ipv4.method
manual -ipv4.addresses 192.168.26.100/24
[root@server ~]# nmcli device reapply ens160
成功重新应用连接到设备 "ens160"。
[root@server ~]#
```

在 RHEL8 中，不能通过 systemctl restart network 来重启网络，不过安装 network-scripts 之后就可以了，关于软件包的安装，后续的章节会讲解。

11.6　主机名的设置

每台主机都会有自己的主机名，默认主机名是 localhost.localdomain，不过并不建议使用这个主机名。查看主机名的命令是 hostname。

```
[root@server ~]# hostname
server.rhce.cc
[root@server ~]# hostname -s
www
[root@server ~]#
```

hostname 加上 -s 选项可以查看短主机名，即没有域名的主机名。

设置主机名的语法如下。

```
hostnamectl set-hostname 主机名
```

下面把主机名设置为 www.rhce.cc。

```
[root@server ~]# hostnamectl set-hostname www.rhce.cc
[root@server ~]# hostname
www.rhce.cc
[root@server ~]#
```

使用这个命令修改主机名是永久生效的，因为会写入配置文件中。

```
[root@server ~]# cat /etc/hostname
www.rhce.cc
[root@server ~]#
```

这里主机名虽然改为 www.rhce.cc 了，但是大家可以看到提示符中的主机名仍然是 server.rhce.cc。打开一个新的终端就可以看到主机名已经是 www 了。

再次把主机名设置为 server.rhce.cc。

```
[root@server ~]# hostnamectl set-hostname server.rhce.cc
[root@server ~]#
```

不过此时在当前环境中是不能把 server.rhce.cc 解析成 IP 地址的，所以需要编辑 /etc/hosts，把主机名和 IP 的对应关系写进去，格式如下。

```
IP 长主机名 短主机名
```

修改 /etc/hosts，内容如下。

```
[root@server ~]# cat /etc/hosts
127.0.0.1    localhost localhost.localdomain localhost4 localhost4.localdomain4
::1          localhost localhost.localdomain localhost6 localhost6.localdomain6
192.168.26.101 server.rhce.cc server
[root@server ~]#
```

然后使用 ping 命令 "ping server.rhce.cc" 或 "ping server"。

```
[root@server ~]# ping -c1 server.rhce.cc
PING server.rhce.cc (192.168.26.101) 56(84) bytes of data.
64 bytes from server.rhce.cc (192.168.26.101): icmp_seq=1 ttl=64 time=0.051 ms

--- server.rhce.cc ping statistics ---
1 packets transmitted, 1 received, 0% packet loss, time 0ms
rtt min/avg/max/mdev = 0.051/0.051/0.051/0.000 ms
[root@server ~]#
```

可以看到，已经把 server.rhce.cc 解析成 192.168.26.101 了。

作业

1. 下面哪几个 IP 是同一个网段的？

a. 192.168.26.0/24   b. 192.188.26.0/24

c. 192.168.26.0/24   d. 192.168.27.0/24

2. 下面哪个地址不是私有 IP？

a. 10.10.10.10   b. 169.254.11.23

c. 172.19.18.17   d. 192.168.192.192

3. 下面哪个命令能显示所有网卡的所有 IP？

a. ifconfig –all   b. ipconfig   c. ip link show   d. ip addr show

4. 使用 nmcli 命令比较复杂，通过查询下面哪个选项的 man page，可以获取具体用法的例子？

a. nmcli   b. nmcli-examples

c. nm-config   d. nm-tools

5. 在网卡配置文件中，要设置网卡能开机自动启动，加的选项是哪个？

a. BOOTON=yes   b. AUTOBOOT=yes

c. BOOTON=true   d. ONBOOT=yes

6. 网卡 ens160 上配置了多个 IP，用下面哪个命令能看到所有的 IP？

a. ifconfig -a   b. ifconfig ens160 -a

c. ip addr show ens160   d. ip a

7. "要是想正常连接到互联网，其实 DNS 服务器不是必须配置的，主要是网关配置正确就可以了"，这句话是否正确？

a. 正确   b. 不正确

8. 想通过修改配置文件的方式修改主机名，该修改下面哪个文件？

a. /etc/sysconfig/network   b. /etc/sysconfig/hostname

c. /etc/hostname   d. /etc/defaults/hostname

9. 请为网卡 ens160 额外添加一个 IP 地址 192.168.X.180/24（这里 X 根据自己的实际情况来写），使 ens160 有两个 IP。

10. 请用两种方法查找 ens160 的多个 IP。

第12章

ssh远程登录系统和远程拷贝

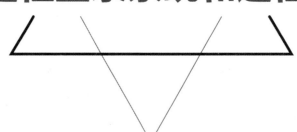

本章主要介绍 ssh 远程登录系统和远程拷贝的方法。

- ♦ ssh 的基本用法
- ♦ 打开远程图形化界面
- ♦ ssh 无密码登录和安全设置
- ♦ ssh 限制用户和其他设置
- ♦ Windows 远程登录
- ♦ 远程拷贝

很多时候服务器并没有显示器，我们也不可能每次都通过控制台去管理服务器，这时就需要远程登录。远程登录到服务器可以通过 Telnet 或 ssh 的方式。但是用 Telnet 登录，整个过程都是以明文的方式传输的，不安全。所以，建议使用 ssh 的方式来登录，因为 ssh 在整个连接过程中，数据都是加密的。

实验拓扑图如图 12-1 所示。

其中 server.rhce.cc 中有 lduan 用户和 tom 用户，server2.rhce.cc 中只有 tom 用户。如果没有 server2.rhce.cc 这台机器，请按照第 1 章内容自行安装。

server.rhce.cc   server2.rhce.cc
192.168.26.101   192.168.26.102

图 12-1　实验拓扑图

12.1　ssh 的基本用法

ssh 的基本用法 1：

ssh 主机名 /IP

这里如果没有指定用什么用户连接，则以当前用户连接。

当第一次远程连接到服务器时，要记录服务器的公钥指纹信息。

```
[lduan@server ~]$ ssh 192.168.26.102
The authenticity of host '192.168.26.102 (192.168.26.102)' can't be established.
ECDSA key fingerprint is SHA256:6Dcs1+DaxottLBGknNLdSnK3OllTRgbayLg0QZAWor8.
Are you sure you want to continue connecting (yes/no/[fingerprint])? yes
Warning: Permanently added '192.168.26.102' (ECDSA) to the list of known hosts.
lduan@192.168.26.102's password:
```

上面如果输入的是 no，则连接终止。输入 yes，则保存在了当前用户家目录下的 .ssh/known_hosts 文件中。

上面的命令中，我们并没有指定使用哪个用户连接到 192.168.26.102，但它是以 lduan 用户登录到 192.168.26.102 的。

但在 server2 上是没有 lduan 用户的，如下所示。

```
[root@server2 ~]# id lduan
id: "lduan"：无此用户
[root@server2 ~]#
```

所以，输入的密码都是错误的。连续输入 3 次密码不正确就退出来，因为 192.168.26.102 上根本没有 lduan 用户，但是有 tom 用户，如下所示。

```
[root@server2 ~]# id tom
uid=1000(tom) gid=1000(tom) 组=1000(tom)
[root@server2 ~]#
```

我们可以指定使用哪个用户名连接过去。

ssh 的基本用法 2：

ssh -l 用户名 主机名 /IP
ssh 用户名@主机名 /IP

建议用第 2 个。现在以 tom 的身份连接，命令如下。

```
[lduan@server ~]$ ssh tom@192.168.26.102
tom@192.168.26.102's password: 此处输入 tom 的密码
    ...输出...
[tom@server2 ~]$
```

可以看到，此时已经正常连接过去了，要退出来时只要输入"exit"即可。

```
[tom@server2 ~]$ exit
注销
Connection to 192.168.26.102 closed.
[lduan@server ~]$
```

如果连接时出现了图 12-2 所示的错误，只要把家目录下的 .ssh/known_hosts 删除，或者把此文件中 192.168.26.102 对应的条目删除即可，命令如下。

```
[lduan@server ~]$ ssh tom@192.168.26.102
@@@@@@@@@@@@@@@@@@@@@@@@@@@@@@@@@@@@@@@@@@@@@@@@@@@@@@@@@@@
@    WARNING: REMOTE HOST IDENTIFICATION HAS CHANGED!    @
@@@@@@@@@@@@@@@@@@@@@@@@@@@@@@@@@@@@@@@@@@@@@@@@@@@@@@@@@@@
IT IS POSSIBLE THAT SOMEONE IS DOING SOMETHING NASTY!
Someone could be eavesdropping on you right now (man-in-the-middle attack)!
It is also possible that a host key has just been changed.
The fingerprint for the ECDSA key sent by the remote host is
SHA256:OXZjkMOqUACpJbUhDO24+mqbwcVA6XXg7e7MQpk41EM.
Please contact your system administrator.
Add correct host key in /home/lduan/.ssh/known_hosts to get rid of this message.
Offending ECDSA key in /home/lduan/.ssh/known_hosts:2
ECDSA host key for 192.168.26.102 has changed and you have requested strict checking.
Host key verification failed.
[lduan@server ~]$
```

图 12-2　密钥变更导致报错

```
[lduan@server ~]$ ssh tom@192.168.26.102
The authenticity of host '192.168.26.102 (192.168.26.102)' can't be established.
ECDSA key fingerprint is SHA256:OXZjkMOqUACpJbUhDO24+mqbwcVA6XXg7e7MQpk41EM.
Are you sure you want to continue connecting (yes/no/[fingerprint])? yes
Warning: Permanently added '192.168.26.102' (ECDSA) to the list of known hosts.
tom@192.168.26.102's password:
    ...输出...
[tom@server2 ~]$
```

然后会重新记录 192.168.26.102 的公钥指纹信息。

12.2 打开远程图形化界面

当远程连接到远端机器时，例如，从 server 上通过 tom 用户连接到 server2，命令如下。

```
[lduan@server ~]$ ssh tom@192.168.26.102
tom@192.168.26.102's password:
    ... 输出 ...
[tom@server2 ~]$ firefox
Error: no DISPLAY environment variable specified
[tom@server2 ~]$
```

然后执行 firefox 命令，出现了 "Error: no DISPLAY environment variable specified" 的错误提示。这是为什么呢？首先我们了解一下 Xserver 和 Xclient。

每个打开的图形化界面的工具，例如，终端、Firefox 浏览器、gedit 记事本等，这些都叫作 Xclient，这些 Xclient 必须在 Xserver 上运行。Xserver 是一个平台环境，安装系统时如果选择了图形化界面，那么 Xserver 就已经安装上去了，如图 12-3 所示。

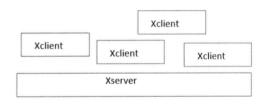

图 12-3　了解 Xserver 和 Xclient

要是想在本机打开远端服务器的 Xclient，即图形化客户端，需要满足以下 3 个条件。

（1）通过 ssh 登录到服务器时，要加上 -X（大写的 X）选项。

因为 ssh 建立的连接默认只允许字符传输，不允许 Xclient 进行传输，加上 -X 选项之后就可以让 Xclient 通过 ssh 建立的连接传输。

（2）本地要运行 Xserver。

（3）远端服务器要安装 xorg-x11-xauth，默认是已经安装上去了的。

现在退出来，重新通过 ssh 连接过去，加上 -X 选项，命令如下。

```
[lduan@server ~]$ ssh tom@192.168.26.102 -X
tom@192.168.26.102's password:
    ... 输出 ...
/usr/bin/xauth:  file /home/tom/.Xauthority does not exist
[tom@server2 ~]$
```

然后再次执行 firefox 命令，此时可以正常打开了，如图 12-4 所示。

图 12-4　通过 ssh 打开远端的浏览器

Windows 中常见的 Xserver 有 Xming 和 Xmanager，其中 Xming 是开源的。

12.3　ssh 无密码登录

ssh 远程登录到服务器时有两种认证方式。

12.3.1　密码认证

前面在 server 上通过 ssh 连接到 server2 时，命令如下。

```
[lduan@server ~]$ ssh tom@192.168.26.102
tom@192.168.26.102's password:
```

这里需要输入密码才能正常登录，这种就是密码认证。

12.3.2　密钥认证

如果做了密钥认证，远程登录时不需要密码就可以直接登录。这里 server 上的 lduan 准备以 tom 身份无密码连接到 server2，如图 12-5 所示。

为了好描述，server 上的 lduan 用户称为 lduan@server，server2 上的 tom 用户称为 tom@server2。

lduan@server 需要生成一个密钥对，命令如下。

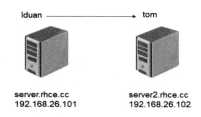

server.rhce.cc
192.168.26.101

server2.rhce.cc
192.168.26.102

图 12-5　配置 ssh 无密码登录

```
[lduan@server ~]$ ssh-keygen -f ~/.ssh/id_rsa -N ""
   ... 输出 ...
+---[RSA 3072]----+
|*=+   . . .      |
|.Bo+ o + o .     |
|..* O o + .      |
|oE + = o.        |
```

```
|o    .  ooS.        |
|  o  . .  +=        |
|. =    *o o         |
| . = =.+o           |
|   ..= o...         |
+----[SHA256]-----+
[lduan@server ~]$
```

这条命令会生成一个密钥对（私钥和公钥），这里 -f 指定了生成私钥的路径和名称，如果不指定，默认也是这个路径。 -N 后面的双引号中没有空格，意思是不对生成的私钥加密。

这样 lduan 生成了自己的密钥对，存放在自己家目录的 .ssh 目录下，命令如下。

```
[lduan@server ~]$ ls .ssh/
id_rsa   id_rsa.pub   known_hosts
[lduan@server ~]$
```

其中 id_rsa 是私钥，id_rsa.pub 是公钥。

然后通过 ssh-copy-id 把公钥的内容存储在 tom@server2 家目录下的 .ssh/authorized_keys 文件中，如果没有此文件，拷贝过去之后会自动创建，命令如下。

```
[tom@server2 ~]$ ls .ssh
ls: 无法访问 '.ssh': 没有那个文件或目录
[tom@server2 ~]$
```

下面执行 ssh-copy-id 命令，命令如下。

```
[lduan@server ~]$ ssh-copy-id tom@192.168.26.102
    ... 输出 ...
tom@192.168.26.102's password: 此处输入 tom 的密码

Number of key(s) added: 1

Now try logging into the machine, with:   "ssh 'tom@192.168.26.102'"
and check to make sure that only the key(s) you wanted were added.

[lduan@server ~]$
```

这样 lduan 的公钥就存放在 tom@server2 家目录下的 .ssh/authorized_keys 文件中了。

```
[tom@server2 ~]$ cat .ssh/authorized_keys
ssh-rsa AAAAB3NzaC1yc2EAAAADAQoxpqZqPhQlK/Wy8WDxl9apZJEKFTUjFE/uWtfTTz5
    ... 输出
O+JNaicYEnxGfhmRayqQEFrx26uOkyzurkaCMk8h3U2W2f981TRkaziv3asegezNn0muoE52r8268aU=
lduan@server.rhce.cc
[tom@server2 ~]$
```

通过对比，发现这个文件的内容就是 lduan@server 的公钥的内容。

下面远程登录测试，命令如下。

```
[lduan@server ~]$ ssh tom@192.168.26.102
Activate the web console with: systemctl enable --now cockpit.socket
   ... 输出 ...
[tom@server2 ~]$
```

可以看到，已经无密码登录过去了。

12.4 ssh 安全设置

前面已经讲了，ssh 有两种认证方式：密码认证和密钥认证。lduan@server 到 tom@server2 用的是密钥认证，其他用户的登录方式仍然是密码登录，现在想设置只能用其中一种认证，是否可以？答案是可以的。

12.4.1 禁用密钥登录

在 server2 上，以 root 用户编辑 /etc/ssh/sshd_config，找到 PubkeyAuthentication，修改内容如下。

将 #PubkeyAuthentication yes 修改为 PubkeyAuthentication no（需要注意的是，这里前面的注释符 # 被删除了），这样就禁用了密钥登录，保存退出并重启 sshd，命令如下。

```
[root@server2 ~]# systemctl restart sshd
[root@server2 ~]#
```

此时已经禁用了密钥登录，只能密码登录，到 server 上进行测试，命令如下。

```
[lduan@server ~]$ ssh tom@192.168.26.102
tom@192.168.26.102's password: 此处输入 tom 的密码
   ... 输出 ...
[tom@server2 ~]$ exit
注销
Connection to 192.168.26.102 closed.
[lduan@server ~]$
```

这里只能使用密码登录，原来配置的密钥认证不再生效。

再次设置允许密钥登录（PubkeyAuthentication yes），修改内容如下。

将 PubkeyAuthentication no 修改为 PubkeyAuthentication yes，并重启 sshd，命令如下。

```
[root@server2 ~]# systemctl restart sshd
[root@server2 ~]#
```

12.4.2 禁用密码登录

在 server2 上，以 root 用户编辑 /etc/ssh/sshd_config，找到 PasswordAuthentication，修改内容如下。

将 PasswordAuthentication yes 修改为 PasswordAuthentication no，这样就禁用了密码登录，保存退出并重启 sshd，命令如下。

```
[root@server2 ~]# systemctl restart sshd
[root@server2 ~]#
```

此时只允许密钥登录，不允许密码登录。

为了测试方便，在 server2 上创建用户 bob，密码设置为 haha001。

```
[root@server2 ~]# useradd bob
[root@server2 ~]# echo haha001 | passwd --stdin bob
更改用户 bob 的密码。
passwd：所有的身份验证令牌已经成功更新。
[root@server2 ~]#
```

在 server 上进行验证，首先以 tom 身份连接过去。

```
[lduan@server ~]$ ssh tom@192.168.26.102
    ... 输出 ...
[tom@server2 ~]$ exit
注销
Connection to 192.168.26.102 closed.
[lduan@server ~]$
```

可以看到，使用 tom 登录 192.168.26.102 时是可以无密码登录的。

然后以 bob 身份连接过去。

```
[lduan@server ~]$ ssh bob@192.168.26.102
bob@192.168.26.102: Permission denied (publickey,gssapi-keyex,gssapi-with-mic).
[lduan@server ~]$
```

因为我们并没有做 bob 用户无密码登录到 server2，只能使用密码登录，而密码登录被禁用，所以 bob 登录失败。

自行设置允许密码登录，修改 /etc/ssh/sshd_config，如下所示。

将 PasswordAuthentication no 修改为 PasswordAuthentication yes，并重启 sshd，命令如下。

```
[root@server2 ~]# systemctl restart sshd
[root@server2 ~]#
```

再次使用 bob 用户登录。

```
[lduan@server ~]$ ssh bob@192.168.26.102
bob@192.168.26.102's password:
    ... 输出 ...
[bob@server2 ~]$
[bob@server2 ~]$ exit
注销
Connection to 192.168.26.102 closed.
[lduan@server ~]$
```

已经可以正常登录了。

12.5 ssh 限制用户

对于服务器上的有效用户，基本上都是可以通过 ssh 连接过去的，但是有时为了安全性要禁用某些用户登录，如禁用 root 等。

12.5.1 禁用 root 用户登录

默认情况下，是可以用 root 登录到远端服务器的。

```
[lduan@server ~]$ ssh root@192.168.26.102
root@192.168.26.102's password:
    ... 输出 ...
[root@server2 ~]#
[root@server2 ~]# exit
注销
Connection to 192.168.26.102 closed.
[lduan@server ~]$
```

可以看到，root 成功连接到 server2 了。

如果要禁用 root 用户登录，在 server2 上用 vim 编辑器打开 /etc/ssh/sshd_config，按如下内容修改。

将 PermitRootLogin yes 修改为 PermitRootLogin no，保存退出并重启 sshd。

此时就禁用 root 用户登录了，在 server 上进行验证。

```
[lduan@server ~]$ ssh root@192.168.26.102
root@192.168.26.102's password:
Permission denied, please try again.
root@192.168.26.102's password:
```

提示被拒绝，是因为不允许 root 用户登录，按【Ctrl+C】组合键终止。

如果允许 root 用户登录，按如下内容修改。

将 PermitRootLogin no 修改为 PermitRootLogin yes，然后重启 sshd 即可。

12.5.2 禁用普通用户登录

如果想禁用某普通用户，可以用 DenyUsers 选项实现，用法是打开 /etc/ssh/sshd_config，在任意一行添加 DenyUsers userX，就可以限制 userX ssh 登录了。如果需要在 server2 上禁用 bob 用户 ssh 登录，可以用 vim 编辑器打开 /etc/ssh/sshd_config，在任意一行添加 DenyUsers bob，命令如下。

```
DenyUsers bob
```

这里就是禁用 bob 用户 ssh 登录，保存退出并重启 sshd，然后到 server 上进行测试，命令如下。

```
[lduan@server ~]$ ssh bob@192.168.26.102
bob@192.168.26.102's password:
Permission denied, please try again.
bob@192.168.26.102's password:
```

提示被拒绝，是因为 bob 用户被限制登录了，按【Ctrl+C】组合键终止。

这里只是禁用了 bob 用户，并不影响其他用户登录。

类似的选项还有 AllowUsers 和 DenyGroups。

其中 AllowUsers userX 的意思是，只允许 userX 用户登录，不允许其他用户登录。

如果写成 AllowUsers userX userY，意思是只允许 userX 和 userY 登录，不允许其他用户登录。

如果以下两个条目同时出现：

```
AllowUsers bob
DenyUsers bob
```

则 DenyUsers 生效，bob 仍然是不能登录的。

ssh 其他设置

ssh 的其他设置可以设置 ssh 的默认用户及解决 ssh 慢的问题。

12.6.1 设置 ssh 的默认用户

前面讲了在使用 ssh 登录时，如果没有指定用户则使用当前用户登录。其实我们也是可以指定默认用户的，即 ssh 登录时如果没有指定用户，则使用默认用户登录。

下面进行一个练习，在 lduan@server 家目录下的 .ssh 目录中创建 config 文件，内容如下。

```
[lduan@server ~]$ cat .ssh/config
Host 192.168.26.102
  User tom
[lduan@server ~]$
```

这个设置的意思就是，当连接到 192.168.26.102 时，如果没有指定用户，则默认用的是 tom 用户。

```
[lduan@server ~]$ chmod 644 .ssh/config
[lduan@server ~]$
```

需要注意的是，这里要把 .ssh/config 的权限改为 644。在 server 上验证。

```
[lduan@server ~]$ ssh 192.168.26.102
   ...输出...
[tom@server2 ~]$ exit
注销
Connection to 192.168.26.102 closed.
[lduan@server ~]$
```

这里虽然没有指定用户名，但是可以看到是以 tom 身份连接。

首次连接某台机器时，都会提示我们是否保存那台机器的公钥指纹信息，让我们输入 yes/no，这里必须输入 yes。如果想默认输入 yes，即自动输入 yes，可以修改 .ssh/config，内容如下。

```
[lduan@server ~]$ cat .ssh/config
Host 192.168.26.102
  User tom
Host *
```

```
StrictHostKeyChecking no
[lduan@server ~]$
```

上述加粗字是新增加的，Host 后面的 * 是通配符，表示所有主机。整体的意思是不管连接到哪台主机都不会再提示 yes/no 了。下面验证，命令如下。

```
[lduan@server ~]$ rm -rf .ssh/known_hosts
[lduan@server ~]$ ssh 192.168.26.102
Warning: Permanently added '192.168.26.102' (ECDSA) to the list of known hosts.
    ... 输出 ...
[tom@server2 ~]$
```

这里先清除已经保存的记录，即删除 .ssh/known_hosts，然后重新登录，可以看到现在已经不提示我们输入 yes/no 了。

12.6.2 解决 ssh 慢的问题

有时我们在通过 ssh 登录到一台服务器时，连接的过程会比较慢，要等几十秒才能看到输入密码的提示。很多时候是因为系统自动去做反向解析，即把 ssh 192.168.26.102 中的 192.168.26.102 反向解析成主机名，才会导致 ssh 速度慢。

为了防止出现这个问题，可以修改服务器上的配置。用 vim 编辑器打开 /etc/ssh/sshd_config，找到 UseDNS，进行如下修改。

将 #UseDNS yes 修改为 UseDNS no，这里同时把注释符 # 去掉了，然后重启 sshd 即可。

> **注意**
>
> RHEL8 中默认已经是 UseDNS no 了。

12.7 ⬧ Windows 远程登录

很多时候服务器上安装的是 Linux 系统，但我们平时用的笔记本电脑是 Windows 系统，如果要使用 Windows 远程登录，只要在 Windows 上安装 ssh 客户端，就可以登录到远端的 Linux 服务器了。Windows 中常见的 ssh 客户端包括 PuTTY、Xshell、SecureCRT 等。

Windows 中的这些客户端，大家根据自己的喜好自行下载使用即可。

12.8 远程拷贝

有时我们需要远程拷贝一些文件，例如，把文件或目录从 A 机器拷贝到 B 机器上，这种情况下我们一般用 scp 或 rsync。

scp 或 rsync 利用的是 ssh 建立的通道，然后把文件传输过去，scp 的用法如下。

```
scp /path1/file1 remoteIP:/path2/
```

这里的意思是把本地的 /path1/file1 拷贝到 remoteIP 这台机器的 /path2 目录中。需要注意的是，远程主机上目录的表示方式是 "IP: 目录"，冒号两边没有空格。如果拷贝目录需要加上 -r 选项。

先查看 server2 上 /opt 目录中的内容。

```
[root@server2 ~]# ls /opt/
[root@server2 ~]#
```

然后到 server 上拷贝 /etc/hosts 到 server2 上的 /opt 目录中。

```
[root@server ~]# scp /etc/hosts 192.168.26.102:/opt
root@192.168.26.102's password:
hosts              100%  158     47.7KB/s   00:00
[root@server ~]#
```

这样就把文件拷贝过去了，scp 利用的是 ssh 建立的通道，如果没有指定使用哪个用户连接到 192.168.26.102，则使用的是当前用户 root。

下面以 tom 身份登录 192.168.26.102 并拷贝文件，命令如下。

```
[root@server ~]# scp /etc/hosts tom@192.168.26.102:/opt
tom@192.168.26.102's password:
scp: /opt/hosts: Permission denied
[root@server ~]#
```

因为 192.168.26.102 上的 tom 用户对 /opt 没有写权限，所以拷贝过去时出现了 "Permission denied" 这样的报错信息。

把目录 /boot/grub2 拷贝到 server2 上的 /opt 目录中，命令如下。

```
[root@server ~]# scp /boot/grub2/ 192.168.26.102:/opt
root@192.168.26.102's password:
/boot/grub2: not a regular file
[root@server ~]#
```

结果是没有拷贝过去，因为 /boot/grub2 是一个目录，拷贝目录需要加上 -r 选项，命令如下。

```
[root@server ~]# scp -r /boot/grub2/ 192.168.26.102:/opt
root@192.168.26.102's password:
    ... 大量输出 ...
[root@server ~]#
```

这样就把该目录拷贝过去了，到 server2 上查看，命令如下。

```
[root@server2 ~]# ls /opt/
grub2   hosts
[root@server2 ~]#
```

清空 server2 上 /opt 中的内容，命令如下。

```
[root@server2 ~]# rm -rf /opt/*
[root@server2 ~]# ls /opt/
[root@server2 ~]#
```

另外一个远程拷贝的工具是 rsync，rsync 的用法如下。

```
rsync /path1/file1 remoteIP:/path2/
```

rsync 的用法与 scp 的用法一致，rsync 有更多的选项可用，可以通过 rsync --help 来查看。

使用 rsync 拷贝目录时有一点区别，下面练习把 server 上的目录 /boot/grub2 拷贝到 server2 上的 /opt 目录中，命令如下。

```
[root@server ~]# rsync -r /boot/grub2 192.168.26.102:/opt
root@192.168.26.102's password:
[root@server ~]#
```

需要注意的是，这里 /boot/grub2 最后是没有"/"的，即写的不是 /boot/grub2/，切换到 server2 上查看，命令如下。

```
[root@server2 ~]# ls /opt/
grub2
[root@server2 ~]#
```

可以看到，这里是将目录 grub2 及里面的内容一起拷贝过来了。

清空 server2 上 /opt 中的内容，命令如下。

```
[root@server2 ~]# rm -rf /opt/*
[root@server2 ~]# ls /opt/
[root@server2 ~]#
```

再次把 server 上的目录 /boot/grub2 拷贝到 server2 上的 /opt 目录中，命令如下。

```
[root@server ~]# rsync -r /boot/grub2/ 192.168.26.102:/opt
root@192.168.26.102's password:
[root@server ~]#
```

这次拷贝的目录写成了 /boot/grub2/，也就是 grub2 后面带了一个"/"，切换到 server2 上查看，命令如下。

```
[root@server2 ~]# ls /opt/
device.map  fonts  grub.cfg  grubenv  i386-pc
[root@server2 ~]#
```

可以看到，这里是把 grub2 这个目录中的内容拷贝过来了，并不包括 grub2 目录本身。

一般情况下，我们访问一个目录时，有没有最后表示分隔符的"/"是无所谓的，但在使用 rsync 命令拷贝目录时，有没有"/"结果是有区别的。

清空 server2 上 /opt 中的内容，命令如下。

```
[root@server2 ~]# rm -rf /opt/*
[root@server2 ~]#
```

1. 在 jerry@workstation 上通过 ssh 登录到 server，且希望能打开 server 上的 Firefox，应该使用下面哪个命令？

　　a. ssh server　　　　　　　　　　　　b. ssh server −x

　　c. ssh server −X11　　　　　　　　　　d. ssh server −X

2. ssh 默认端口是 22，现在把端口改成了 222，那么在 Linux 自带终端下登录的命令是哪个？

　　a. ssh root@server:222　　　　　　　　b. ssh root@server 222

　　c. ssh root@server –p 222　　　　　　　d. ssh root@server port 222

3. 在测试环境中，通过 ssh 登录到服务器时会花很长时间才能登录过去，下面哪个选项能解决此问题？

　　a. UseLogin　　　　　　　　　　　　　b. GSSAPIAuthentication

　　c. UseDNS　　　　　　　　　　　　　　d. TCPKeepAlive

4. 要求 server2 上的 tom 用户在通过 ssh 登录到 192.168.26.0/X 的任何主机时，默认的用户名为 root，该如何设置？

5. tom 从 server2 在通过 ssh 命令以 root 身份登录 server 之后，执行 firefox 命令，却出现了图 12-6 所示的报错。

```
[root@server ~]# firefox
Failed to open connection to "session" message bus: Unable to autolaunch a dbus-daemon without a $DISPLA
Y for X11
Running without ally support!
Error: no DISPLAY environment variable specified
[root@server ~]#
```

图 12-6　报错信息

该如何解决？

6. 不希望使用 root 用户通过 ssh 登录到 server2，那么在 server2 上如何设置？

7. 不希望 tom 组的用户通过 ssh 登录到 server2，该如何设置？

第 4 篇　存储管理

第13章

硬盘管理

本章主要介绍 Linux 磁盘管理。

💧 了解分区的概念

💧 对硬盘进行分区

💧 swap 分区的管理

新的硬盘首先需要对其进行分区和格式化，下面来了解一下硬盘的结构，如图 13-1 所示。

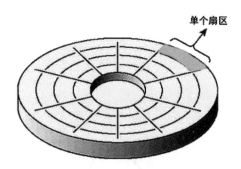

图 13-1　磁盘上的磁道和扇区

硬盘的磁盘上有一个个圈，每两个圈组成一个磁道。从中间往外发射线，把每个磁道分成一个个扇区，每个扇区的大小是 512B。为了更好地理解，我们把所有磁盘拼接起来，如图 13-2 所示。

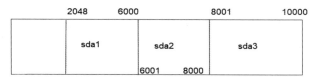

图 13-2　分区是以扇区划分的

假设磁盘有 10000 个扇区，第一个分区从 2048 到 6000，第二个分区从 6001 到 8000，第三个分区从 8001 到 10000。

每个扇区只能属于一个分区，不能同时属于多个分区。

第一个扇区比较特殊，叫作 MBR（主引导记录）。

分区类型包括主分区、扩展分区和逻辑分区，如图 13-3 所示。

图 13-3　了解分区类型

一套房子出租，李四和王五从房东手中直接各租一间自住，这个属于主分区。

赵六从房东手中租过来一个大间，但自己不住做起了二房东（扩展分区），然后隔成很多隔间。赵六租的那一个大间就是扩展分区，大间里隔开的一些隔间就是逻辑分区。

（1）主分区：直接从硬盘上划分，并可以直接格式化使用的分区。

（2）扩展分区：直接从硬盘上划分，但是不直接使用的分区，需要在其上面划分更多的小分区。

（3）逻辑分区：在扩展分区上划分的分区。

分区表记录主分区和扩展分区的信息，如同房东从李四、王五、赵六手中收房租一样，但是收不到 tom、bob 等的房租，tom、bob 等的房租由赵六来收，因为赵六是二房东。

每记录一个分区（主分区或扩展分区）要消耗 16B，所以分区表最多只能记录 4 个分区，硬盘最多只能划分出来 4 个分区，且最多只能有一个扩展分区。

请关闭虚拟机 server 并自行为虚拟机添加一块 SCSI 格式的硬盘，然后开机进入系统。

13.1 对磁盘进行分区

使用 fdisk -l 命令查看所有分区信息，命令如下。

```
[root@server ~]# fdisk -l
Disk /dev/sdb: 20 GiB, 21474836480 字节, 41943040 个扇区
单元：扇区 / 1 * 512 = 512 字节
扇区大小（逻辑 / 物理）：512 字节 / 512 字节
I/O 大小（最小 / 最佳）：512 字节 / 512 字节


Disk /dev/sda: 100 GiB, 107374182400 字节, 209715200 个扇区
单元：扇区 / 1 * 512 = 512 字节
扇区大小（逻辑 / 物理）：512 字节 / 512 字节
I/O 大小（最小 / 最佳）：512 字节 / 512 字节
磁盘标签类型：dos
磁盘标识符：0xaa4e4e08


设备        启动        起点        末尾        扇区    大小 Id 类型
/dev/sda1   *          2048 104859647 104857600   50G 83 Linux
/dev/sda2         104859648 113248255   8388608    4G 82 Linux swap / Solaris
[root@server ~]#
```

此命令可以查看系统所有硬盘的信息，这里可以看到 /dev/sda 有两个分区 /dev/sda1 和 /dev/sda2，/dev/sdb 没有任何分区。如果想单独查看某硬盘的分区信息，可以使用 "fdisk -l /dev/ 硬盘" 命令。例如，想单独查看 /dev/sda 的信息，则用 fdisk -l /dev/sda 命令，命令如下。

```
[root@server ~]# fdisk -l /dev/sda
Disk /dev/sda: 100 GiB, 107374182400 字节, 209715200 个扇区
单元：扇区 / 1 * 512 = 512 字节
扇区大小（逻辑 / 物理）：512 字节 / 512 字节
I/O 大小（最小 / 最佳）：512 字节 / 512 字节
```

```
磁盘标签类型：dos
磁盘标识符：0xaa4e4e08

设备        启动         起点        末尾         扇区     大小 Id 类型
/dev/sda1   *           2048 104859647 104857600   50G 83 Linux
/dev/sda2        104859648 113248255    8388608     4G 82 Linux swap / Solaris
[root@server ~]#
```

这里可以获取到很多信息，例如，整个 sda 有多少个扇区，每个分区从哪个扇区开始到哪个扇区结束等。

下面开始练习分区，自行添加一个类型为 SCSI、大小为 20G 的分区。

分区的语法为 "fdisk /dev/ 硬盘"，这里是对硬盘进行分区，而不是对分区再进行分区。

```
[root@server ~]# fdisk /dev/sdb

欢迎使用 fdisk (util-linux 2.32.1)。
更改将停留在内存中，直到您决定将更改写入磁盘。
使用写入命令前请三思。

设备不包含可识别的分区表。
创建了一个磁盘标识符为 0x737fabb4 的新 DOS 磁盘标签。

命令（输入 m 获取帮助）：
```

此处进入分区的界面，按提示输入 "m" 可以获取帮助，常见的命令如下。

（1）p：打印分区表。

（2）n：添加一个分区。

（3）d：删除一个分区。

（4）l：列出分区类型。

（5）t：转换分区类型。

（6）q：不保存直接退出。

（7）w：保存并退出。

查看现有分区信息，此处输入 "p"，命令如下。

```
命令（输入 m 获取帮助）：p # 此处输入 p 用于打印分区表
Disk /dev/sdb：20 GiB，21474836480 字节，41943040 个扇区
单元：扇区 / 1 * 512 = 512 字节
扇区大小（逻辑 / 物理）：512 字节 / 512 字节
I/O 大小（最小 / 最佳）：512 字节 / 512 字节
磁盘标签类型：dos
磁盘标识符：0x737fabb4
命令（输入 m 获取帮助）：
```

此处并没有看到 /dev/sdb1、/dev/sdb2 等内容，说明并不存在任何分区。

按【n】键创建一个分区，命令如下。

```
命令（输入 m 获取帮助）：n
分区类型
   p   主分区 （0 个主分区，0 个扩展分区，4 空闲）
   e   扩展分区 （逻辑分区容器）
选择 （默认 p）：
```

直接在硬盘上划分的分区有主分区（标记为 p）和扩展分区（标记为 e），逻辑分区（标记为 1）只能在扩展分区上创建，且扩展分区最多只能创建一个扩展分区。

所以，在硬盘中没有扩展分区时，选择分区类型时只能选择 p 和 e 这两种。如果已经存在了扩展分区，就不能再创建第二个扩展分区了，但可以在扩展分区上创建逻辑分区，所以可选择的分区类型有 p 和 1。

先创建主分区或扩展分区都可以，这里先创建主分区，输入 "p"，按【Enter】键。主分区加扩展分区最多只能创建出来 4 个，所以分配的编号只能是 1~4，这里选择默认的 1，然后按【Enter】键。

```
命令（输入 m 获取帮助）：n
分区类型
   p   主分区 （0 个主分区，0 个扩展分区，4 空闲）
   e   扩展分区 （逻辑分区容器）
选择 （默认 p）：p
分区号 （1-4，默认 1）：此处直接回车，使用默认的编号 1
```

硬盘总共有 41943039 个扇区，第一个分区从哪个扇区开始呢？默认为 2048，直接按【Enter】键，我们就从 2048 扇区开始。

```
第一个扇区 （2048-41943039，默认 2048）：按【Enter】键
上个扇区，+sectors 或 +size{K,M,G,T,P} （2048-41943039，默认 41943039）：N
```

这里 N 的位置得写一个结束点，假设要创建 2G 的分区，从 2048 扇区开始算，到哪个扇区结束能使得分区大小是 2G 呢？如图 13-4 所示。

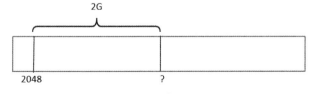

图 13-4   计算分区大小

现在计算一下：2G=2×1024M=2×1024×1024K=2×1024×1024×2 扇区（1 扇区 =0.5K），所以一共需要 2×1024×1024×2=4194304 个扇区。从 2048 扇区开始算，最后一个扇区应该落在

2048+4194304-1=4196351 的位置，这样创建出来的分区就是 2G，所以图 13-4 中填写 4196351。

```
第一个扇区 (2048-41943039, 默认 2048):
上个扇区, +sectors 或 +size{K,M,G,T,P} (2048-41943039, 默认 41943039): 4196351

创建了一个新分区 1, 类型为 "Linux", 大小为 2 GiB。

命令 (输入 m 获取帮助):
```

创建 2G 分区后，输入"p"查看分区信息，命令如下。

```
命令 (输入 m 获取帮助): p
  ... 输出 ...
设备       启动    起点      末尾      扇区     大小  Id 类型
/dev/sdb1         2048    4196351  4194304   2G  83 Linux

命令 (输入 m 获取帮助):
```

可以看出，从 2048 开始，共 4194304 个扇区，在 4196351 这个位置结束，大小为 2G。

但是这种创建分区的方法比较麻烦，可以先输入"d"，按【Enter】键，删除此分区，命令如下。

```
命令 (输入 m 获取帮助): d 此处输入 d 表示删除分区
已选择分区 1
分区 1 已删除。

命令 (输入 m 获取帮助):
```

因为 sdb1 是唯一的分区，所以删除的就是 sdb1，然后重复上面的方法重新创建分区，命令如下。

```
命令 (输入 m 获取帮助): n
分区类型
   p   主分区 (0 个主分区, 0 个扩展分区, 4 空闲)
   e   扩展分区 (逻辑分区容器)
选择 (默认 p):

将使用默认回应 p。
分区号 (1-4, 默认 1):
第一个扇区 (2048-41943039, 默认 2048):
上个扇区, +sectors 或 +size{K,M,G,T,P} (2048-41943039, 默认 41943039):
```

因为并不需要关心分区到哪个扇区结束，只关心分区大小，所以这里可以写 +2G，意思是从 2048 扇区开始划分一个 2G 大小的分区，命令如下。

```
第一个扇区 (2048-41943039, 默认 2048):
```

上个扇区，+sectors 或 +size{K,M,G,T,P} (2048-41943039, 默认 41943039)：**+2G**

创建了一个新分区 1，类型为 "Linux"，大小为 2 GiB。

命令（输入 m 获取帮助）：

然后输入 "p" 查看分区信息，命令如下。

```
命令（输入 m 获取帮助）：p
    ... 输出 ...
设备          启动      起点        末尾       扇区      大小 Id 类型
/dev/sdb1            2048   4196351  4194304     2G 83 Linux

命令（输入 m 获取帮助）：
```

可以看到，与手动计算出来的一样，通过这种方式划分分区就容易多了。

再创建一个主分区 /dev/sda2，大小为 2G，命令如下。

```
命令（输入 m 获取帮助）：p
    ... 输出 ...
设备          启动      起点        末尾       扇区      大小 Id 类型
/dev/sdb1            2048 4196351 4194304     2G 83 Linux
/dev/sdb2         4196352 8390655 4194304     2G 83 Linux

命令（输入 m 获取帮助）：
```

创建一个扩展分区 /dev/sda4，把剩余所有空间全部给它（这里故意没有创建 /dev/sda3），命令如下。

```
命令（输入 m 获取帮助）：n
分区类型
    p   主分区 （2 个主分区，0 个扩展分区，2 空闲）
    e   扩展分区 （逻辑分区容器）
选择 （默认 p）：e 这里输入 e 表示创建一个扩展分区
分区号 (3,4, 默认  3)：4
第一个扇区 (8390656-41943039, 默认 8390656)：按【Enter】键
上个扇区，+sectors 或 +size{K,M,G,T,P} (8390656-41943039, 默认 41943039)：按【Enter】键

创建了一个新分区 4，类型为 "Extended"，大小为 16 GiB。

命令（输入 m 获取帮助）：
```

输入 "p" 查看分区信息，命令如下。

```
命令（输入 m 获取帮助）：p
    ... 输出 ...
```

```
设备        启动      起点       末尾        扇区    大小 Id 类型
/dev/sdb1            2048    4196351    4194304    2G 83 Linux
/dev/sdb2         4196352    8390655    4194304    2G 83 Linux
/dev/sdb4         8390656   41943039   33552384   16G  5 扩展
```

命令（输入 m 获取帮助）：

创建扩展分区后，就可以创建逻辑分区了，我们看到了编号 3 并未使用，所以现在还可以创建一个主分区，但是硬盘已经没有多余的空间，所以不能再创建主分区只能创建逻辑分区。逻辑分区的编号是从 5 开始，命令如下。

```
添加逻辑分区 5
第一个扇区 (8392704-41943039，默认 8392704)：按【Enter】键
上个扇区，+sectors 或 +size{K,M,G,T,P} (8392704-41943039，默认 41943039)：+2G

创建了一个新分区 5，类型为 "Linux"，大小为 2 GiB。
```

命令（输入 m 获取帮助）：

依照此方法再创建几个分区，命令如下。

```
设备        启动      起点       末尾        扇区    大小 Id 类型
/dev/sdb1            2048    4196351    4194304    2G 83 Linux
/dev/sdb2         4196352    8390655    4194304    2G 83 Linux
/dev/sdb4         8390656   41943039   33552384   16G  5 扩展
/dev/sdb5         8392704   12587007    4194304    2G 83 Linux
/dev/sdb6        12589056   16783359    4194304    2G 83 Linux
/dev/sdb7        16785408   20979711    4194304    2G 83 Linux
```

看上面最右侧的两列：Id 和类型，这两列是对应的。因为分区的作用不一样，所以有的可以直接格式化使用，有的用于创建 swap，有的用于创建逻辑卷等。这些类型是可以转换的，输入字母 l 可以看到所有类型，如图 13-5 所示。

```
命令(输入 m 获取帮助)：l

0  空              24 NEC DOS         81 Minix / 旧 Linu bf Solaris
1  FAT12          27 隐藏的 NTFS Win 82 Linux swap / So c1 DRDOS/sec (FAT-
2  XENIX root     39 Plan 9          83 Linux           c4 DRDOS/sec (FAT-
3  XENIX usr      3c PartitionMagic  84 OS/2 隐藏 或 In c6 DRDOS/sec (FAT-
4  FAT16 <32M     40 Venix 80286     85 Linux 扩展       c7 Syrinx
5  扩展            41 PPC PReP Boot   86 NTFS 卷集        da 非文件系统数据
6  FAT16          42 SFS             87 NTFS 卷集        db CP/M / CTOS / .
7  HPFS/NTFS/exFAT 4d QNX4.x         88 Linux 纯文本      dd Dell 工具
8  AIX            4e QNX4.x 第2部分   8e Linux LVM        df BootIt
9  AIX 可启动      4f QNX4.x 第3部分   93 Amoeba          e1 DOS 访问
a  OS/2 启动管理器 50 OnTrack DM      94 Amoeba BBT       e3 DOS R/O
b  W95 FAT32      51 OnTrack DM6 Aux 9f BSD/OS           e4 SpeedStor
c  W95 FAT32 (LBA) 52 CP/M          a0 IBM Thinkpad 休  ea Rufus 对齐
```

图 13-5　分区类型代码

常见的分区类型如下。

（1）Linux：对应的 Id 为 83，直接格式化使用的分区。

（2）Linux swap：对应的 Id 为 82，用于创建 swap。

（3）Linux LVM：对应的 Id 为 8e，用于创建 LV。

（4）Linux raid：对应的 Id 为 fd，用于创建 fd。

例如，准备把 /dev/sdb5 配置成逻辑卷，先把 /dev/sdb5 的分区类型改为 Linux LVM，操作如下。

先按【t】键开始进行转换，命令如下。

```
命令（输入 m 获取帮助）: t
分区号 (1,2,4-7，默认 7):
```

然后输入要转换的分区号，这里输入 "5"，按【Enter】键后输入要转换的分区 Id（8e），命令如下。

```
命令（输入 m 获取帮助）: t
分区号 (1,2,4-7，默认 7): 5
Hex 代码（输入 L 列出所有代码）: 8e

已将分区 "Linux" 的类型更改为 "Linux LVM"。

命令（输入 m 获取帮助）:
```

输入 "p" 查看分区信息，命令如下。

```
命令（输入 m 获取帮助）: p
    ...输出...
设备         启动      起点      末尾       扇区     大小 Id 类型
/dev/sdb1             2048   4196351   4194304    2G 83 Linux
/dev/sdb2          4196352   8390655   4194304    2G 83 Linux
/dev/sdb4          8390656  41943039  33552384   16G  5 扩展
/dev/sdb5          8392704  12587007   4194304    2G 8e Linux LVM
/dev/sdb6         12589056  16783359   4194304    2G 83 Linux
/dev/sdb7         16785408  20979711   4194304    2G 83 Linux

命令（输入 m 获取帮助）:
```

使用相同的方法，把 /dev/sdb6、/dev/sdb7 的分区类型也转变为 Linux LVM。

为 13.2 节做准备，把 /dev/sdb2 的分区类型改为 Linux swap，输入 "t"，命令如下。

```
命令（输入 m 获取帮助）: t
分区号 (1,2,4-7，默认 7): 2
Hex 代码（输入 L 列出所有代码）: 82

已将分区 "Linux" 的类型更改为 "Linux swap / Solaris"。
```

然后输入 "p" 查看分区信息，命令如下。

```
命令 ( 输入 m 获取帮助 ): p
    ... 输出 ...
设备        启动        起点        末尾        扇区    大小 Id 类型
/dev/sdb1              2048    4196351    4194304    2G 83 Linux
/dev/sdb2           4196352    8390655    4194304    2G 82 Linux swap / Solaris
    ... 输出 ...
命令 ( 输入 m 获取帮助 ):
```

现在所做的一切并没有真的保存，如果不想保存直接退出，可以输入 "q" 并按【Enter】键；如果想保存并退出，可以输入 "w" 并按【Enter】键，命令如下。

```
命令 ( 输入 m 获取帮助 ): w
分区表已调整。
将调用 ioCtrl() 来重新读分区表。
正在同步磁盘。

[root@server ~]#
```

有时需要执行 partprobe /dev/sdb 命令来刷新一下分区表，然后使用 fdisk 命令进行查看，命令如下。

```
[root@server ~]# fdisk -l /dev/sdb
    ... 输出 ...
设备        启动        起点        末尾        扇区    大小 Id 类型
/dev/sdb1              2048    4196351    4194304    2G  83 Linux
/dev/sdb2           4196352    8390655    4194304    2G  82 Linux swap / Solaris
/dev/sdb4           8390656   41943039   33552384   16G   5 扩展
/dev/sdb5           8392704   12587007    4194304    2G  8e Linux LVM
/dev/sdb6          12589056   16783359    4194304    2G  8e Linux LVM
/dev/sdb7          16785408   20979711    4194304    2G  8e Linux LVM
[root@server ~]#
```

13.2 交换分区

在物理内存不够用的情况下，系统会把物理内存中那些长时间没有操作的数据释放出来，保存在交换分区（swap）中，这样物理内存中就有多余的空间，用于存放新的数据。

如果物理内存不够了可以使用 swap 分区，那么如果 swap 分区也不够了呢？我们就可以添加 swap 分区。下面就来讲讲如何管理 swap 分区。

查看当前系统中所有的 swap 分区，命令如下。

```
[root@server ~]# swapon -s
文件名                      类型           大小        已用     权限
/dev/sda2                   partition      4194300     0        -2
[root@server ~]#
```

可以看到，当前 /dev/sda2 是交换分区，大小是 4G。这里的权限是，如果有多个 swap 分区，优先使用哪个，数值越大越优先。查看 swap 分区也可以使用 cat /proc/swaps 命令。

下面开始创建 swap 分区，步骤如下。

步骤 ❶：把 /dev/sdb2 创建为 swap 分区，命令如下。

```
[root@server ~]# mkswap /dev/sdb2
正在设置交换空间版本 1，大小 = 2 GiB (2147479552   个字节 )
无标签，UUID=96b078f8-6ca3-4aac-9af7-b37234b03a6c
[root@server ~]#
```

步骤 ❷：激活新创建的 swap 分区，命令如下。

```
[root@server ~]# swapon /dev/sdb2
[root@server ~]# swapon -s
文件名                      类型           大小        已用     权限
/dev/sda2                   partition      4194300     0        -2
/dev/sdb2                   partition      2097148     0        -3
[root@server ~]#
```

可以看到，此时已经有两个交换分区了。其中 /dev/sdb2 的权限为 -3，说明 /dev/sda2 优先使用。如果想设置让 /dev/sdb2 优先使用，可以调整 /dev/sdb2 的优先级。

步骤 ❸：关闭新创建的 swap 分区，命令如下。

```
[root@server ~]# swapoff /dev/sdb2
[root@server ~]#
```

步骤 ❹：激活 swap 分区，并指定优先级，命令如下。

```
[root@server ~]# swapon -s
文件名                      类型           大小        已用     权限
/dev/sda2                   partition      4194300     0        -2
/dev/sdb2                   partition      2097148     0        2
[root@server ~]#
```

可以看到，/dev/sdb2 的权限是 2，所以这个交换分区会优先使用。

上面设置的这个交换分区也只是临时生效，如果要让其重启系统之后仍然生效，就需要写入 /etc/fstab 中。

步骤 ❺：编辑 /etc/fstab，在最后一行添加，命令如下。

```
[root@server ~]# tail -1 /etc/fstab
/dev/sdb1   none    swap    defaults,pri=2                    0       0
[root@server ~]#
```

上面每个字段用空格或【Tab】键隔开均可，第四列 defaults 后面的逗号两边没有空格。

如果不需要指定优先级，第四列直接写 defaults 即可。

如果 /dev/sdb2 当前没有激活，则在写入 /etc/fstab 之后，执行 swapon -a 命令即可。

作业题在 server2 上完成。

准备工作：自行在 server2 上新添加一块类型为 SCSI、大小为 20G 的硬盘 /dev/sdb。

1. 在 /dev/sdb 上创建 2 个主分区，大小都是 2G。

2. 在 /dev/sdb 上创建 1 个扩展分区，使用 /dev/sdb 的剩余所有空间。

3. 在 /dev/sdb 上创建 3 个逻辑分区，大小都是 2G。

4. 把 /dev/sdb2 创建为交换分区，要求重启系统后继续生效，并要求当物理内存不够时优先使用 /dev/sdb2。

5. 把 /dev/sdb5、/dev/sdb6、/dev/sdb7 的分区类型转变为 Linux LVM。

第14章
文件系统

本章主要介绍文件系统的管理。

- ♦ 了解什么是文件系统
- ♦ 对分区进行格式化操作
- ♦ 挂载分区
- ♦ 查找文件

在 Windows 系统中，买了一块新的硬盘加到电脑之后，需要对分区进行格式化才能使用，Linux 系统中也是一样，首先我们要了解一下什么是文件系统。

14.1 了解文件系统

分区很复杂，但是为了好理解不妨先简化介绍。首先来看图 14-1，记住这是一个分区。

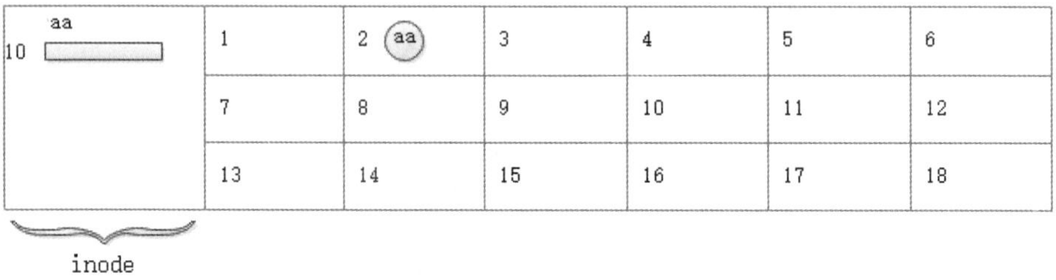

aa 10 [▭]	1	2 (aa)	3	4	5	6
	7	8	9	10	11	12
	13	14	15	16	17	18

inode

图 14-1　了解文件系统

当对一个分区格式化时，分区被分成两部分。

（1）右侧部分被划分成很多小格子，每个小格子称为 block，默认大小为 4KB。

（2）左侧部分为 inode，用于记录文件的属性，每个文件都会占用一个 inode。

每个 block 中只能存储一个文件，假设一个文件 aa 只有 1KB 存放在 2 号 block 中，则 2 号 block 还剩余 3KB 的空间，但是这 3KB 的空间也不会存储其他数据了。所以，此文件大小为 1KB，占用空间为 4KB，在 Windows 中会见到图 14-2 所示的情况。

位置:	D:\RHCE大纲
大小:	1.27 KB (1,303 字节)
占用空间:	4.00 KB (4,096 字节)

图 14-2　文件大小和占用空间的区别

如果一个文件的值大于 4KB，一个 block 存放不下，则会占用多个 block。例如，某文件大小为 9KB，则需要占用 3 个 block。

当要读取某个文件时，如果系统不知道此文件在哪个 block 中，则要读取所有的 block（这个过程称为"遍历"），这样效率是极其低下的。所以，每个文件的属性都有对应的 inode 条目来记录，例如，图 14-1 中的 aa 文件由 10 号 inode 记录，在 inode 中记录了 aa 文件的属性，如大小、权限等，以及此文件占用了哪些 block，inode 相当于书的目录。当需要读取文件时，在 inode 中可以快速找到此文件，从而快速定位此文件所在的 block。

总之，创建文件系统的过程就理解为创建图 14-1 中小格子的过程。不同的内核所使用的文件系统不一样，例如，Windows 中常见的文件系统包括 FAT、NTFS 等，Linux 中常见的文件系统包括 EXT3、EXT4、XFS 等。这些不同的文件系统具有不同的功能，包括所支持的单个文件最大能有多大，整个文件系统最大能有多大，RHEL8/CentOS8 中默认的文件系统是 XFS。

14.2 了解硬链接

前面讲了 inode 记录的是某文件的属性信息，如图 14-3 所示。

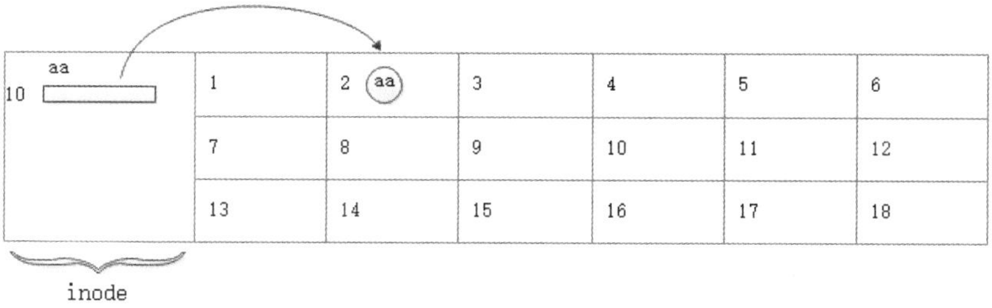

图 14-3　了解硬链接

10 号 inode 记录了 aa 文件的属性，包括 aa 文件的名称、大小、权限等，及其所在的 block，可以在 10 号 inode 中给 aa 文件再起一个名称 bb，如图 14-4 所示。

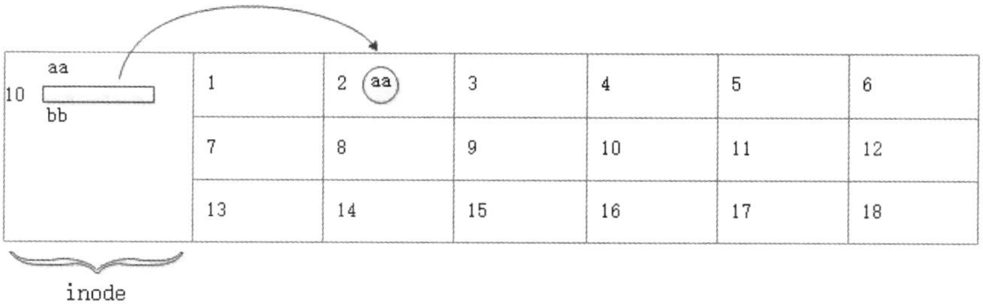

图 14-4　了解硬链接

此时对 10 号 inode 来说，用两个名称 aa 和 bb 来记录 2 号 block 中的文件，所以 aa 和 bb 对应的是同一个文件，那么 aa 和 bb 就是硬链接关系。

练习：先拷贝一个测试文件，命令如下。

```
[root@server ~]# cp /etc/hosts aa
[root@server ~]#
```

查看 aa 的属性，命令如下。

```
[root@server ~]# ls -lh aa
-rw-r--r--. 1 root root 251 9月  28 11:50 aa
[root@server ~]#
```

此处的加粗字 1，指的是 aa 文件只有一个硬链接，即存储在 block 中的文件只有一个名称 aa。下面对 aa 做硬链接，命令如下。

```
[root@server ~]# ln aa bb
[root@server ~]#
```

查看 aa 和 bb 的属性，命令如下。

```
[root@server ~]# ls -lh aa bb
-rw-r--r--. 2 root root 251 9月  28 11:50 aa
-rw-r--r--. 2 root root 251 9月  28 11:50 bb
[root@server ~]#
```

硬链接数显示为 2，说明存储在 block 中的那个文件有两个名称 aa 和 bb。aa 和 bb 是在同一个 inode 上记录的两个名称，通过 ls -i 可以查看 aa 和 bb 分别是在哪个 inode 上记录的，命令如下。

```
[root@server ~]# ls -i aa ; ls -i bb
34516514 aa
34516514 bb
[root@server ~]#
```

可以看到，inode 值是一样的，即在同一个 inode 上用两个名称来记录 block 中的那个文件。换言之就是 aa 和 bb 对应的是同一个文件，修改 aa 之后会发现 bb 的内容也做了相同的修改，修改 bb 之后会发现 aa 也做了相应的修改。

因为 block 中的文件现在有两个名称，所以删除任意一个之后，block 中的数据是不会跟着删除的。所以，删除 aa 是不会影响 bb 的，或者删除 bb 也不会影响 aa。但是 aa 和 bb 两个同时删除，则 block 中的文件就没有名称了，则此文件会从 block 中删除。

block 中的文件只要还有一个名称，那么数据就不会删除。如果所有名称都没有了，则此数据会从 block 中删除。

同一个分区的 inode 只能记录同一个分区 block 中的数据，不能在第二个分区中产生一个 inode 来记录第一个分区中的文件，所以硬链接不能跨分区。

14.3 ◆ 创建文件系统

再看看前面已经在 /dev/sdb 上创建过的分区，命令如下。

```
[root@server ~]# fdisk -l /dev/sdb
   ...输出...
```

```
设备          启动       起点        末尾        扇区      大小   Id   类型
/dev/sdb1              2048    4196351    4194304    2G   83   Linux
/dev/sdb2           4196352    8390655    4194304    2G   82   Linux swap / Solaris
/dev/sdb4           8390656   41943039   33552384   16G    5   扩展
/dev/sdb5           8392704   12587007    4194304    2G   8e   Linux LVM
/dev/sdb6          12589056   16783359    4194304    2G   8e   Linux LVM
/dev/sdb7          16785408   20979711    4194304    2G   8e   Linux LVM
[root@server ~]#
```

下面对分区进行格式化，格式化的语法如下。

```
mkfs -t 文件系统 - 选项 /dev/ 分区
或
mkfs. 文件系统 - 选项 /dev/ 分区
```

练习：把 /dev/sdb1 格式化为 XFS 文件系统，命令如下。

```
[root@server ~]# mkfs.xfs /dev/sdb1
meta-data=/dev/sdb1              isize=512     agcount=4, agsize=131072 blks
         =                       sectsz=512    attr=2, projid32bit=1
         =                       crc=1         finobt=1, sparse=1, rmapbt=0
         =                       reflink=1
data     =                       bsize=4096    blocks=524288, imaxpct=25
         =                       sunit=0       swidth=0 blks
naming   =version 2             bsize=4096    ascii-ci=0, ftype=1
log      =internal log          bsize=4096    blocks=2560, version=2
         =                       sectsz=512    sunit=0 blks, lazy-count=1
realtime =none                   extsz=4096    blocks=0, rtextents=0
[root@server ~]#
```

从上面的 bsize=4096 可以看到，block 的大小默认设置为了 4KB，如果指定为 1KB，需要加上 -b size=1024 选项，命令如下。

```
[root@server ~]# mkfs.xfs -b size=1024 /dev/sdb1
mkfs.xfs: /dev/sdb1 appears to contain an existing filesystem (xfs).
mkfs.xfs: Use the -f option to force overwrite.
[root@server ~]#
```

再次格式化时，因为 /dev/sdb1 已经存在文件系统了，所以再次格式化失败，需要加上 -f 选项表示强制格式化，命令如下。

```
[root@server ~]# mkfs.xfs -f -b size=1024 /dev/sdb1
meta-data=/dev/sdb1              isize=512     agcount=4, agsize=524288 blks
         =                       sectsz=512    attr=2, projid32bit=1
         =                       crc=1         finobt=1, sparse=1, rmapbt=0
         =                       reflink=1
data     =                       bsize=1024    blocks=2097152, imaxpct=25
```

```
                 =                          sunit=0      swidth=0 blks
naming    =version 2            bsize=4096   ascii-ci=0, ftype=1
log       =internal log         bsize=1024   blocks=10240, version=2
          =                          sectsz=512   sunit=0 blks, lazy-count=1
realtime  =none                 extsz=4096   blocks=0, rtextents=0
[root@server ~]#
```

可以看到，现在 bsize 即 block size 的大小已经是 1024 了。这里输出的属性是刚格式化后输出的，如果过了一段时间之后想再次查看 /dev/sdb1 文件系统的属性，可以通过 xfs_info 来查看，命令如下。

```
[root@server ~]# xfs_info /dev/sdb1
meta-data=/dev/sdb1            isize=512    agcount=4, agsize=524288 blks
          =                          sectsz=512   attr=2, projid32bit=1
          =                          crc=1        finobt=1, sparse=1, rmapbt=0
          =                          reflink=1
data      =                          bsize=1024   blocks=2097152, imaxpct=25
          =                          sunit=0      swidth=0 blks
naming    =version 2            bsize=4096   ascii-ci=0, ftype=1
log       =internal log         bsize=1024   blocks=10240, version=2
          =                          sectsz=512   sunit=0 blks, lazy-count=1
realtime  =none                 extsz=4096   blocks=0, rtextents=0
[root@server ~]#
```

记住，block size 的大小只能在格式化时指定，不可以后期修改。

每个文件系统都会有唯一的一个UUID来记录，查看系统中所有的UUID，可以通过如下命令。

```
[root@server ~]# blkid
    ...输出...
/dev/sdb1: UUID="69dc14c1-c41b-482b-8654-7344e78e7de1" BLOCK_SIZE="512" TYPE="xfs"
PARTUUID="737fabb4-01"
/dev/sdb2: UUID="96b078f8-6ca3-4aac-9af7-b37234b03a6c" TYPE="swap" PARTUUID=
"737fabb4-02"
/dev/sdb5: PARTUUID="737fabb4-05"
/dev/sdb6: PARTUUID="737fabb4-06"
/dev/sdb7: PARTUUID="737fabb4-07"
    ...输出...
[root@server ~]#
```

如果想单独查看某个 XFS 格式的文件系统的 UUID，可以通过 "xfs_admin –u 分区名" 来查看，命令如下。

```
[root@server ~]# xfs_admin -u /dev/sdb1
UUID = 69dc14c1-c41b-482b-8654-7344e78e7de1
[root@server ~]#
```

可以看到，/dev/sdb1 文件系统的 UUID 是 69dc14c1-c41b-482b-8654-7344e78e7de1。

这个 UUID 也是可以切换成其他值的。

通过 uuidgen 命令手动生成一个新的 UUID，命令如下。

```
[root@server ~]# uuidgen
d41d59f5-f843-473d-aef4-5062fbf5ae89
[root@server ~]#
```

把 /dev/sdb1 的 UUID 切换成新生成的 UUID，命令如下。

```
[root@server ~]# xfs_admin -U d41d59f5-f843-473d-aef4-5062fbf5ae89 /dev/sdb1
Clearing log and setting UUID
writing all SBs
new UUID = d41d59f5-f843-473d-aef4-5062fbf5ae89
[root@server ~]#
```

再次查看 /dev/sdb1 的 UUID，命令如下。

```
[root@server ~]# xfs_admin -u /dev/sdb1
UUID = d41d59f5-f843-473d-aef4-5062fbf5ae89
[root@server ~]#
```

可以看到，现在已经是新的 UUID 了。

14.4 挂载文件系统

分区格式化好了之后是不可以直接访问的，要想访问此分区，必须把它挂载到某个目录上才行，如同在 Windows 中创建一个分区，必须给它一个盘符或装在某个 NTFS 文件夹中。

要查看哪些分区已经挂载及分区的使用情况，可以使用 df 命令，命令如下。

```
[root@server ~]# df
文件系统            1K-块        已用       可用  已用% 挂载点
devtmpfs         1870436         0  1870436    0% /dev
tmpfs            1899504         0  1899504    0% /dev/shm
tmpfs            1899504      9864  1889640    1% /run
tmpfs            1899504         0  1899504    0% /sys/fs/cgroup
/dev/sda1       52403200   5241996 47161204   11% /
tmpfs             379900      4640   375260    2% /run/user/1000
tmpfs             379900         0   379900    0% /run/user/0
[root@server ~]#
```

这里文件系统为 tmpfs 的是临时文件系统，可以忽略不管，上面结果中的分区大小都是以

K 为单位，看起来不方便，可以加上 -hT 选项，-h 会以合适的单位显示，-T 会显示文件系统，命令如下。

```
[root@server ~]# df -hT | grep -v tmpfs
文件系统          类型      容量    已用    可用    已用%        挂载点
/dev/sda1        xfs       50G     5.0G    45G     11%          /
[root@server ~]#
```

挂载语法的命令如下。

```
mount -o opt1,opt2,... /dev/ 设备 / 目录
```

首先创建一个目录 /xx，并拷贝进去几个测试文件，命令如下。

```
[root@server ~]# mkdir /xx
[root@server ~]# cp /etc/hosts /etc/services /xx
[root@server ~]# ls /xx
hosts   services
[root@server ~]#
```

下面把 /dev/sdb1 挂载到 /xx 上，注意 /xx 中内容的变化，命令如下。

```
[root@server ~]# mount /dev/sdb1 /xx
[root@server ~]#
```

以后访问 /xx 就是访问 /dev/sdb1 中的内容了，现在查看 /xx 中的内容，命令如下。

```
[root@server ~]# ls /xx
[root@server ~]#
```

此时发现 /xx 中的内容看不到了，原因是如果某个目录挂载了一个分区，则这个目录中原有的内容就会被隐藏。为了更好地理解，可以参考图 14-5。

此时是没有挂载的情况，/xx 中有自己的文件，然后把 /dev/sdb1 挂载到 /xx 上，如图 14-6 所示。

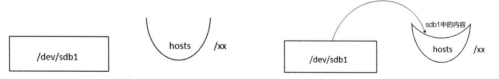

图 14-5　没有挂载时看到的是 /xx 中的数据　　　图 14-6　挂载之后看到的是 /dev/sdb1 中的数据

例如，有一个碗把 /xx 中原有的内容盖住了，现在看到的是上层碗中的内容，即 /dev/sdb1 中的内容。只有卸载掉才能再次看到，卸载的命令是 umount，用法如下。

```
umount / 挂载点
或
umount /dev/ 设备
```

现在把 /dev/sdb1 卸载掉，然后查看 /xx 中的内容，命令如下。

```
[root@server ~]# umount /dev/sdb1
[root@server ~]# ls /xx
hosts   services
[root@server ~]#
```

卸载后又能看到 /xx 中的内容了，就相当于又把盖在 /xx 上面的那个"碗"拿掉了，所以能看到 /xx 中的内容了。

这里需要注意两个问题，第一个问题是假设在 /xx 没有挂载之前，往里面写了一个 200GB 的文件 file，然后又把 /dev/sdb1 挂载到 /xx 上，这时的 file 会被隐藏。有一天发现少了 200GB 的空间，然后到每个目录中找 /xx，怎么都找不到这 200GB。此时要想到哪些目录是挂载点，这些目录在挂载分区之前，里面是不是存在文件。

第二个问题是有时卸载时可能无法正常卸载，类似于在 Windows 中卸载 U 盘时，提示进程正在占用。先模拟一下这个文件，再次把 /dev/sdb1 挂载到 /xx 上，命令如下。

```
[root@server ~]# mount /dev/sdb1 /xx
[root@server ~]#
```

打开第二个终端执行如下命令。

```
[root@server ~]# cd /xx
[root@server xx]#
```

这样 cd /xx 之后，bash 进程会一直占用 /xx。

再回到第一个终端，卸载 /xx，命令如下。

```
[root@server ~]# umount /xx
umount: /xx: target is busy.
[root@server ~]# umount /dev/sdb1
umount: /xx: target is busy.
[root@server ~]#
```

发现根本卸载不了，说明 /xx 现在正在被某个进程占用。那如何查看是哪个进程占用的呢？可以使用 fuser 命令，命令如下。

```
[root@server ~]# fuser -mv /xx
                用户      进程号    权限    命令
/xx:            root      kernel    mount   /xx
                root      15446     ..c..   bash
[root@server ~]#
```

可以看到，有一个进程号为 15446 的进程正在占用，就是第二个终端中运行的 cd 命令。

利用 kill 命令杀死进程号为 15446 的进程，然后再次卸载，命令如下。

```
[root@server ~]# kill -9 15446
[root@server ~]# umount /xx
[root@server ~]#
```

此时可以正常卸载了。这里 kill -9 15446 的意思是强制杀死进程号为 15446 的进程，-9 表示强制的意思。

挂载时还可以指定一些选项，先看一下默认的选项，命令如下。

```
[root@server ~]# mount /dev/sdb1 /xx
[root@server ~]# mount | grep /xx
/dev/sdb1 on /xx type xfs (rw,relatime,seclabel,attr2,inode64,logbufs=8,
logbsize=32k,noquota)
[root@server ~]#
```

通过执行 mount 命令可以看到所有已经挂载了的设备，也可以看到 /dev/sdb1 的默认挂载选项。其中 rw 的意思是可读可写，测试往 /xx 中写入内容，命令如下。

```
[root@server ~]# ls /xx
[root@server ~]# cp /etc/services /xx
[root@server ~]# ls /xx
services
[root@server ~]#
```

现在是可以正常写进去的，然后卸载并重新以 ro 的方式挂载，命令如下。

```
[root@server ~]# umount /xx
[root@server ~]# mount -o ro /dev/sdb1 /xx
[root@server ~]#
```

查看挂载选项，命令如下。

```
[root@server ~]# mount | grep /xx
/dev/sdb1 on /xx type xfs (ro,relatime,seclabel,attr2,inode64,logbufs=8,
logbsize=32k,noquota)
[root@server ~]#
```

现在是以 ro 的方式挂载的，测试往 /xx 中写入内容，命令如下。

```
[root@server ~]# cp /etc/issue /xx
cp: 无法创建普通文件 '/xx/issue': 只读文件系统
[root@server ~]#
```

此时就写不进去了。

如果想换选项也不用每次都卸载然后再挂载，可以用如下命令。

```
mount -o remount,新选项 / 挂载点
```

现在把 /dev/sdb1 以 rw 的方式挂载，命令如下。

```
[root@server ~]# mount -o remount,rw /xx
[root@server ~]# mount | grep /xx
/dev/sdb1 on /xx type xfs (rw,relatime,seclabel,attr2,inode64,logbufs=8,
logbsize=32k,noquota)
[root@server ~]#
```

然后再次拷贝测试文件进去，命令如下。

```
[root@server ~]# cp /etc/issue /xx
[root@server ~]# ls /xx
issue   services
[root@server ~]#
```

可以看到，已经可以正常拷贝过去了。

14.5 设置永久挂载

前面使用 mount 挂载设备也只是临时生效，重启系统之后此设备不会自动挂载。如果希望重启之后能自动挂载，需要写入 /etc/fstab 中，格式如下。

设备	挂载点	文件系统	挂载选项	dump 值	fsck 值
或					
设备 UUID	挂载点	文件系统	挂载选项	dump 值	fsck 值

最后两列的意义如下。

（1）dump 值：意思是能否被 dump 备份命令作用，dump 是一个用来作为备份的命令，通常这个参数的值为 0 或 1。

（2）fsck 值：是否检验扇区，开机的过程中，系统默认会以 fsck 检验系统是否完整（clean）。

这两列值建议写 0，不要写其他值。

现在希望 /dev/sdb1 在重启之后能自动挂载到 /xx 上，/etc/fstab 的写法如下。

```
[root@server ~]# grep /xx /etc/fstab
/dev/sdb1  /xx   xfs    defaults          0 0
[root@server ~]#
```

这样开机就会自动挂载，当然这里也可以写 /dev/sdb1 的 UUID。先获取 /dev/sdb1 的 UUID，命令如下。

```
[root@server ~]# xfs_admin -u /dev/sdb1
UUID = d41d59f5-f843-473d-aef4-5062fbf5ae89
[root@server ~]#
```

修改 /etc/fstab 的内容，命令如下。

```
[root@server ~]# grep /xx /etc/fstab
#/dev/sdb1 /xx xfs defaults      0 0
UUID=d41d59f5-f843-473d-aef4-5062fbf5ae89 /xx     xfs     defaults      0 0
[root@server ~]#
```

需要注意的是，UUID 后面的"="两边不要有空格，挂载选项使用默认选项，所以写了关键字 defaults，记住是 defaults 而不是 default。如果要加上其他选项就用逗号隔开，例如，以 ro 的方式挂载，修改如下。

```
[root@server ~]# grep /xx /etc/fstab
#/dev/sdb1 /xx xfs defaults      0 0
UUID=d41d59f5-f843-473d-aef4-5062fbf5ae89 /xx     xfs     defaults,ro   0 0
[root@server ~]#
```

选项分隔符逗号两边不要有空格。

在写入 /etc/fstab 之后，如果 /dev/sdb1 当前没有挂载，执行 mount -a 命令可以自动挂载。

14.6 查找文件

有时我们需要在系统中查找一些文件，Windows 中有一个非常好用的工具 Everything，界面如图 14-7 所示。

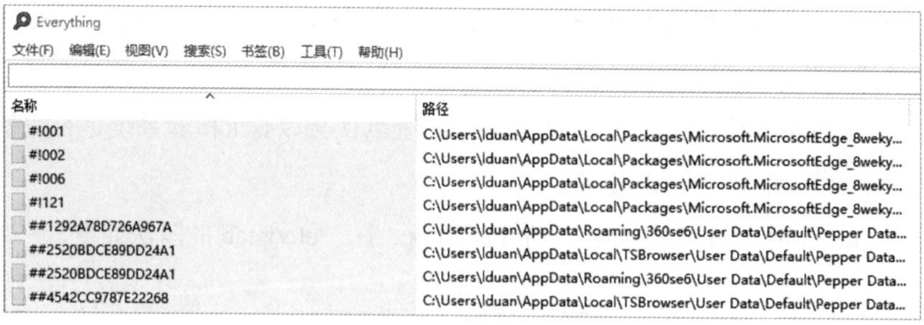

图 14-7　Everything 的界面

Everything 可以帮助快速找到想要的文件，Linux 中也有这样比较方便的工具，如 which、locate、find 等。

which 一般用于查询可执行的路径，例如，要查询 vim 所在路径，命令如下。

```
[root@server ~]# which vim
/usr/bin/vim
[root@server ~]#
```

locate 用于查询文件名或路径中含有特定关键字的文件，locate 基于数据库文件 var/lib/mlocate/mlocate.db 进行查询，如果此文件不存在则查询报错，如图 14-8 所示。

```
[root@server ~]# locate aa.zip
locate: 无法执行 stat () `/var/lib/mlocate/mlocate.db': 没有那个文件或目录
[root@server ~]#
```

图 14-8　报错信息

只要使用 updatedb 命令创建此文件即可，命令如下。

```
[root@server ~]# updatedb
[root@server ~]# locate aa.zip
/root/aa.zip
[root@server ~]#
```

这个数据文件默认每天更新一次，所以如果现在创建一个新的文件，命令如下。

```
[root@server ~]# touch lduanxxx
[root@server ~]# locate lduanxxx
[root@server ~]#
```

此文件在 mlocate.db 更新之后创建，也就是文件 lduanxxx 还没有出现在此数据库文件中，所以查询不到。此时只要更新一下数据库即可，命令如下。

```
[root@server ~]# updatedb
[root@server ~]# locate lduanxxx
/root/lduanxxx
[root@server ~]#
```

locale 命令是用于设置编码的，因为与 locate 比较像，所以这里提一下。在命令行中直接输入 "locale"，命令如下。

```
[root@server ~]# locale
LANG=zh_CN.UTF-8
LC_CTYPE="zh_CN.UTF-8"
LC_NUMERIC="zh_CN.UTF-8"
LC_TIME="zh_CN.UTF-8"
LC_COLLATE="zh_CN.UTF-8"
    ... 输出 ...
LC_ALL=
[root@server ~]#
```

这里显示了当前系统正在使用的编码为 zh_CN.UTF-8，即显示为中文 UTF-8 编码。查看，命令如下。

```
[root@server ~]# ls -l /opt/
总用量 0
[root@server ~]#
```

可以看到，这里会以中文显示，如果想设置为英文 UTF-8 编码，命令如下。

```
[root@server ~]# LANG=en_US.UTF-8
[root@server ~]# locale
LANG=en_US.UTF-8
   ... 输出 ...
[root@server ~]#
```

再次查看，命令如下。

```
[root@server ~]# ls -l /opt/
total 0
[root@server ~]#
```

再次改为 zh_CN.UTF-8，命令如下。

```
[root@server ~]# LANG=zh_CN.UTF-8
[root@server ~]#
```

这种修改编码的方式只是临时生效，重启之后就不再生效了，如果希望能永久生效，需要修改文件，命令如下。

```
[root@server ~]# cat /etc/locale.conf
LANG="zh_CN.UTF-8"
[root@server ~]#
```

如果只是想执行命令时用指定的编码打开，可以在此命令前加上"LANG=编码"，命令如下。

```
[root@server ~]# LANG=en_US.UTF-8 ls -l /opt
total 0
[root@server ~]# ls -l /opt/
总用量 0
[root@server ~]#
```

LANG=en_US.UTF-8 可以用 LANG=C 替代。

14.7 find 的用法

find 是一款功能强大的工具，可以基于文件名、创建及修改时间、所有者、大小、权限等进行查询，语法如下。

```
find 目录 - 属性 值
```

（1）目录：指的是限定在哪个目录下查询，如果不指定则是在当前目录下查询。

（2）属性：指的是基于什么查询，可以根据 name、size、user、perm 等进行查询。

（3）值：依赖于前面的属性，例如，-name lduanxx，这里根据名称进行查询，查询名称为 lduanxx 的文件。

也可以表示否定的意思，在属性前面加上叹号"!"，语法如下。

```
find 目录 ! - 属性 值
```

这里的意思是查找属性不是这个值的文件。

例如，! -name lduanxx，这里根据名称进行查询，查询名称不是 lduanxx 的文件。

下面的演示都在新创建的目录 11 下进行查询，命令如下。

```
[root@server ~]# mkdir 11 ; cd 11
[root@server 11]#
```

在此目录下创建几个测试文件，命令如下。

```
[root@server 11]# touch Lduan001 lduan001
[root@server 11]# dd if=/dev/zero of=file1 bs=1M count=1
    ...输出...
[root@server 11]# dd if=/dev/zero of=file2 bs=1M count=2
    ...输出...
[root@server 11]# dd if=/dev/zero of=file3 bs=1M count=3
    ...输出...
[root@server 11]# dd if=/dev/zero of=file4 bs=1M count=4
    ...输出...
[root@server 11]# dd if=/dev/zero of=file5 bs=1M count=5
    ...输出...
[root@server 11]#
```

这里 file1 到 file5 的大小如下。

```
[root@server 11]# du -sh file*
1.0  M  file1
2.0  M  file2
3.0  M  file3
4.0  M  file4
5.0  M  file5
[root@server 11]#
```

为了测试方便，按下面的命令修改文件的权限、所有者和所属组，注意文件名的大小写，命令如下。

```
[root@server 11]# chown lduan.lduan Lduan001 ; chgrp lduan lduan001
[root@server 11]# chown 888 file1 ; chgrp 888 file2 ; chown 888.888 file3
[root@server 11]# chmod 326 file1 ; chmod 226 file2 ; chmod 327 file3
[root@server 11]# chmod 441 file4
```

下面查看所有文件，命令如下。

```
[root@server 11]# ls -lh
总用量 15M
--wx-w-rw-. 1     888     root    1.0M   11 月 18 12:38 file1
--w--w-rw-. 1     root    888     2.0M   11 月 18 12:38 file2
--wx-w-rwx. 1     888     888     3.0M   11 月 18 12:38 file3
-r--r----x. 1     root    root    4.0M   11 月 18 12:38 file4
-rw-r--r--. 1     root    root    5.0M   11 月 18 12:38 file5
-rw-r--r--. 1     root    lduan   0      11 月 18 12:37 lduan001
-rw-r--r--. 1     lduan   lduan   0      11 月 18 12:37 Lduan001
[root@server 11]#
```

14.7.1 基于名称的查询

根据名称进行查询，命令如下。

```
[root@server 11]# find -name lduan001
./lduan001
[root@server 11]#
```

这里只显示了 lduan001，并没有显示 Lduan001，因为 Linux 中是严格区分大小写的。如果要忽略大小写，可以使用 -iname 选项，命令如下。

```
[root@server 11]# find -iname lduan001
./Lduan001
./lduan001
[root@server 11]#
```

这样不管是大写还是小写都能够查询出来。

在使用 find 命令时，还是可以使用通配符的，记得要用双引号引起来，命令如下。

```
[root@server 11]# find -name "file*"
./file1
./file2
./file3
./file4
./file5
[root@server 11]#
```

这里查询的是文件名以 file 开头的那些文件。

14.7.2 基于文件所有者和所属组的查询

根据文件的所有者进行查询，用 -user 选项，命令如下。

```
[root@server 11]# find -user lduan
./Lduan001
[root@server 11]#
```

这里查询的是所有者为 lduan 的那些文件。

在查询时，还可以用连接符连接多个查询条件，

（1）-a：表示"和"的关系，两边的条件都要满足。

（2）-o：表示"或"的关系，两边的条件满足一个即可。

下面查询所有者为 lduan 且所属组也为 lduan 的文件，命令如下。

```
[root@server 11]# find -user lduan -a -group lduan
./Lduan001
[root@server 11]#
```

下面查询所有者为 lduan 或所属组为 lduan 的文件，命令如下。

```
[root@server 11]# find -user lduan -o -group lduan
./Lduan001
./lduan001
[root@server 11]#
```

还可以根据 uid 进行查询，用 -uid 选项。下面查询文件所有者的 uid 为 1000 的那些文件，命令如下。

```
[root@server 11]# find -uid 1000
./Lduan001
[root@server 11]#
```

```
[root@server 11]# id lduan
uid=1000(lduan) gid=1000(lduan) 组 =1000(lduan)
[root@server 11]#
```

因为 lduan 用户的 uid 是 1000，所以本质上这里查询的就是所有者为 lduan 的那些文件。

如果文件的所有者或所属组是数字，可以根据 -nouser 或 -nogroup 进行查询。

下面查询没有所有者和所属组的文件，命令如下。

```
[root@server 11]# find -nouser
./file1
```

```
./file3
[root@server 11]# find -nogroup
./file2
./file3
[root@server 11]#
```

14.7.3 基于文件大小的查询

根据文件的大小进行查询，用 -size 选项。

查询文件大小等于 2M 的文件，命令如下。

```
[root@server 11]# find -size 2M
./file2
[root@server 11]#
```

查询文件大小大于 3M 的文件，命令如下。

```
[root@server 11]# find -size +3M
./file4
./file5
[root@server 11]#
```

如果大小前面加上加号 "+"，表示大于；如果大小前面加上减号 "-"，表示小于。

14.7.4 基于文件时间的查询

根据文件的时间进行查询，用 -mtime 选项，单位是天，这里天的表示如下。

（1）24 小时以内，即一天以内，用 -1 表示。

（2）24~48 小时，算 1 天，用 1 表示。

（3）超过 48 小时，算超过 1 天，用 +1 表示。

查询创建时间为 1 天的文件，命令如下。

```
[root@server 11]# find -mtime 1
[root@server 11]#
```

查询创建时间超过 1 天的文件，命令如下。

```
[root@server 11]# find -mtime +1
[root@server 11]#
```

查询创建时间低于 1 天的文件，命令如下。

```
[root@server 11]# find -mtime -1
.
```

```
./Lduan001
./lduan001
./file1
./file2
./file3
./file4
./file5
[root@server 11]#
```

还可以用 -mmin 选项，单位是分钟。查找创建时间低于 22 分钟的文件，命令如下。

```
[root@server 11]# find -mmin -22
.
./file4
./file5
[root@server 11]#
```

这里查询多少分钟，大家可以根据自己的实际情况进行替换。

14.7.5 基于文件类型的查询

根据文件的类型进行查询，用 -type 选项。常见的文件类型包括以下 4 种。

（1）d：表示目录（文件夹）。

（2）f：表示普通文件。

（3）l：表示软链接（快捷方式）。

（4）b：可用于存储数据的设备文件，如硬盘、光盘等。

在当前目录中找出所有的文件夹，命令如下。

```
[root@server 11]# find -type d
.
[root@server 11]#
```

这里只找到表示当前目录的点"."。

在当前目录中找出所有的普通文件，命令如下。

```
[root@server 11]# find -type f
./Lduan001
./lduan001
./file1
./file2
./file3
./file4
./file5
[root@server 11]#
```

14.7.6 基于文件权限的查询

根据文件的权限进行查询，用 –perm 选项。例如，我们要查找权限为 326 的文件，查询时有 3 种用法，如图 14-9 所示。

u	○	w □	x □
g	○	w □	○
o	r □	w □	○

图 14-9　基于文件权限的查询

（1）326：必须完全匹配 326，权限不能多也不能少，方块位置的权限都必须有，圆圈的位置不能有权限。

（2）/326：文件的权限只要配置 326 中的一个权限即可，如图 14-9 所示，只要具备方块中的一个权限就可以查询到。

（3）–326：可以比 326 权限多，但是不能少，如图 14-9 所示，在方块位置的权限都满足的情况下，圆圈的位置可以多。

通过 326 来查询，命令如下。

```
[root@server 11]# find -perm 326
./file1
[root@server 11]#
```

这里只有一个文件的权限完全满足 326。

通过 /326 来查询，命令如下。

```
[root@server 11]# find -perm /326
.
./Lduan001
./lduan001
./file1
./file2
./file3
./file5
[root@server 11]#
```

这里 file4 没有查询到，因为 file4 的权限中没有一个图 14-9 方块中的权限。

通过 –326 来查询，命令如下。

```
[root@server 11]# find -perm -326
./file1
./file3
[root@server 11]#
```

只要图 14-9 中方块位置的权限都满足，是否有圆圈中的权限就可以不管，这里找到 file1 和 file3。

14.7.7 find 查找含有特殊权限位的文件

查找 suid、sgid 和粘贴位这些特殊权限位，suid 指的是在所有者的位置上有 s 位，sgid 指的是在所属组的位置上有 s 位，粘贴位指的是 other 位置有 t 位。

查询特殊权限位的语法如下。

```
find / 目录 -perm /N000
```

这里 N 是 4、2、1 中的某个数字或某几个数字的和，后面 3 个 0 表示忽略普通权限。

N=4：查找含有 suid 的文件。

N=2：查找含有 sgid 的文件。

N=1：查找含有粘贴位的文件。

N=6 6=4+2：查找含有 suid 或 sgid 的文件。

以此类推。

给 file1 所有者位置添加 s 位，给 file2 所属组位置添加 s 位，给 other 位置添加 t 位。

```
[root@server 11]# chmod u+s file1
[root@server 11]# chmod g+s file2
[root@server 11]# chmod o+t file3
[root@server 11]#
```

查看含有 suid 的文件。

```
[root@server 11]# find -perm /4000
./file1
[root@server 11]#
```

只有 file1 满足条件。

查找含有 sgid 的文件。

```
[root@server 11]# find -perm /2000
./file2
[root@server 11]#
```

只有 file2 满足条件。

查找含有粘贴位的文件。

```
[root@server 11]# find -perm /1000
./file3
[root@server 11]#
```

只有 file3 满足条件。

查找含有特殊权限位的文件，不管是 suid、sgid 还是粘贴位。

```
[root@server 11]# find -perm /7000
./file1
./file2
./file3
[root@server 11]#
```

file1、file2、file3 都满足条件。

14.7.8 find 组合查询

find 可以支持组合查询，语法如下。

```
find / 目录 \( 条件 1 -o 条件 2 \) -a \( 条件 3 -o 条件 4 \)
```

> **注意**
>
> 这里 "\(" 后要有空格，"\)" 前也要有空格。
> \(条件 1 -o 条件 2 \) 是一个整体，条件 1 和条件 2 是 "或" 的关系，只要满足一个条件即可。
> \(条件 3 -o 条件 4 \) 也是一个整体，条件 3 和条件 4 也是 "或" 的关系，只要满足一个条件即可。
> 这两个整体之间又是 "和" 的关系，这两个整体都要满足才行。

看下面的例子，在当前目录中找出文件大于或等于 3M，且没有所有者或所属组的文件。

分析：

第一个条件是，文件的大小要大于 3M 或等于 3M，这两个是 "或" 的关系，应该写作 -size 3M -o -size +3M，这是一个整体。

第二个条件是，没有所有者或所属组，这两个也是 "或" 的关系，应该写作 -nouser -o -nogroup，这也是一个整体。

这两个整体之间是 "和" 的关系，即这两个整体都要满足，所以最终写成如下样子。

```
[root@server 11]# find \( -size 3M -o -size +3M \) -a \( -nouser -o
-nogroup \)
./file3
[root@server 11]#
```

这里找到只有 file3 是满足条件的，查看这些文件的属性。

```
[root@server 11]# ls -lh
总用量 15M
--ws-w-rw-. 1    888     root    1.0M    11 月 18 12:38 file1
--w--wSrw-. 1    root    888     2.0M    11 月 18 12:38 file2
--wx-w-rwt. 1    888     888     3.0M    11 月 18 12:38 file3
-r--r----x. 1    root    root    4.0M    11 月 18 12:38 file4
```

```
-rw-r--r--. 1      root     root    5.0M    11月 18 12:38 file5
-rw-r--r--. 1      root     lduan   0       11月 18 12:37 lduan001
-rw-r--r--. 1      lduan    lduan   0       11月 18 12:37 Lduan001
[root@server 11]#
```

14.7.9 排除某个目录

当在某个目录中查询时，它会在此目录及所有子目录中查询，想排除某个目录的查询的语法如下。

```
find path1 \( -path path1/path2 -o -path path1/path3 \) -prune -o 条件 -print
```

这里的意思是在 path1 中查询，但是要排除 path1 下的 path2 和 path3，-prune 的意思是排除出现在它前面的目录，最后的"-print"是需要加上去的。

例如，我们在根目录 / 下查找没有所有者或所属组，且文件大小大于 1M 的文件，命令如下。

```
[root@server 11]# find / \( -nouser -o -nogroup \) -a -size +1M
find: '/proc/39091/task/39091/fd/5': 没有那个文件或目录
find: '/proc/39091/task/39091/fdinfo/5': 没有那个文件或目录
find: '/proc/39091/fd/9': 没有那个文件或目录
find: '/proc/39091/fdinfo/9': 没有那个文件或目录
find: '/run/user/1000/gvfs': 权限不够
/root/11/file2
/root/11/file3
[root@server 11]#
```

可以看到，它也会到 /proc 和 /run 目录中查询，如果想排除 /proc 和 /run 呢？

```
[root@server 11]# find / \( -path /proc -o -path /run \) -prune -o \( \( -nouser -o
-nogroup \) -a -size +1M \) -print
/root/11/file2
/root/11/file3
[root@server 11]#
```

这里找到 /root/11/file2 和 /root/11/file3 是满足条件的，没有到 /run 和 /proc 中去查询。

14.7.10 对查询结果进行操作

对 find 找出来的文件进行相关操作。例如，找到以 file 开头的文件并删除，命令如下。

```
[root@server 11]# find -name "file*" -exec rm -rf {} \;
[root@server 11]#
```

这里 find -name "file*" 的意思是找到以 file 开头的文件，使用 -exec 选项作为连接符，后面跟着操作这些文件的命令。这里是 rm 命令，{} 表示 find 找到的那些文件，最后的"\;"是固定的格式。

再次查看当前目录中的文件，命令如下。

```
[root@server 11]# ls
lduan001   Lduan001
[root@server 11]#
```

可以看到，所有以 file 开头的文件都已经被删除了。

作业题在 server2 上完成。

1. 在第 13 章中，已经对 /dev/sdb 创建了几个分区，请把 /dev/sdb1 格式化为 XFS 文件系统。

2. 创建目录 /data，并把 /dev/sdb1 挂载到 /data 目录上，并设置永久生效。

3. 在根目录 / 下（排除 /proc 和 /run）查找含有特殊权限位（含有 suid 或 sgid 或粘贴位）且小于 1M 的文件或目录，并以 ls -ld 显示此文件 / 目录的属性信息。

第15章
逻辑卷管理

本章主要介绍逻辑卷的管理。

- 了解什么是逻辑卷
- 创建和删除逻辑卷
- 扩展逻辑卷
- 缩小逻辑卷
- 逻辑卷快照的使用

　　前面介绍了分区的使用，如果某个分区空间不够，想增加空间是非常困难的。所以，建议尽可能使用逻辑卷而非普通的分区，因为逻辑卷的特点是空间可以动态地扩大或缩小。

15.1 了解逻辑卷

　　逻辑卷如图 15-1 所示。

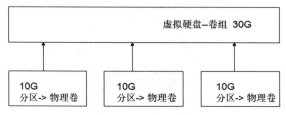

图 15-1　了解逻辑卷

　　这里有三个大小为 10G 的分区，然后将这些分区加工变成 PV（物理卷），它们就可以合体成一个大小为 30G 的虚拟硬盘，这个虚拟硬盘叫作 VG（卷组）。然后在这个虚拟硬盘（卷组）上划分一个个分区（逻辑卷），如图 15-2 所示。

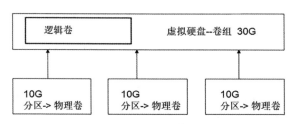

图 15-2　了解逻辑卷

　　这个逻辑卷是可变大、可缩小的，最大可以占用整个卷组的空间，即 30G。如果逻辑卷还不够，可以继续找一个硬盘加入卷组中，如图 15-3 所示。

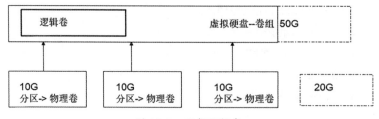

图 15-3　了解逻辑卷

　　假设这里又在卷组中加了一个 20G 的分区，此时卷组的大小为 50G，逻辑卷就可以继续扩展了。如果卷组不需要那么大空间，可以把新增加的硬盘从卷组中分离出去，如图 15-4 所示。

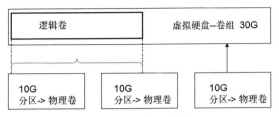

图 15-4 了解逻辑卷

用户直接格式化挂载逻辑卷即可，不必关心写入逻辑卷中的数据最终是写入第一个分区还是第二个分区。

创建逻辑卷的整个过程如下。

（1）创建物理卷 PV。

（2）创建卷组 VG。

（3）创建逻辑卷 LV。

下面介绍物理卷和卷组。

首先通过 pvs 或 pvscan 查看现在系统中是否存在 PV，命令如下。

```
[root@server ~]# pvs
[root@server ~]# pvscan
  No matching physical volumes found
[root@server ~]#
```

没有任何输出，说明现在还不存在任何 PV，所以需要先创建 PV。首先看一下分区情况，命令如下。

```
[root@server ~]# fdisk -l /dev/sdb
    ...输出...
设备           启动       起点        末尾        扇区     大小  Id 类型
/dev/sdb1                 2048    4196351    4194304     2G 83 Linux
/dev/sdb2              4196352    8390655    4194304     2G 82 Linux swap / Solaris
/dev/sdb4              8390656   41943039   33552384    16G  5 扩展
/dev/sdb5              8392704   12587007    4194304     2G 8e Linux LVM
/dev/sdb6             12589056   16783359    4194304     2G 8e Linux LVM
/dev/sdb7             16785408   20979711    4194304     2G 8e Linux LVM
[root@server ~]#
```

前面已经把 sdb5~sdb7 的分区类型转变为 Linux LVM 了。下面我们把 /dev/sdb5~/dev/sdb7 创建为 PV，命令如下。

```
[root@server ~]# pvcreate /dev/sdb{5..7}
  Physical volume "/dev/sdb5" successfully created.
  Physical volume "/dev/sdb6" successfully created.
  Physical volume "/dev/sdb7" successfully created.
[root@server ~]#
```

删除 PV 用 pvremove 命令。例如，删除 /dev/sdb7，则用 pvremove /dev/sdb7 命令，命令如下。

```
[root@server ~]# pvremove /dev/sdb7
  Labels on physical volume "/dev/sdb7" successfully wiped.
[root@server ~]#
```

再次把 /dev/sdb7 转变为 PV，命令如下。

```
[root@server ~]# pvcreate /dev/sdb7
  Physical volume "/dev/sdb7" successfully created.
[root@server ~]#
```

现在查看 PV，命令如下。

```
[root@server ~]# pvs
  PV          VG Fmt  Attr PSize PFree
  /dev/sdb5      lvm2 ---  2.00g 2.00g
  /dev/sdb6      lvm2 ---  2.00g 2.00g
  /dev/sdb7      lvm2 ---  2.00g 2.00g
[root@server ~]#
```

当然，也可以通过 pvscan 命令来查看，从上面可以看到 VG 列是空的，也就是这些 PV 都没有加入任何 VG。下面开始创建 VG，首先通过 vgs 或 vgscan 查看是否存在 VG，命令如下。

```
[root@server ~]# vgs
[root@server ~]# vgscan
[root@server ~]#
```

没有任何输出，说明此时不存在 VG。下面把 /dev/sdb5、/dev/sdb6 组成一个名称为 vg0 的 VG，命令如下。

```
[root@server ~]# vgcreate vg0 /dev/sdb5 /dev/sdb6
  Volume group "vg0" successfully created
[root@server ~]#
```

这个命令可以用 vgcreate vg0 /dev/sdb{5,6} 替代。

再次查看现有的 VG，命令如下。

```
[root@server ~]# vgs
  VG  #PV #LV #SN Attr   VSize VFree
  vg0   2   0   0 wz--n- 3.99g 3.99g
[root@server ~]#
```

可以看到，VG 由 2 个 PV 组成，因为每个 PV 的大小为 2G，所以 VG 的大小约为 4G。再次查看 PV 的信息，命令如下。

```
[root@server ~]# pvs
  PV          VG   Fmt  Attr PSize   PFree
  /dev/sdb5   vg0  lvm2 a--  <2.00g  <2.00g
  /dev/sdb6   vg0  lvm2 a--  <2.00g  <2.00g
  /dev/sdb7        lvm2 ---   2.00g   2.00g
[root@server ~]#
```

可以看到，/dev/sdb5 和 /dev/sdb6 现在是在 vg0 中的，但是 /dev/sdb7 不是。如果 vg0 的空间不够了，可以为 vg0 增加空间。例如，把 /dev/sdb7 加过去，命令如下。

```
[root@server ~]# vgextend vg0 /dev/sdb7
  Volume group "vg0" successfully extended
[root@server ~]#
```

这样就把 /dev/sdb7 加到 vg0 中了，再次查看 VG 的信息，命令如下。

```
[root@server ~]# vgs
  VG   #PV #LV #SN Attr   VSize   VFree
  vg0    3   0   0 wz--n- <5.99g <5.99g
[root@server ~]#
```

可以看到，VG 现在由 3 个 PV 组成，大小约为 6G。如果空间又不够了，还可以增加硬盘，继续添加到 vg0 中。如果此时想把 /dev/sdb7 从卷组中去除，则用 vgreduce 命令，命令如下。

```
[root@server ~]# vgreduce vg0 /dev/sdb7
  Removed "/dev/sdb7" from volume group "vg0"
[root@server ~]#
```

使用 vgdisplay 命令会显示所有卷组的详细信息，如果只想显示特定的某个卷组的详细信息，则用 "vgdisplay 卷组名" 命令。例如，现在要显示 vg0 的详细信息，命令如下。

```
[root@server ~]# vgdisplay vg0
  --- Volume group ---
  VG Name               vg0
  ... 输出 ...
  Cur PV                2
  Act PV                2
  VG Size               3.99 GiB
  PE Size               4.00 MiB
  Total PE              1022
  Alloc PE / Size       0 / 0
  Free  PE / Size       1022 / 3.99 GiB
  VG UUID               hxgOi2-ziHK-ikxI-kuVD-QBnG-Nu0V-bA3RZq

[root@server ~]#
```

上面的代码中有一个关键信息叫 PE Size，PE 的意思是物理扩展，是分配给逻辑卷的最小单位，即逻辑卷的大小是 PE 的整倍数。如果创建逻辑卷时指定的大小不是 PE 的整倍数，例如，创建一个大小为 98M 的逻辑卷，而每个 PE 是 4M，因为 98M 有 24.5 个 PE，此时系统会自动把逻辑卷创建为 100M，即 25 个 PE，如下所示。

```
[root@server ~]# lvcreate -L 98M -n lv0 vg0
  Rounding up size to full physical extent 100.00 MiB
  Logical volume "lv0" created.
[root@server ~]#
```

删除此 LV，命令如下。

```
[root@server ~]# lvremove -f /dev/vg0/lv0
  Logical volume "lv0" successfully removed
[root@server ~]#
```

PE 的大小只能在创建 VG 时用 -s 选项来指定，不可以后期修改。

重命名 VG 用 vgrename 命令。例如，把 vg0 重命名为 myvg，命令如下。

```
[root@server ~]# vgs
  VG  #PV #LV #SN Attr   VSize VFree
  vg0   2   0   0 wz--n- 3.99g 3.99g
[root@server ~]# vgrename vg0 myvg
  Volume group "vg0" successfully renamed to "myvg"
[root@server ~]# vgs
  VG   #PV #LV #SN Attr   VSize VFree
  myvg   2   0   0 wz--n- 3.99g 3.99g
[root@server ~]#
```

删除 VG 用 vgremove 命令。例如，现在把 myvg 删除，命令如下。

```
[root@server ~]# vgremove myvg
  Volume group "myvg" successfully removed
[root@server ~]# vgs
[root@server ~]#
```

练习：创建一个 PE 大小为 8M、名称为 vg0 的 VG，命令如下。

```
[root@server ~]# vgcreate -s 8 vg0 /dev/sdb{5..7}
  Volume group "vg0" successfully created
[root@server ~]#
```

此处 8 后面没有写单位，默认就是 M。查看 vg0 属性，命令如下。

```
[root@server ~]# vgdisplay vg0
  --- Volume group ---
  VG Name               vg0
    ...输出...
```

```
PE Size                 8.00 MiB
Total PE                765
Alloc PE / Size         0 / 0
Free  PE / Size         765 / <5.98 GiB
VG UUID                 6iSBFV-rwVN-i6NH-wrpC-30Cq-Hc6H-NYnXxN

[root@server ~]#
```

为了后续使用方便，删除此 vg0，然后创建一个默认 PE 大小的 VG，命令如下。

```
[root@server ~]# vgremove vg0
  Volume group "vg0" successfully removed
[root@server ~]# vgcreate vg0 /dev/sdb{5..7} #这里 {5..7} 表示从 5 到 7
  Volume group "vg0" successfully created
[root@server ~]#
```

15.2 创建逻辑卷

首先通过 lvscan 或 lvs 查看现在系统中是否存在逻辑卷，命令如下。

```
[root@server ~]# lvscan
[root@server ~]# lvs
[root@server ~]#
```

没有任何输出，说明现在还不存在任何逻辑卷。下面用 lvcreate 命令创建逻辑卷，语法如下。

```
lvcreate -L 大小 -n 名称 卷组
需要注意的是，这里是大写字母 L，用于指定大小
或
lvcreate -l pe 数 -n 名称 卷组
需要注意的是，这里是小写字母 l，用于指定 PE 数
或
lvcreate -l 数字 %free -n 名称 卷组
```

现在在 vg0 上创建一个大小为 200M 的逻辑卷 lv0，命令如下。

```
[root@server ~]# lvcreate -L 200M -n lv0 vg0
  Logical volume "lv0" created.
[root@server ~]#
```

查看逻辑卷的信息，命令如下。

```
[root@server ~]# lvscan
  ACTIVE              '/dev/vg0/lv0' [200.00 MiB] inherit
```

```
[root@server ~]#
```

可以看到，访问逻辑卷的方式为 /dev/ 卷组名 / 逻辑卷，这里是 /dev/vg0/lv0，大小为 200M。

再创建一个包含 25 个 PE、名称为 lv1 的逻辑卷，命令如下。

```
[root@server ~]# lvcreate -l 50 -n lv1 vg0
  Logical volume "lv1" created.
[root@server ~]#
```

查看逻辑卷的信息，命令如下。

```
[root@server ~]# lvscan
  ACTIVE              '/dev/vg0/lv0' [200.00 MiB] inherit
  ACTIVE              '/dev/vg0/lv1' [200.00 MiB] inherit
[root@server ~]#
```

因为每个 PE 大小为 4M，50 个 PE 总共为 200M。

创建一个逻辑卷 lv2，大小为剩余空间的 25%，命令如下。

```
[root@server ~]# lvcreate -l 25%free -n lv2 vg0
  Logical volume "lv2" created.
[root@server ~]#
```

创建一个逻辑卷 lv3，使用剩余所有空间，命令如下。

```
[root@server ~]# lvcreate -l 100%free -n lv3 vg0
  Logical volume "lv3" created.
[root@server ~]#
```

现在查看一下现有逻辑卷，命令如下。

```
[root@server ~]# lvscan
  ACTIVE              '/dev/vg0/lv0' [200.00 MiB] inherit
  ACTIVE              '/dev/vg0/lv1' [200.00 MiB] inherit
  ACTIVE              '/dev/vg0/lv2' [<1.40 GiB] inherit
  ACTIVE              '/dev/vg0/lv3' [<4.20 GiB] inherit
[root@server ~]#
```

显示逻辑卷的详细信息可以用 lvdisplay 命令，这样会显示所有逻辑卷的信息，如果想要查看某个逻辑卷的详细信息，则用 "lvdisplay 逻辑卷名" 命令。例如，查看 /dev/vg0/lv0 的详细信息，命令如下。

```
[root@server ~]# lvdisplay /dev/vg0/lv0
  --- Logical volume ---
  LV Path                /dev/vg0/lv0
  LV Name                lv0
  VG Name                vg0
```

```
   ...输出...
  LV Size                  200.00 MiB
  Current LE               50
  Segments                 1
  Allocation               inherit
  Read ahead sectors       auto
  - currently set to       8192
  Block device             253:0

[root@server ~]#
```

删除逻辑卷用 "lvremove 逻辑卷名" 命令。例如，删除 /dev/vg0/lv3，命令如下。

```
[root@server ~]# lvremove /dev/vg0/lv3
Do you really want to remove active logical volume vg0/lv3? [y/n]: y
  Logical volume "lv3" successfully removed
[root@server ~]#
```

此处必须输入 y 或 n，y 表示确定删除。如果想直接删除，可以加上 -f 选项表示强制删除。例如，现在把 lv2 删除，命令如下。

```
[root@server ~]# lvremove -f /dev/vg0/lv2
  Logical volume "lv2" successfully removed
[root@server ~]#
```

查看逻辑卷的信息，命令如下。

```
[root@server ~]# lvscan
  ACTIVE             '/dev/vg0/lv0' [200.00 MiB] inherit
  ACTIVE             '/dev/vg0/lv1' [200.00 MiB] inherit
[root@server ~]#
```

下面将这两个逻辑卷分别用 XFS 和 EXT4 文件系统进行格式化，命令如下。

```
[root@server ~]# mkfs.xfs /dev/vg0/lv0
    ...输出...
[root@server ~]# mkfs.ext4 /dev/vg0/lv1
    ...输出...
[root@server ~]#
```

然后创建两个目录 /lv0-xfs 和 /lv1-ext4，分别挂载 /dev/vg0/lv0 和 /dev/vg0/lv1，命令如下。

```
[root@server ~]# mkdir /lv0-xfs /lv1-ext4
[root@server ~]# mount /dev/vg0/lv0 /lv0-xfs/
[root@server ~]# mount /dev/vg0/lv1 /lv1-ext4/
[root@server ~]#
```

查看逻辑卷的挂载情况，命令如下。

```
[root@server ~]# df -hT | grep lv
/dev/mapper/vg0-lv0 xfs          195M   12M   184M     6% /lv0-xfs
/dev/mapper/vg0-lv1 ext4         190M   1.6M  175M     1% /lv1-ext4
[root@server ~]#
```

注意

> 逻辑卷的命名也可以写成如下格式。
>
> /dev/mapper/ 卷组名 - 逻辑卷名

然后分别往两个挂载点中拷贝测试文件，命令如下。

```
[root@server ~]# cp /etc/hosts /etc/issue /lv0-xfs/
[root@server ~]# cp /etc/hosts /etc/issue /lv1-ext4/
[root@server ~]#
```

15.2.1 逻辑卷的扩大

前面讲逻辑卷的优点在于可以动态地扩大或缩小，下面演示逻辑卷的扩大。首先查看当前逻辑卷和文件系统的大小，命令如下。

```
[root@server ~]# lvscan
  ACTIVE            '/dev/vg0/lv0' [200.00 MiB] inherit
  ACTIVE            '/dev/vg0/lv1' [200.00 MiB] inherit
[root@server ~]#
[root@server ~]# df -hT | grep lv
/dev/mapper/vg0-lv0 xfs          195M   12M   184M     6% /lv0-xfs
/dev/mapper/vg0-lv1 ext4         190M   1.6M  175M     1% /lv1-ext4
[root@server ~]#
```

可以看到，lv0 和 lv1 的大小都是 200M，里面的文件系统也为 200M（显示为 195M）。为了更好地理解，可以将文件系统当成逻辑卷中的填充物，如图 15-5 所示。

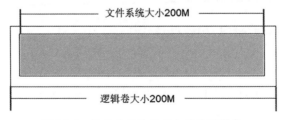

图 15-5　此时文件系统完全覆盖逻辑卷

里面灰色部分为文件系统，填充了整个逻辑卷。下面开始扩展逻辑卷，命令是 lvextend，用法如下。

```
lvextend -L +M -n 逻辑卷 -- 这句话的意思是在原有的基础上加 M
```

或

lvextend -L N -n 逻辑卷 -- 这句话的意思是不管原来是多大，现在变为 N

　　练习：把 lv0 扩展到 600M，命令如下。

```
[root@server ~]# lvextend -L +400M /dev/vg0/lv0
  Size of logical volume vg0/lv0 changed from 200.00 MiB (50 extents) to
600.00 MiB (150 extents).
  Logical volume vg0/lv0 successfully resized.
[root@server ~]#
```

　　这是在原有的基础上额外加 400M，现在共 600M。

　　把 lv1 扩展到 600M，命令如下。

```
[root@server ~]# lvextend -L 600M /dev/vg0/lv1
  Size of logical volume vg0/lv1 changed from 200.00 MiB (50 extents) to
600.00 MiB (150 extents).
  Logical volume vg0/lv1 successfully resized.
[root@server ~]#
```

　　这里不带 "+"，直接写 600M 意思是不管原来是多大，现在扩展到 600M。查看大小，命令如下。

```
[root@server ~]# lvscan
  ACTIVE            '/dev/vg0/lv0' [600.00 MiB] inherit
  ACTIVE            '/dev/vg0/lv1' [600.00 MiB] inherit
[root@server ~]#
```

　　现在查看一下文件系统的大小，命令如下。

```
[root@server ~]# df -hT | grep lv
/dev/mapper/vg0-lv0 xfs         195M   12M  184M    6% /lv0-xfs
/dev/mapper/vg0-lv1 ext4        190M  1.6M  175M    1% /lv1-ext4
[root@server ~]#
```

　　会发现还是 200M，这是为何？需要卸载重新挂载吗？不需要，如图 15-6 所示。

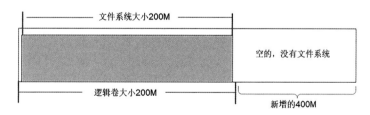

图 15-6　新增加的逻辑卷中没有文件系统

　　刚才讲了为了便于理解，把文件系统当成填充物，右侧是逻辑卷新增加的 400M 空间，这里面没有文件系统，只有前面 200M 的逻辑卷中才有文件系统。所以，现在要做的就是扩展文件系统，直到把多增加的 400M 逻辑卷也填充满为止，如图 15-7 所示。

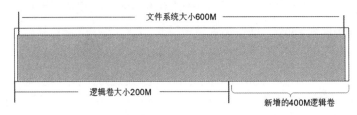

图 15-7　扩展文件系统

这样文件系统的大小也是 600M 了，扩展文件系统的命令如下。

```
XFS 文件系统使用 xfs_growfs，用法 xfs_growfs / 挂载点
EXT4 文件系统用 resize2fs，用法 resize2fs 逻辑卷名 # 注意，不是挂载点
```

下面开始扩展 lv0 的文件系统大小，命令如下。

```
[root@server ~]# xfs_growfs /lv0-xfs/
meta-data=/dev/mapper/vg0-lv0    isize=512    agcount=4, agsize=12800 blks
         =                       sectsz=512   attr=2, projid32bit=1
         =                       crc=1        finobt=1, sparse=1, rmapbt=0
    ...输出...
[root@server ~]#
```

扩展 lv1 的文件系统大小，命令如下。

```
[root@server ~]# resize2fs /dev/vg0/lv1
resize2fs 1.45.6 (20-Mar-2020)
/dev/vg0/lv1 上的文件系统已被挂载于 /lv1-ext4；需要在线调整大小

old_desc_blocks = 2, new_desc_blocks = 5
/dev/vg0/lv1 上的文件系统现在为 614400 个块（每块 1k）。

[root@server ~]#
```

查看大小，命令如下。

```
[root@server ~]# lvscan
  ACTIVE              '/dev/vg0/lv0' [600.00 MiB] inherit
  ACTIVE              '/dev/vg0/lv1' [600.00 MiB] inherit
[root@server ~]#
[root@server ~]# df -hT | grep lv
/dev/mapper/vg0-lv0 xfs      595M   15M  580M   3% /lv0-xfs
/dev/mapper/vg0-lv1 ext4     578M  2.3M  545M   1% /lv1-ext4
[root@server ~]#
```

可以看到，已经成功扩展了，在整个扩展过程中并没有先卸载，这种叫作在线扩展。现在测试一下里面的文件是否被损坏，命令如下。

```
[root@server ~]# cat /lv0-xfs/issue
\S
Kernel \r on an \m

[root@server ~]#
```

依然是可以读取的，说明文件并没有损坏。

注意

在使用 lvextend 命令时，可以加上 -r 选项，这样在扩展逻辑卷的同时会把文件系统（XFS、EXT4 等）一并扩展了。

15.2.2 逻辑卷的缩小

非常不建议对逻辑卷做缩小的操作，但是如果必须缩小，一定要先缩小文件系统，然后再缩小逻辑卷，否则会破坏文件系统，如图 15-8 所示。

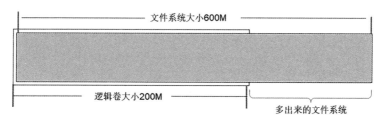

图 15-8 假设先缩小逻辑卷

原来的文件系统和逻辑卷是贴合的，如果先把逻辑卷缩小了，则文件系统会多出来一块，没有承载体，整个文件系统就会被破坏，所以一定要先缩小文件系统，然后再缩小逻辑卷。不过对于 XFS 文件系统来说是不支持缩小的，这里使用 EXT4 来演示。

下面开始进行缩小的操作，缩小文件系统请严格按照下面的步骤进行操作。

步骤 ❶：卸载文件系统，命令如下。

```
[root@server ~]# umount /lv1-ext4
[root@server ~]#
```

步骤 ❷：对文件系统进行 fsck 检查，命令如下。

```
[root@server ~]# fsck -f /dev/vg0/lv1
fsck，来自 util-linux 2.32.1
e2fsck 1.45.6 (20-Mar-2020)
第 1 步：检查 inode、块和大小
第 2 步：检查目录结构
第 3 步：检查目录连接性
第 4 步：检查引用计数
```

第 5 步：检查组概要信息
/dev/mapper/vg0-lv1：13/153600 文件（0.0% 为非连续的）， 25795/614400 块
[root@server ~]#

步骤 ❸：缩小文件系统，命令如下。

```
[root@server ~]# resize2fs /dev/vg0/lv1 200M
resize2fs 1.45.6 (20-Mar-2020)
将 /dev/vg0/lv1 上的文件系统调整为 204800 个块（每块 1k）。
/dev/vg0/lv1 上的文件系统现在为 204800 个块（每块 1k）。

[root@server ~]#
```

这里 200M 指的是最终的大小，即文件系统被减掉了 400M。
步骤 ❹：减小逻辑卷，逻辑卷最终的大小要大于等于 200M，即减掉的值不能超过 600M，命令如下。

```
[root@server ~]# lvreduce -L -400M /dev/vg0/lv1
  WARNING: Reducing active logical volume to 200.00 MiB.
  THIS MAY DESTROY YOUR DATA (filesystem etc.)
Do you really want to reduce vg0/lv1? [y/n]: y
  Size of logical volume vg0/lv1 changed from 600.00 MiB (150 extents) to
200.00 MiB (50 extents).
  Logical volume vg0/lv1 successfully resized.
[root@server ~]#
```

这里给了一次警告，提示"如果你减小逻辑卷可能会损坏数据，你是否要继续"，输入"y"并按【Enter】键。
现在重新挂载逻辑卷验证，命令如下。

```
[root@server ~]# mount /dev/vg0/lv1 /lv1-ext4/
[root@server ~]# df -hT | grep lv1
/dev/mapper/vg0-lv1 ext4      190M  1.6M  176M   1% /lv1-ext4
[root@server ~]#
[root@server ~]# lvscan | grep lv1
  ACTIVE            '/dev/vg0/lv1' [200.00 MiB] inherit
[root@server ~]#
```

可以看到，逻辑卷和文件系统的大小均为 200M。验证里面的文件是否被损坏，命令如下。

```
[root@server ~]# cat /lv1-ext4/issue
\S
Kernel \r on an \m

[root@server ~]#
```

依然是可以访问的。

15.2.3 恢复逻辑卷

当在逻辑卷中存储数据时，数据是写入底层的 PV 中的，所以即使删除了逻辑卷，也并没有删除存储在 PV 中的数据。如果恢复删除的逻辑卷，仍然能看到逻辑卷中原有的数据。

前面已经创建了逻辑卷 lv1，里面有几个文件，现在卸载并把此逻辑卷删除，命令如下。

```
[root@server ~]# umount /lv1-ext4
[root@server ~]# lvremove -f /dev/vg0/lv1
  Logical volume "lv1" successfully removed
[root@server ~]#
[root@server ~]# lvscan | grep lv1
[root@server ~]#
```

下面开始恢复。我们在卷组上做过的所有操作均有日志记录，可以通过"vgcfgrestore --list 卷组名"来查看。现在查看 vg0 的所有日志记录，命令如下。

```
[root@server ~]# vgcfgrestore --list vg0
    ... 大量输出 ...
  File:      /etc/lvm/archive/vg0_00025-44445130.vg
  VG name:      vg0
  Description: Created *before* executing 'lvremove -f /dev/vg0/lv1'
  Backup Time: Thu Sep 30 12:29:38 2021


  File:      /etc/lvm/backup/vg0
  VG name:      vg0
  Description: Created *after* executing 'lvremove -f /dev/vg0/lv1'
  Backup Time: Thu Sep 30 12:29:38 2021

[root@server ~]#
```

可以看到，执行 lvremove -f /dev/vg0/lv1 命令之前的日志文件是 /etc/lvm/archive/vg0_00025-44445130.vg，那么就可以利用这个文件对 LV 进行恢复。恢复命令是 vgcfgrestore，语法如下。

```
vgcfgrestore -f 日志文件 卷组名
```

下面开始恢复 vg0，命令如下。

```
[root@server ~]# vgcfgrestore -f /etc/lvm/archive/vg0_00025-44445130.vg vg0
    输出 ...
Do you really want to proceed with restore of volume group "vg0", while 1
volume(s) are active? [y/n]: y
  Restored volume group vg0.
[root@server ~]#
```

查看逻辑卷的信息，命令如下。

```
[root@server ~]# lvscan | grep lv1
  inactive              '/dev/vg0/lv1' [200.00 MiB] inherit
[root@server ~]#
```

可以看到，现在已经恢复出来了，但是状态为 inactive，即不活跃状态，所以现在需要激活它，命令如下。

```
[root@server ~]# lvchange -ay /dev/vg0/lv1
[root@server ~]# lvscan | grep lv1
  ACTIVE                '/dev/vg0/lv1' [200.00 MiB] inherit
[root@server ~]#
```

这里 -ay 的意思是 active yes，表明已经成功激活，然后挂载查看里面的文件，命令如下。

```
[root@server ~]# mount /dev/vg0/lv1 /lv1-ext4/
[root@server ~]# ls /lv1-ext4/
hosts  issue  lost+found
[root@server ~]#
```

依然是可以正常访问的。

15.2.4 逻辑卷的快照

为了备份逻辑卷中的数据，可以通过对逻辑卷做快照来实现，快照的原理如图 15-9 所示。

现在有一个逻辑卷 lv0，这个文件中有 3 个文件 hosts、issue、file，然后对这个逻辑卷做快照 lv0_snap（记住不要对快照格式化）。用户访问 lv0_snap 时，发现 lv0 中的内容在 lv0_snap 中都有，例如，在 lv0_snap 中也能看到 hosts 等文件。

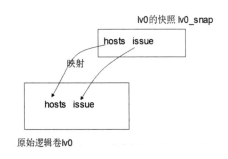

图 15-9　逻辑卷快照的理解

但是此时在 lv0_snap 中看到的这些文件都只是一个影子而已（这个影子通过硬链接来实现），如同井中望月。所以，创建快照时，快照的空间可以很小，因为看到的内容并非真的存储在快照中。

如果在快照中把 issue 删除，也不会从原始逻辑卷中把 issue 删除，只是把对应的映射删除而已，如图 15-10 所示。

如果在 lv0_snap 中创建一个文件 file，则这个文件是保存在 lv0_snap 中的，占用 lv0_snap 的空间，并不会写入 lv0，如图 15-11 所示。

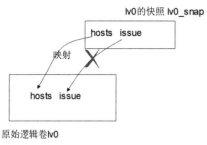

图 15-10 在快照中删除一个文件

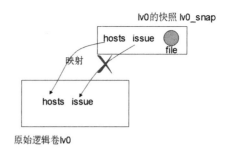

图 15-11 在快照中写数据

所以，在快照中新增文件的总大小不能超过快照的大小。

上面这种映射和原始文件之间的关系，采用的是写时复制（copy-on-write）策略。

创建快照的语法如下。

```
lvcreate -L 大小 -n 名称 -s 逻辑卷
```

现在为 lv0 创建一个名称为 lv0_snap、大小为 20M 的快照，命令如下。

```
[root@server ~]# lvcreate -L 20M -n lv0_snap -s /dev/vg0/lv0
  Logical volume "lv0_snap" created.
[root@server ~]#
```

查看逻辑卷的信息，命令如下。

```
[root@server ~]# lvscan
  ACTIVE    Original '/dev/vg0/lv0' [600.00 MiB] inherit
  ACTIVE             '/dev/vg0/lv1' [200.00 MiB] inherit
  ACTIVE    Snapshot '/dev/vg0/lv0_snap' [20.00 MiB] inherit
[root@server ~]#
```

可以看到，/dev/vg0/lv0 是原始逻辑卷，/dev/vg0/lv0_snap 是快照。从哪里能看到 /dev/vg0/
lv0_snap 是 /dev/vg0/lv0 的快照呢？可以通过 lvs 命令来查看，命令如下。

```
[root@server ~]# lvs
  LV       VG  Attr      LSize    Pool Origin Data% ...
  lv0      vg0 owi-aos--- 600.00m
  lv0_snap vg0 swi-a-s--- 20.00m       lv0    0.08
  lv1      vg0 -wi-ao---- 200.00m
[root@server ~]#
```

或

```
[root@server ~]# lvdisplay /dev/vg0/lv0_snap
  --- Logical volume ---
   ... 输出 ...
  LV snapshot status      active destination for lv0
```

```
  LV Status                    available
  ... 输出 ...
[root@server ~]#
```

把 lv0_snap 挂载到 /snap 目录上，命令如下。

```
[root@server ~]# mkdir /snap
[root@server ~]# mount -o nouuid /dev/vg0/lv0_snap /snap
[root@server ~]# ls /snap/
hosts  issue
[root@server ~]#
```

注意

> （1）快照不需要格式化。
> （2）因为原始逻辑卷的文件系统是 XFS 的，所以挂载快照时需要加上 nouuid 选项。

可以看到，/snap 中有 lv0 的内容，但是这些内容并非存储在 lv0_snap 中的。在 /snap 下面再创建一个 10M 的测试文件，命令如下。

```
[root@server ~]# dd if=/dev/zero of=/snap/file bs=1M count=10
记录了 10+0 的读入
记录了 10+0 的写出
10485760 bytes (10 MB, 10 MiB) copied, 0.00489009 s, 2.1 GB/s
[root@server ~]#
```

这 10M 的文件占用的是快照 lv0_snap 的空间，并没有出现在 lv0 中，命令如下。

```
[root@server ~]# ls /lv0-xfs/
hosts  issue
[root@server ~]#
```

快照有什么用呢？假设原始逻辑卷中的数据被我们误删除了，那么可以利用快照恢复原始逻辑卷中的数据。

先把 lv0 中的数据删除，命令如下。

```
[root@server ~]# rm -rf /lv0-xfs/*
[root@server ~]# ls /lv0-xfs/
[root@server ~]#
```

然后用 lv0_snap 恢复 lv0 中的数据。先卸载 lv0_snap 和 lv0，命令如下。

```
[root@server ~]# umount /snap
[root@server ~]# umount /lv0-xfs
[root@server ~]#
```

然后用 lvconvert 命令恢复数据，命令如下。

```
[root@server ~]# lvconvert --merge /dev/vg0/lv0_snap
  Merging of volume vg0/lv0_snap started.
  vg0/lv0: Merged: 100.00%
[root@server ~]#
```

这里后面指定了快照，即用哪个快照来恢复原始逻辑卷中的数据，现在看到已经恢复成功了，验证命令如下。

```
[root@server ~]# mount /dev/vg0/lv0 /lv0-xfs/
[root@server ~]# ls /lv0-xfs/
file  hosts  issue
[root@server ~]#
```

可以看到，数据已经恢复出来了，且在快照中创建的文件也恢复到原始逻辑卷中了。通过这种用法，我们可以每天对某逻辑卷做快照，一旦数据丢失，就可以用快照来恢复数据了。

再次查看逻辑卷的信息，命令如下。

```
[root@server ~]# lvscan
  ACTIVE            '/dev/vg0/lv0' [600.00 MiB] inherit
  ACTIVE            '/dev/vg0/lv1' [200.00 MiB] inherit
[root@server ~]#
```

可以看到，快照 lv0_snap 已经没有了，因为它已经"牺牲"自己成全了 lv0。

作业

作业题在 server2 上完成。

1. 把 /dev/sdb5、/dev/sdb6、/dev/sdb7 变成 PV。

2. 创建一个名称为 vg0 的卷组，由物理卷 **/dev/sdb5** 和 /dev/sdb6 组成（不包括 /dev/sdb7），要求 PE 的大小为 8M。

3. 把物理卷 /dev/sdb7 加入卷组 vg0 中。

4. 在卷组 vg0 上创建以下 3 个逻辑卷。

（1）一个名称为 lv0 的逻辑卷，大小为 200M，格式化为 EXT4 文件系统，挂载到 /lv0 上。

（2）一个名称为 lv1 的逻辑卷，大小为 25 个 PE，格式化为 XFS 文件系统，挂载到 /lv1 上。

（3）一个名称为 lv2 的逻辑卷，大小为剩余空间的 2%，格式化为 FAT 文件系统，挂载到 /lv2 上。

以上 3 个逻辑卷均不要求开机自动挂载。

5. 把逻辑卷 lv0 和 lv1 分别扩展到 400M。

第16章
虚拟数据优化器VDO

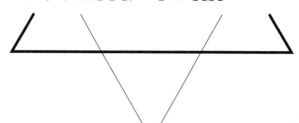

本章主要介绍虚拟化数据优化器。

- 什么是虚拟数据优化器 VDO
- 创建 VDO 设备以节约硬盘空间

16.1 了解什么是 VDO

VDO 全称是 Virtual Data Optimize（虚拟数据优化），主要是为了节省硬盘空间。

现在假设有两个文件 file1 和 file2，大小都是 10G。file1 和 file2 中包含了 8G 的相同数据，如图 16-1 中的灰色部分。这个相同数据在硬盘中存储了两份，所以这两个文件占用的硬盘空间是 20G。

如果采用了 VDO，效果如图 16-2 所示。

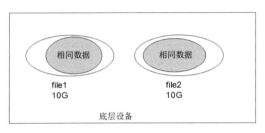

图 16-1　在没有 VDO 的情况下

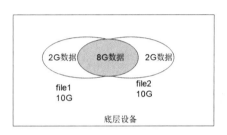

图 16-2　在 VDO 中存储数据

file1 和 file2 大小都是 10G，两个文件中都有 8G 的相同数据。那么，这个相同数据在硬盘中只存储一份，让 file1 和 file2 共同使用。所以，最终在硬盘上占用的空间是 12G，这样一个 20G 大小的硬盘，完全可以存储大于 20G 的文件，主要看这些文件中到底有多少相同数据。

所以，VDO 实现的效果是，多个文件中有相同数据，这个相同数据只存储一份，从而实现节省硬盘空间的目的。

16.2 配置 VDO

首先要安装 VDO 相关软件包（关于软件包的管理在第 23 章和第 24 章中有详细讲解），步骤如下。

步骤 ❶：挂载光盘，命令如下。

```
[root@server ~]# mount /dev/cdrom /mnt
mount: /mnt: WARNING: device write-protected, mounted read-only.
[root@server ~]#
```

这里准备把光盘作为 yum 源。

步骤 ❷：编写 repo 文件，命令如下。

```
[root@server ~]# cat /etc/yum.repos.d/aa.repo
[aa]
name=aa
baseurl=file:///mnt/AppStream
enabled=1
gpgcheck=0

[bb]
name=bb
baseurl=file:///mnt/BaseOS
enabled=1
gpgcheck=0
[root@server ~]#
```

步骤 ❸：安装 VDO，命令如下。

```
[root@server ~]# yum install vdo kmod-kvdo -y
   ... 输出 ...
[root@server ~]#
```

查看 VDO 设备，命令如下。

```
[root@server ~]# vdo list

[root@server ~]#
```

没有任何输出，说明现在还没有任何 VDO 设备。

因为相同数据只存储一份，大大地节省了存储空间，所以本来 20G 的磁盘空间现在存储 30G、40G、50G 的数据是完全有可能的。

下面创建一个名称为 vdo1、底层设备为 /dev/sdc 的 VDO 设备，逻辑大小为 50G，命令如下。

```
[root@server ~]# vdo create --name vdo1 --device /dev/sdc --vdoLogicalSize 50G
Creating VDO vdo1
     The VDO volume can address 16 GB in 8 data slabs, each 2 GB.
     It can grow to address at most 16 TB of physical storage in 8192 slabs.
     If a larger maximum size might be needed, use bigger slabs.
Starting VDO vdo1
Starting compression on VDO vdo1
VDO instance 0 volume is ready at /dev/mapper/vdo1
[root@server ~]#
```

上面提示的一堆信息不用管，最终能看到的是 vdo1 已经创建好了，可以通过 /dev/mapper/vdo1 来使用。

再次查看有多少 VDO 设备，命令如下。

```
[root@server ~]# vdo list
vdo1
[root@server ~]#
```

格式化这个 VDO 设备，命令如下。

```
[root@server ~]# mkfs.xfs -K /dev/mapper/vdo1
meta-data=/dev/mapper/vdo1    isize=512     agcount=4, agsize=3276800 blks
        =                     sectsz=4096   attr=2, projid32bit=1
        =                     crc=1         finobt=1, sparse=1, rmapbt=0
   ...输出...
[root@server ~]#
```

这里 -K（大写）的意思类似于 Windows 中的快速格式化。

把这个 VDO 设备挂载到 /vdo1 目录上，命令如下。

```
[root@server ~]# mkdir /vdo1
[root@server ~]# mount /dev/mapper/vdo1 /vdo1
[root@server ~]#
```

如果希望能永久挂载，需要写入 /etc/fstab 中，命令如下。

```
[root@server ~]# grep vdo /etc/fstab
/dev/mapper/vdo1    /vdo1            xfs            defaults,_netdev    0 0
[root@server ~]#
```

需要注意的是，这里一定要有 _netdev 选项，否则重启系统时，系统是启动不起来的。

查看 vdo1 的空间使用情况，命令如下。

```
[root@server ~]# vdostats --hu
Device                 Size    Used    Available    Use%    Space saving%
/dev/mapper/vdo1       20.0G   4.0G      16.0G      20%           99%
[root@server ~]#
```

这里自身就消耗了 4G 空间（Used 那列），因为这里不存在文件，所以空间节省率为 99%（Space saving% 那列）。

16.3 测试 VDO

往 server2 上传一个比较大的文件，这里上传的是一个 rhel7.1 的镜像，命令如下。

```
[root@server ~]# du -sh rhel7.1.iso
3.7G    rhel7.1.iso
[root@server ~]#
```

这个文件的大小是 3.7G。

下面开始第一次把 rhel7.1.iso 拷贝到 /vdo1 中并命名为 file1，命令如下。

```
[root@server ~]# cp rhel7.1.iso /vdo1/file1
[root@server ~]#
[root@server ~]# vdostats --hu
Device                  Size    Used Available Use% Space saving%
/dev/mapper/vdo1        20.0G   7.5G   12.5G   37%            3%
[root@server ~]#
```

可以看到，现在消耗空间是 7.5G，因为只有一个文件不存在相同数据，所以空间节省率为 3%。

下面开始第二次把 rhel7.1.iso 拷贝到 /vdo1 中并命名为 file2，命令如下。

```
[root@server ~]# cp rhel7.1.iso /vdo1/file2
[root@server ~]# vdostats --hu
Device                  Size    Used Available Use% Space saving%
/dev/mapper/vdo1        20.0G   7.5G   12.5G   37%           51%
[root@server ~]#
```

因为是从同一个文件拷贝的，所以 file2 的内容和 file1 的内容是完全相同的，这里磁盘使用量仍然是 7.5G。

因为实际写入了两个 3.7G 的文件，本来应该消耗 7.4G 的空间，但是这两个文件是相同的，所以实际消耗还是 3.7G 的空间，节省了 7.4-3.7=3.7G 的空间，节省率在 50% 左右（节约出来的空间除以应该消耗的空间，即 3.7/7.4=50%）。

下面开始第三次把 rhel7.1.iso 拷贝到 /vdo1 中并命名为 file3，命令如下。

```
[root@server ~]# cp rhel7.1.iso /vdo1/file3
[root@server ~]# vdostats --hu
Device                  Size    Used Available Use% Space saving%
/dev/mapper/vdo1        20.0G   7.5G   12.5G   37%           67%
[root@server ~]#
```

因为是从同一个文件拷贝的，所以 file1、file2、file3 三个文件的内容是完全相同的，这里磁盘使用量仍然是 7.5G。

因为实际写入了三个 3.7G 的文件，本来应该消耗 11.1G 的空间，但是这三个文件是相同的，所以实际消耗还是 3.7G 的空间，节省了 11.1-3.7=7.4G 的空间，节省率在 67% 左右（节约出来的空间除以应该消耗的空间，即 $7.4/11.1 \approx 67\%$）。

要删除 VDO 设备，命令如下。

```
[root@server ~]# vdo remove -n vdo1
[root@server ~]#
```

作业题在 server2 上完成。

准备工作：自行在 server2 上新添加一块类型为 SCSI、大小为 20G 的硬盘 /dev/sdc。

1. 首先判断 VDO 相关数据包是否已经安装成功，并且判断 VDO 服务是不是启动的、是不是开机自动启动的。

2. 创建一个名称为 vdo1、底层设备为 /dev/sdc 的 VDO 设备，逻辑大小为 50G。

3. 把此 VDO 设备格式化为 XFS 文件系统，把它挂载到 /vdo1 目录上，并设置开机自动挂载。

第17章
访问NFS存储及自动挂载

本章主要介绍 NFS 客户端的使用。

- 创建 NFS 服务器并通过 NFS 共享一个目录
- 在客户端上访问 NFS 共享的目录
- 自动挂载的配置和使用

17.1 访问 NFS 存储

前面介绍了本地存储，本章就来介绍如何使用网络上的存储设备。NFS 即网络文件系统，所实现的是 Linux 和 Linux 之间的共享。

下面的练习我们将会在 server 上创建一个文件夹 /share，然后通过 NFS 把它共享，再在 server2 上把这个共享文件夹挂载到 /nfs 上，如图 17-1 所示。

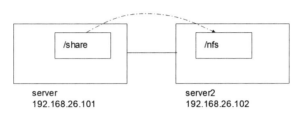

图 17-1　实验拓扑图

首先在 srever 上启动 nfs-server 服务并设置开启自动启动，命令如下。

```
[root@server ~]# systemctl enable nfs-server --now
Created symlink /etc/systemd/system/multi-user.target.wants/nfs-server.service →
/usr/lib/systemd/system/nfs-server.service.
[root@server ~]#
```

创建准备共享的目录 /share，命令如下。

```
[root@server ~]# mkdir /share
[root@server ~]#
```

在 /etc/exports 中把目录 /share 共享出去，命令如下。

```
[root@server ~]# cat /etc/exports
/share  *(rw,no_root_squash)
[root@server ~]#
```

这里 * 的意思是表示任何客户端都可以访问 /share 目录。

让共享生效，命令如下。

```
[root@server ~]# exportfs -arv
exporting *:/share
[root@server ~]#
```

在 server 上配置防火墙放行 NFS，命令如下。

```
[root@server ~]# firewall-cmd --add-service=nfs
```

```
success
[root@server ~]# firewall-cmd --add-service=nfs --permanent
success
[root@server ~]# firewall-cmd --add-service=rpc-bind
success
[root@server ~]# firewall-cmd --add-service=rpc-bind --permanent
success
[root@server ~]# firewall-cmd --add-service=mountd
success
[root@server ~]# firewall-cmd --add-service=mountd --permanent
success
[root@server ~]#
```

关于防火墙的配置，后续会有专门章节讲解。

在 server2 上访问这个共享文件夹，首先使用 showmount 命令查看服务器上共享的目录，命令如下。

```
[root@server2 ~]# showmount -e 192.168.26.101
Export list for 192.168.26.101:
/share *
[root@server2 ~]#
```

把服务器上共享的目录挂载到本地 /nfs 目录上，命令如下。

```
[root@server2 ~]# mount 192.168.26.101:/share /nfs
[root@server2 ~]#
```

查看挂载情况，命令如下。

```
[root@server2 ~]# df -hT | grep nfs
192.168.26.101:/share nfs4      50G   5.0G   46G   10% /nfs
[root@server2 ~]#
```

可以看到，已经挂载好了。

如果希望开机能够自动挂载，则写入 /etc/fstab 中，命令如下。

```
[root@server2 ~]# tail -1 /etc/fstab
192.168.26.101:/share /nfs      nfs     defaults    0 0
[root@server2 ~]#
```

17.2 自动挂载

自动挂载的意思是，把一个外部设备 /dev/xx 和某个目录 /dir/yy 关联起来。平时 /dev/xx 是

否挂载到了 /dir/yy 上不需要考虑，但访问 /dir/yy 时，系统就知道要访问 /dev/xx 中的数据，这个时候系统会自动将 /dev/xx 挂载到 /dir/yy 上。

安装软件包的步骤如下。

步骤 ❶：挂载光盘，命令如下。

```
[root@server2 ~]# mount /dev/cdrom /mnt
mount: /mnt: WARNING: device write-protected, mounted read-only.
[root@server ~]#
```

这里准备把光盘作为 yum 源。

步骤 ❷：编写 repo 文件，命令如下。

```
[root@server2 ~]# cat /etc/yum.repos.d/aa.repo
[aa]
name=aa
baseurl=file:///mnt/AppStream
enabled=1
gpgcheck=0

[bb]
name=bb
baseurl=file:///mnt/BaseOS
enabled=1
gpgcheck=0
[root@server ~]#
```

开始安装 autofs，命令如下。

```
[root@server2 ~]# yum install autofs -y
Updating Subscription Management repositories.
    ... 输出 ...
已安装：
  autofs-1:5.1.4-48.el8.x86_64
完毕！
[root@server2 ~]#
```

启动 autofs 并设置开机自动启动，命令如下。

```
[root@server2 ~]# systemctl enable autofs --now
Created symlink /etc/systemd/system/multi-user.target.wants/autofs.service →
/usr/lib/systemd/system/autofs.service.
[root@server2 ~]#
```

下面练习把光盘自动挂载到 /zz/dvd 上。先把 /zz 创建出来，命令如下。

```
[root@server2 ~]# mkdir /zz
```

```
[root@server2 ~]#
```

记住，这里不需要创建目录 /zz/dvd，这个目录会自动创建。

在 /etc/auto.master.d 目录中创建一个后缀为 autofs 的文件，后缀必须是 autofs，这里创建的是 aa.autofs，命令如下。

```
[root@server2 ~]# cat /etc/auto.master.d/aa.autofs
/zz /etc/auto.aa
[root@server2 ~]#
```

这里的意思是把哪个外部设备挂载到 /zz 的哪个子目录上由 /etc/auto.aa 决定，内容使用【Tab】键进行分隔。下面创建 /etc/auto.aa，命令如下。

```
[root@server2 ~]# cat /etc/auto.aa
dvd    -fstype=iso9660,ro    :/dev/cdrom
[root@server2 ~]#
```

注意

> 上面的命令中，dvd 和 -fstype 之间有一个【Tab】键，ro 和后面的冒号之间有一个【Tab】键。

这个文件的格式如下。

子目录   -fstype= 文件系统 , 选项 1, 选项 2   :外部设备

这里外部设备如果是本地磁盘或光盘，冒号前面保持为空，但是冒号不能省略。如果是其他机器上共享的目录，则写远端的 IP。

结合 /etc/auto.master.d/aa.autofs 整体的意思是，当访问 /zz/dvd 时，系统会自动把 /dev/cdrom 挂载到 /zz/dvd 上。

重启 autofs 服务，让我们刚做的配置生效，命令如下。

```
[root@server2 ~]# systemctl restart autofs
[root@server2 ~]#
```

确认现在光盘是没有挂载到 /zz/dvd 上的，而且 /zz 目录中也没有 dvd 目录，命令如下。

```
[root@server2 ~]# mount | grep -v auto | grep zz
[root@server2 ~]# ls /zz
[root@server2 ~]#
```

下面访问 /zz/dvd，命令如下。

```
[root@server2 ~]# ls /zz/dvd
AppStream  EFI  extra_files.json  images  media.repo  RPM-GPG-KEY-redhat-release
BaseOS     EULA  GPL     isolinux  RPM-GPG-KEY-redhat-beta   TRANS.TBL
[root@server2 ~]#
```

因为访问这个目录时能触发自动挂载，系统自动创建 /zz/dvd 并把 /dev/cdrom 挂载到这个目录上，再次验证挂载情况，命令如下。

```
[root@server2 ~]# mount | grep -v auto | grep zz
/dev/sr0 on /zz/dvd type iso9660 (ro,relatime,nojoliet,check=s,map=n,blocksize=2048)
[root@server2 ~]#
```

可以看到，现在已经挂载上去了。

练习：下面练习自动挂载 NFS 共享文件夹，整个实验思路如下。

在 server 上创建一个用户 mary，家目录指定为 /rhome/mary。在 server2 上也创建一个用户 mary，家目录也指定为 /rhome/mary，但是 server2 上的 mary 并不把这个家目录创建出来，如图 17-2 所示。

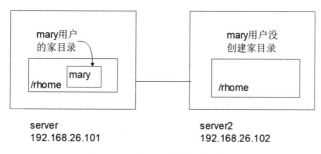

图 17-2 自动挂载实验拓扑图

通过 NFS 把 server 上的 /rhome 共享出去，在 server2 上配置 autofs，把 192.168.26.101 上的 /rhome/mary 关联到 server2 上的 /rhome/mary 中。

当在 server2 上使用 mary 登录时会自动登录到 /rhome/mary，就会触发 autofs 自动把 192.168.26.101:/rhome/mary 挂载到 server2 的 /rhome/mary 目录上，这样 server2 上的 mary 也就有了家目录。

在 server 上创建 /rhome 目录，然后创建用户 mary，家目录设置为 /rhome/mary，用户的 uid 设置为 3001，命令如下。

```
[root@server ~]# mkdir /rhome
[root@server ~]# useradd -u 3001 -d /rhome/mary mary
[root@server ~]# echo haha001 | passwd --stdin mary
更改用户 mary 的密码 。
passwd: 所有的身份验证令牌已经成功更新。
[root@server ~]#
[root@server ~]# ls /rhome/
mary
[root@server ~]#
```

此时在 server 上 mary 用户就创建好了，且 mary 的家目录也是存在的。

在 server2 上创建 /rhome 目录，然后创建用户 mary，家目录设置为 /rhome/mary。因为指定了 −M 选项，这个目录并没有被创建，用户的 uid 设置为 3001，记住必须和 server 上的 mary 具有相同的 uid，命令如下。

```
[root@server2 ~]# mkdir /rhome
[root@server2 ~]# useradd -u 3001 -d /rhome/mary -M mary
[root@server2 ~]# echo haha001 | passwd --stdin mary
更改用户 mary 的密码 。
passwd：所有的身份验证令牌已经成功更新。
[root@server2 ~]# ls /rhome/
[root@server2 ~]#
```

可以看到，mary 的家目录 /rhome/mary 并没有被创建出来。

在 server2 上切换到 mary 用户，命令如下。

```
[root@server2 ~]# su - mary
su: 警告：无法更改到 /rhome/mary 目录 : 没有那个文件或目录
[mary@server2 root]$ exit
注销
[root@server2 ~]#
```

在 server2 上因为 mary 没有家目录，所以会出现上述警告信息，输入"exit"退回到 root 用户。

在 server 上通过 NFS 把 /rhome 共享出去，编辑 /etc/exports 内容如下。

```
[root@server ~]# cat /etc/exports
/share *(rw,no_root_squash)
/rhome *(rw,no_root_squash)
[root@server ~]#
```

这样就把 /rhome 共享出去了，然后让此共享生效。

```
[root@server ~]# exportfs -arv
exporting *:/rhome
exporting *:/share
[root@server ~]#
```

切换到 server2 上开始配置 autofs，创建 /etc/auto.master.d/bb.autofs，内容如下。

```
[root@server2 ~]# cat /etc/auto.master.d/bb.autofs
/rhome /etc/auto.bb
[root@server2 ~]#
```

到底把哪个外部设备挂载到 /rhome 的哪个子目录上由 /etc/auto.bb 决定。

下面创建 /etc/auto.bb，内容如下。

```
[root@server2 ~]# cat /etc/auto.bb
```

```
mary    -fstype=nfs,rw    192.168.26.101:/rhome/mary
[root@server2 ~]#
```

结合 /etc/auto.master.d/bb.autofs 整体的意思是，当访问 /rhome/mary 时，系统会自动把
192.168.26.101：/rhome/mary 挂载到 server2 的 /rhome/mary 目录上。

重启 autofs，命令如下。

```
[root@server2 ~]# systemctl restart autofs
[root@server2 ~]#
```

确认现在 /rhome/mary 是没有挂载任何东西的，命令如下。

```
[root@server2 ~]# mount | grep -v auto | grep rhome
[root@server2 ~]#
```

下面在 server2 上切换到 mary，记住通过 su－mary 而不是通过 su mary，命令如下。

```
[root@server2 ~]# su - mary
[mary@server2 ~]$ pwd
/rhome/mary
[mary@server2 ~]$ exit
注销
[root@server2 ~]#
```

我们知道 su－mary，用户切换到 mary 的同时也会切换到 mary 的家目录，这样会触发
autofs，再次查看挂载情况，命令如下。

```
[root@server2 ~]# mount | grep -v auto | grep rhome
192.168.26.101:/rhome/mary on /rhome/mary type nfs4 (rw,relatime,vers=4.2,
rsize=524288,wsize=524288,namlen=255,hard,proto=tcp,timeo=600,retrans=2,
sec=sys,clientaddr=192.168.26.102,local_lock=none,addr=192.168.26.101)
[root@server2 ~]#
```

可以看到，已经成功挂载了。

作业

1. 在 server 上创建三个用户，满足如下要求。

（1）user1，家目录为 /rhome/user1，uid 为 4001。

（2）user2，家目录为 /rhome/user2，uid 为 4002。

（3）user3，家目录为 /rhome/user3，uid 为 4003。

密码分别设置为 haha001。

2. 在 server2 上创建三个用户，满足如下要求。

（1）user1，家目录为 /rhome/user1，uid 为 4001。

（2）user2，家目录为 /rhome/user2，uid 为 4002。

（3）user3，家目录为 /rhome/user3，uid 为 4003。

密码分别设置为 haha001，但是在 server2 上并不把这三个用户的家目录创建出来。

3. 在 server2 上配置自动挂载 autofs，使得在 server2 上执行下面命令时：

（1）执行 su - user1 命令时自动创建把 server 上的 /rhome/user1 挂载到 /rhome/user1 上。

（2）执行 su - user2 命令时自动创建把 server 上的 /rhome/user2 挂载到 /rhome/user2 上。

（3）执行 su - user3 命令时自动创建把 server 上的 /rhome/user3 挂载到 /rhome/user3 上。

5

第 5 篇　系统管理

第18章
进程管理

本章主要介绍在 RHEL8 中如何管理并查看进程。

- 了解进程并查看系统中存在的进程
- 了解进程的信号
- 进程优先级设置

进程介绍

在 Windows 中打开任务管理器就可以查看到系统中的所有进程，如图 18-1 所示。

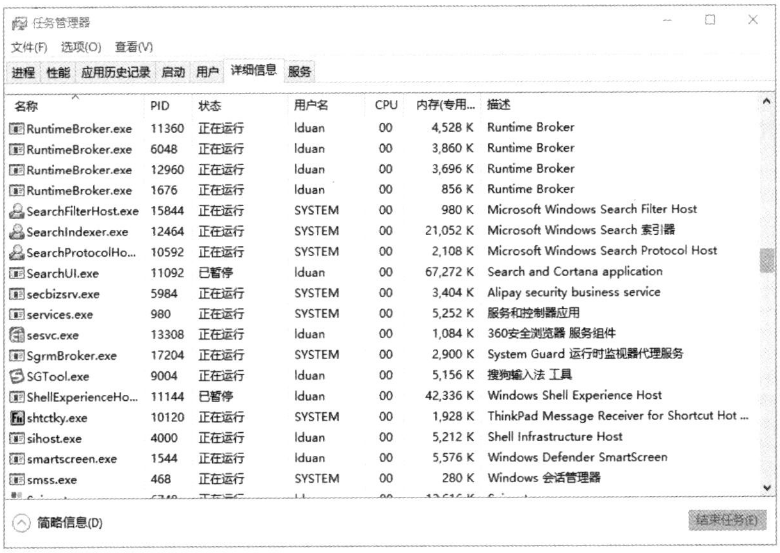

图 18-1　Windows 中的任务管理器

这里列出了系统中所有的进程，不过也可以使用命令行工具来查看进程。每个进程都会有一个 Process ID，简称为 PID。

查看进程

也可以使用 ps 命令来查看系统中的进程，当执行不加任何选项的 ps 命令时，显示的是当前终端的进程，命令如下。

```
[root@server ~]# ps
   PID TTY          TIME     CMD
 11667 pts/1     00:00:00 bash
 51848 pts/1     00:00:00 ps
[root@server ~]#
```

使用 ps 命令查看当前终端的进程，如图 18-2 所示。

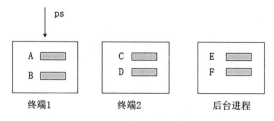

图 18-2　查看当前终端的进程

有很多进程不属于任何终端，这些进程都是后台进程。如图 18-2 所示，在终端 1 中运行了 A、B 两个进程，当在终端 1 中执行 ps 命令时只能看到终端 1 上的三个进程（包括 ps 本身），看不到其他终端及后台进程。如果想查看系统中的所有进程，就需要加上选项了。

基本上不同版本的 UNIX 系统上都有自己的 ps 命令，但是这些命令却没有一个统一的选项约定，Linux 中的 ps 命令应尽可能地包括所有的这些选项以适应不同 UNIX 背景的人群。所以，Linux 中 ps 包括了 UNIX 风格和 Linux 风格的选项，最常见的用法包括 ps aux 和 ps -ef。

ps aux 可以列出系统中所有的进程，如图 18-3 所示。

```
[root@server ~]# ps aux | head
USER        PID %CPU %MEM    VSZ   RSS TTY      STAT START   TIME COMMAND
root          1  0.0  0.4 195436 15224 ?        Ss   11月17   0:05 /usr/lib/systemd
/systemd --switched-root --system --deserialize 18
root          2  0.0  0.0      0     0 ?        S    11月17   0:00 [kthreadd]
root          3  0.0  0.0      0     0 ?        I<   11月17   0:00 [rcu_gp]
root          4  0.0  0.0      0     0 ?        I<   11月17   0:00 [rcu_par_gp]
root          6  0.0  0.0      0     0 ?        I<   11月17   0:00 [kworker/0:0H-ev
ents_highpri]
root          9  0.0  0.0      0     0 ?        I<   11月17   0:00 [mm_percpu_wq]
root         10  0.0  0.0      0     0 ?        S    11月17   0:00 [ksoftirqd/0]
root         11  0.0  0.0      0     0 ?        I    11月17   0:11 [rcu_sched]
root         12  0.0  0.0      0     0 ?        S    11月17   0:00 [migration/0]
[root@server ~]#
```

图 18-3　通过 ps aux 查看进程的结果

因为 ps aux 显示内容太多，所以这里通过 head 只截取前 11 行，这里每列的含义如下。

（1）USER：进程所属用户。

（2）PID：进程 ID。

（3）%CPU：进程占用 CPU 百分比。

（4）%MEM：进程占用内存百分比。

（5）VSZ：虚拟内存占用大小（单位：KB）。

（6）RSS：实际内存占用大小（单位：KB）。

（7）TTY：终端类型。

（8）STAT：进程状态。

（9）START：进程启动时刻。

（10）TIME：进程运行时长。

（11）COMMAND：启动进程的命令。

TTY 一列如果是"?",则说明是后台进程。

练习：下面练习查看进程信息，先在系统中打开一个 Firefox 浏览器，如图 18-4 所示。

图 18-4　打开一个 Firefox 浏览器

如果要查看某进程的 PID，可以结合 grep 一起使用。例如，查看 Firefox 的 PID，命令如下。

```
[root@server ~]# ps aux | grep firefox
lduan       53797   ..../usr/lib64/firefox/firefox
lduan       53878   ....childID 1 ... /usr/lib64/firefox/browser 53797 tab
lduan       53963   ...-childID 4 ... /usr/lib64/firefox/browser 53797 tab
lduan       53996   ...-childID 5 ... /usr/lib64/firefox/browser 53797 tab
lduan       54250   ...-childID 7 ... /usr/lib64/firefox/browser 53797 tab
root        55877  0.0  0.0  12348  1148 pts/1    S+   18:30   0:00 grep --color=auto firefox
[root@server ~]#
```

在执行此命令时，grep 命令中也含有 firefox 关键字，所以也找出来了，明显 grep 那行并不是我们想要的，一般可以再加上 grep -v grep 过滤，命令如下。

```
[root@server ~]# ps aux | grep -v grep | grep firefox
lduan       53797   ..../usr/lib64/firefox/firefox
lduan       53878   ....childID 1 ... /usr/lib64/firefox/browser 53797 tab
lduan       53963   ...-childID 4 ... /usr/lib64/firefox/browser 53797 tab
lduan       53996   ...-childID 5 ... /usr/lib64/firefox/browser 53797 tab
lduan       54250   ...-childID 7 ... /usr/lib64/firefox/browser 53797 tab
[root@server ~]#
```

可以看到，Firefox 主进程的 PID 是 53797，其他几个是对应的子进程。

找出某进程的 PID 除使用以上方法外，还可以使用 pgrep 命令，用法如下。

```
pgrep 名称
```

例如，现在要查看 Firefox 的 PID，命令如下。

```
[root@server ~]# pgrep firefox
53797
[root@server ~]#
```

这里只查看到了 Firefox 主进程的 PID，如果要看到每个子进程的 PID，需要加上 -f 选项，命令如下。

```
[root@server ~]# pgrep -f firefox
53797
53878
53963
53996
54250
[root@server ~]#
```

除了 pgrep，也可以使用 pidof 命令，命令如下。

```
[root@server ~]# pidof firefox
54250 53996 53963 53878 53797
[root@server ~]#
```

pidof 和 pgrep 的区别在于，pidof 必须跟上完整的名称，pgrep 则不需要，命令如下。

```
[root@server ~]# pgrep -f firefo
53797
53878
53963
53996
54250
[root@server ~]# pidof firefo
[root@server ~]#
```

pgrep 会把进程 COMMAND 中含有 firefo 的进程的 PID 全部找出来，pidof 找的是 COMMAND 为 firefo 的。

对于 ps 来说，查看的是执行命令那一瞬间的情况，如果想动态地查看进程，则可以使用 top 命令。默认情况下，top 每隔 3 秒更新一次，可以用 -d 选项来指定更新间隔，例如，1 秒更新一次可以用 top -d 1 指定，如图 18-5 所示。

```
top - 18:57:18 up 1 day,  4:00,  3 users,  load average: 0.73, 0.64, 0.62
Tasks: 309 total,   1 running, 307 sleeping,   0 stopped,   1 zombie
%Cpu(s):  0.0 us,  0.0 sy,  0.0 ni, 99.0 id,  0.0 wa,  0.5 hi,  0.5 si,  0.0
MiB Mem :   3710.0 total,    649.4 free,   1525.6 used,   1534.9 buff/cache
MiB Swap:   4096.0 total,   4096.0 free,      0.0 used.   1881.4 avail Mem

  PID USER      PR  NI    VIRT    RES    SHR S  %CPU  %MEM     TIME+
 5734 lduan      9 -11 2140296  11032   9176 S   2.0   0.3   4:23.18
    1 root      20   0  195436  15224   9784 S   0.0   0.4   0:05.32
    2 root      20   0       0      0      0 S   0.0   0.0   0:00.06
    3 root       0 -20       0      0      0 I   0.0   0.0   0:00.00
```

图 18-5　使用 top -d 1 查看进程的结果

按【q】键退出。

18.3 发送信号

有时可能要关闭进程，单击右上角的【关闭】
按钮就可以关闭正在运行的程序，不过有时这种方
式是关闭不了的，如图 18-6 所示。

此时选择【关闭程序】选项，强制关闭此程序。

关闭一个正在运行的程序时，本质上是系统给

图 18-6　Windows 中关不掉程序的情况

此程序对应的进程发送一个关闭信号。不同的关闭方式，信号是不一样的，查看系统有多少信
号可以使用 kill -l 命令进行查看，如图 18-7 所示。

```
[root@server ~]# kill -l
 1) SIGHUP       2) SIGINT       3) SIGQUIT      4) SIGILL       5) SIGTRAP
 6) SIGABRT      7) SIGBUS       8) SIGFPE       9) SIGKILL     10) SIGUSR1
11) SIGSEGV     12) SIGUSR2     13) SIGPIPE     14) SIGALRM     15) SIGTERM
16) SIGSTKFLT   17) SIGCHLD     18) SIGCONT     19) SIGSTOP     20) SIGTSTP
21) SIGTTIN     22) SIGTTOU     23) SIGURG      24) SIGXCPU     25) SIGXFSZ
26) SIGVTALRM   27) SIGPROF     28) SIGWINCH    29) SIGIO       30) SIGPWR
31) SIGSYS      34) SIGRTMIN    35) SIGRTMIN+1  36) SIGRTMIN+2  37) SIGRTMIN+3
38) SIGRTMIN+4  39) SIGRTMIN+5  40) SIGRTMIN+6  41) SIGRTMIN+7  42) SIGRTMIN+8
43) SIGRTMIN+9  44) SIGRTMIN+10 45) SIGRTMIN+11 46) SIGRTMIN+12 47) SIGRTMIN+13
48) SIGRTMIN+14 49) SIGRTMIN+15 50) SIGRTMAX-14 51) SIGRTMAX-13 52) SIGRTMAX-12
53) SIGRTMAX-11 54) SIGRTMAX-10 55) SIGRTMAX-9  56) SIGRTMAX-8  57) SIGRTMAX-7
58) SIGRTMAX-6  59) SIGRTMAX-5  60) SIGRTMAX-4  61) SIGRTMAX-3  62) SIGRTMAX-2
63) SIGRTMAX-1  64) SIGRTMAX
[root@server ~]#
```

图 18-7　所有能用的信号

也可以使用 kill 命令手动给进程发送信号，这里介绍 3 个常用的信号：15 号信号、9 号信
号和 2 号信号。

15 号信号，当单击右上角的【关闭】按钮去关闭一个程序时，系统发送的就是 15 号信号，
这也是默认信号。在命令行中使用 kill 命令时，如果不指定信号，则是 15 号信号。

在后台运行 sleep 命令，同时也显示了进程的 PID，如下所示。

```
[root@server ~]# sleep 1000 &
[1] 56227
[root@server ~]#
```

可以看到，sleep 进程的 PID 是 56227。下面给这个进程发送一个 9 号信号，命令如下。

```
[root@server ~]# kill 56227
[root@server ~]#
[1]+  已终止                  sleep 1000
[root@server ~]#
```

2 号信号，当我们按【Ctrl+C】组合键时，本质上就是发送了一个 2 号信号。运行 sleep 命
令，后面没有加 & 就是放在前台运行，命令如下。

```
[root@server ~]# sleep 1000
```

```
^C
[root@server ~]#
```

按【Ctrl+C】组合键会终止正在运行的程序，即对对应的进程发送 2 号信号。

再次运行 sleep 命令，并把它放在后台运行，命令如下。

```
[root@server ~]# sleep 1000 &
[1] 56230
```

这里 sleep 进程的 PID 是 56230，给这个进程发送一个 2 号信号，命令如下。

```
[root@server ~]# kill -2 56230
[root@server ~]#
[1]+  中断                      sleep 1000
[root@server ~]#
```

当一个程序关不掉时，需要强制关闭，此时可以对进程发送 9 号信号，命令如下。

```
[root@server ~]# sleep 1000 &
[1] 56241
[root@server ~]# kill -9 56241
[root@server ~]#
[1]+  已杀死                    sleep 1000
[root@server ~]#
```

这样就强制关闭了。

使用 kill 命令后面需要跟上进程的 PID，这里还需要查找出进程的 PID，如果想直接杀死某个运行的程序，则可以使用 killall 命令。先在后台运行几个程序。

```
[root@server ~]# sleep 1000 &
[1] 56258
[root@server ~]# sleep 1000 &
[2] 56259
[root@server ~]# sleep 1000 &
[3] 56260
[root@server ~]# sleep 1000 &
[4] 56261
[root@server ~]#
```

这里要杀死所有 sleep 所对应的进程，命令如下。

```
[root@server ~]# killall -9 sleep
[1]   已杀死                    sleep 1000
[2]   已杀死                    sleep 1000
[3]-  已杀死                    sleep 1000
[4]+  已杀死                    sleep 1000
[root@server ~]#
```

18.4 进程优先级

系统中所有的进程都要消耗 CPU 的资源，CPU 会为每个进程分配一个时间片，轮到某进程时 CPU 会处理这个进程的请求，时间片到期，则会把进程暂停放回队列等待下一轮的时间片。在同一颗 CPU 上如果运行了太多的程序就会导致 CPU 的资源不够，可以调整进程的优先级，让指定进程获取更多的资源，更优先地去执行。

好比在驾校学车时，教练车就是 CPU 资源，每个学员就是一个个等待的进程。每个学员上车练习 10 分钟（时间片），10 分钟过了之后就要下车让下一个学员上车练习，再次练习需要等待下一轮。如果学员太多，等待的时间就会很久。如果想多练习一会，可以让教练设置一下优先级，别人练习一次 10 分钟，我练习一次 2 小时。

进程的优先级由两个值决定：优先顺序（priority）和优先级（niceness）。其中优先顺序由内核对它进行动态地更改，我们不需要做太多干预，对用户而言，只需要通过 nice 来修改。nice 值的取值范围是 -20~19，nice 值越小，进程就越优先执行。

多个进程如果运行在不同的 CPU 上是互不干扰的，不会发生抢资源的情况，进程只有运行在同一颗 CPU 上才会发生资源抢占的情况。所以，做实验时要确保多个进程是运行在同一颗 CPU 上的。首先查看一下 CPU 的情况，命令如下。

```
[root@server ~]# lscpu
架构:              x86_64
CPU 运行模式:      32-bit, 64-bit
字节序:            Little Endian
CPU:               2
在线 CPU 列表:     0,1
每个核的线程数:    1
...
[root@server ~]#
```

可以看到，现在有两颗 CPU（一颗 CPU 有两个核被认为是两颗 CPU），编号分别是 0 和 1。现在关闭 1 号 CPU，命令如下。

```
[root@server ~]# echo 0 > /sys/devices/system/cpu/cpu1/online
[root@server ~]# lscpu
架构:              x86_64
CPU 运行模式:      32-bit, 64-bit
字节序:            Little Endian
CPU:               2
```

```
在线 CPU 列表:      0
离线 CPU 列表:      1
每个核的线程数:    1
    ...输出...
[root@server ~]#
```

这样就可以看到 1 号 CPU 已经离线了，注意 /sys/devices/system/cpu/cpu1/online 中的值如果是 0 则表示 CPU 离线，如果是 1 则表示 CPU 在线。

下面运行两个 cat 进程，命令如下。

```
[root@server ~]# cat /dev/zero > /dev/null &
[1] 56550
[root@server ~]# cat /dev/zero > /dev/null &
[2] 56551
[root@server ~]#
```

然后再打开一个终端用 top 进行查看，结果如图 18-8 所示。

PID USER	PR	NI	VIRT	RES	SHR S	%CPU	%MEM	TIME+	COMMAND
56550 root	20	0	7660	1964	1736 R	48.5	0.1	0:33.28	cat
56551 root	20	0	7660	2008	1788 R	47.5	0.1	0:32.65	cat

图 18-8 两个 cat 的 CPU 的消耗基本差不多

可以看到，两个 cat 进程消耗的 CPU 是差不多的，因为它们的 nice 值相同，可以平等地消耗 CPU 资源。下面使用 renice 修改进程 56550 的 nice 值，改为 -10，命令如下。

```
[root@server ~]# renice -n -10 56550
56550 (process ID) 旧优先级为 0，新优先级为 -10
[root@server ~]#
```

这样进程 56550 会比进程 56551 占用更多的 CPU 资源，再次到 top 中查看，结果如图 18-9 所示。

PID USER	PR	NI	VIRT	RES	SHR S	%CPU	%MEM	TIME+	COMMAND
56550 root	10	-10	7660	1964	1736 R	86.4	0.1	1:05.57	cat
56551 root	20	0	7660	2008	1788 R	9.7	0.1	0:57.46	cat

图 18-9 一个 cat 被改变了优先级

可以看到，56550 占用的资源比 56551 多了很多。

刚才讲 nice 值越小越可得到更多的 CPU 资源，越大越不容易抢到资源，这里改成最大值 19，命令如下。

```
[root@server ~]# renice -n 19 56550
56550 (process ID) 旧优先级为 -10，新优先级为 19
[root@server ~]#
```

然后再到 top 中查看，结果如图 18-10 所示。

PID	USER	PR	NI	VIRT	RES	SHR	S	%CPU	%MEM	TIME+	COMMAND
56551	root	20	0	7660	2008	1788	R	93.1	0.1	1:15.19	cat
5734	lduan	9	-11	2140296	11032	9176	S	3.0	0.3	5:27.64	pulseaudio
56550	root	39	19	7660	1964	1736	R	1.0	0.1	2:34.20	cat

图 18-10　一个 cat 被改变了优先级

可以看到，56550 只获取到了很少的 CPU 资源。

关闭 cat 进程，命令如下。

```
[root@server ~]# killall -9 cat
[root@server ~]#
[1]-  已杀死                 cat /dev/zero > /dev/null
[2]+  已杀死                 cat /dev/zero > /dev/null
[root@server ~]
```

刚才是在程序运行起来之后再使用 renice 修改的 nice 值，也可以直接以某个特定的 nice
启动进程，只要在运行的命令前面加上 "nice -n 优先级" 即可，命令如下。

```
[root@server ~]# nice -n 10 cat /dev/zero > /dev/null &
[1] 56613
[root@server ~]#
```

关闭这个 cat 进程，命令如下。

```
[root@server ~]# killall -9 cat
[root@server ~]#
[1]+  已杀死                 nice -n 10 cat /dev/zero > /dev/null
[root@server ~]#
```

开启 1 号 CPU，命令如下。

```
[root@server ~]# echo 1 > /sys/devices/system/cpu/cpu1/online
[root@server ~]#
```

1. 下面哪个命令能查出 Firefox 的 PID ？

a. pgrep firefo   b. pidof firefo

c. ps aux | grep -v firefox   d. ps aux | grep firefox

2. 下面哪个命令可以把 PID=1000 的进程杀死？

a. kill   b. killall

3. 假设系统中存在 Firefox 进程，请用一条命令杀死 Firefox 进程。

方法 1_____

方法 2_____

4. 现在 Firefox 在系统中运行，请写出查询 Firefox PID 的三种方法。

方法 1_____

方法 2_____

方法 3_____

第19章
日志

本章主要介绍 Linux 中的日志管理。

- 了解 rsyslog 是如何管理日志的
- 查看日志的方法

日志中记录了各种各样的问题，所以读取日志是检测并排除故障的一个重要方式，日志文件默认放在 /var/log 目录下。不同的问题要读取不同的日志，例如，邮件发不出去，可以读取 /var/log/maillog 日志文件；要查看哪些用户试图用 ssh 登录到本机，可以读取 /var/log/secure 日志文件。

在 RHEL8/CentOS8 中，日志是由 rsyslogd 服务管理的，不同类别的日志放在哪个文件中，由 /etc/rsyslog.conf 决定。

在 /etc/rsyslog.conf 中可以定义一系列的规则，决定不同类别的日志保存在哪个文件中。

定义规则的格式如下。

日志类别 . 日志级别标准线	文件

如果某个应用程序的日志级别大于等于日志类别后面的级别标准线，则日志会被记录到指定的文件中，不妨先仔细看完下面的内容。

日志类别包括以下几种。

（1）auth：用户认证时产生的日志。

（2）authpriv：ssh、ftp 等登录信息的验证信息。

（3）daemon：一些守护进程产生的日志。

（4）ftp：ftp 产生的日志。

（5）lp：打印相关活动。

（6）mark：服务内部的信息，是时间标识。

（7）news：网络新闻传输协议（NNTP）产生的消息。

（8）syslog：系统日志。

（9）security：安全相关的日志。

（10）uucp：Unix-to-Unix Copy，两个 UNIX 之间的相关通信。

（11）console：针对系统控制台的消息。

（12）cron：系统执行定时任务产生的日志。

（13）kern：系统内核日志。

（14）local0~local7：由自定义程序使用。

（15）mail：邮件日志。

（16）user：用户进程。

日志级别包括以下几种。

（1）emerg：恐慌状态，如关机、重启系统等。

（2）alert：紧急状态。

（3）crit：临界状态。

（4）err：其他错误。

（5）warning：警告。

（6）notice：需要调查的事项。

（7）info：一般的事件信息。

（8）debug：仅供调试。

不需要详细了解具体每个级别的意义，只需知道这些级别从上往下是越来越低的。emerg级别最高，debug 级别最低。

在写程序时，可以在程序的代码中定义一个日志信息，这个日志应该属于哪个类别，以及级别是什么。当程序中的这个代码块被执行时，/etc/rsyslog.conf 决定这个日志会写入哪个文件中。

为了更好地理解，先看一个例子。假设 rsyslog.conf 中已经定义了 4 条日志规则，如图 19-1 所示。

图 19-1　了解日志的类别和级别

这里定义了不同类别的日志记录的最低标准，以及记录到哪个文件中。例如，第 4 条规则 local5 类别的日志，如果级别大于等于 info，会记录到 file4.log 中，如图 19-2 所示。

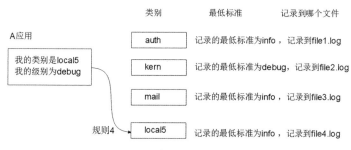

图 19-2　了解日志的类别和级别

现在有一个 A 应用，在其代码中指定它所使用的日志类别是 local5，所以在 A 应用的日志生成时，会使用第 4 条规则。因为第 4 条规则指定的是如何记录 local5 级别的日志。

那么，A 应用所产生的日志到底会不会被第 4 条规则记录呢？主要取决于 A 应用的日志级别是否达到规则要求的最低标准。A 应用产生的日志级别为 debug，而规则 4 要记录的最低级别为 info，debug 的级别低于 info。所以，A 应用产生的日志没有达到规则 4 的最低"分数线"，是不会被记录到 file4.log 中的。

rsyslog 的配置

用 vim 编辑器打开 /etc/rsyslog.conf，往下找到 RULES 关键字 #### RULES ####，下面定义的都是记录日志的规则，去掉对应的注释行之后内容如下。

```
*.info;mail.none;authpriv.none;cron.none        /var/log/messages
```

上面这行 *.info 中的 * 表示所有类别的日志，都可以匹配到这条规则，但是要求应用程序的日志级别要达到 info 以上才会记录到 /var/log/messages 中。

但是这里的 * 要排除 mail、authpriv 和 cron 这三个类别，即这三个类别的日志不匹配这条规则，因为这三个类别后面写的级别是 none。

```
authpriv.*                                      /var/log/secure
```

这条规则的意思是，只要应用程序产生的日志是 authpriv 类别的就匹配这条规则，不管日志是哪个级别的，日志都记录到 /var/log/secure 中。

```
mail.*                                          -/var/log/maillog
```

这条规则的意思是，只要应用程序产生的日志是 mail 类别的就匹配这条规则，不管日志是哪个级别的，日志都记录到 /var/log/maillog 中。

```
cron.*                                          /var/log/cron
```

这条规则的意思是，只要应用程序产生的日志是 cron 类别的就匹配这条规则，不管日志是哪个级别的，日志都记录到 /var/log/cron 中。

```
*.emerg                                         :omusrmsg:*
```

这条规则的意思是，不管应用程序产生的日志是哪个类别的，只要日志级别是 emerg，就会通知所有人（所有终端都会有消息提醒）。

```
uucp,news.crit                                  /var/log/spooler
```

这条规则的意思是，只要应用程序产生的日志是 uucp 或 news 类别的就匹配这条规则，不管日志是哪个级别的，日志都记录到 /var/log/spooler 中。

```
local7.*                                        /var/log/boot.log
```

这条规则的意思是，只要应用程序产生的日志是 local7 类别的就匹配这条规则，不管日志是哪个级别的，日志都记录到 /var/log/boot.log 中。

下面开始自己写一条规则,在 vim 编辑模式下,在上面规则的后面添加一条内容。

```
local6.info                                        /var/log/xx.log
```

这条规则的意思是,只要应用程序产生的日志是 local6 类别的就匹配这条规则,但是要求日志的级别要大于等于 info 才能记录到 /var/log/boot.log 中。

保存退出并重启 rsyslog,命令如下。

```
[root@server ~]# systemctl restart rsyslog
[root@server ~]#
```

下面模拟一个应用程序产生一个类别为 local6、级别为 debug 的日志,命令如下。

```
[root@server ~]# logger -p local6.debug "1111"
[root@server ~]#
```

这个命令的意思是,模拟产生一个类别为 local6、级别为 debug 的日志,日志内容为 1111。

这个日志应该会使用配置文件 /etc/rsyslog.conf 中所定义的如下两条规则。

```
*.info;mail.none;authpriv.none;cron.none     /var/log/messages
local6.info                                  /var/log/xx.log
```

第一条规则能匹配到任何类别,但是要求 info 级别以上的日志;第二条能匹配 local6 类别、info 级别以上的日志。但模拟日志仅仅是 debug 级别的,不达标,所以模拟日志是不会被记录的,如下所示。

```
[root@server ~]# ls /var/log/xx.log
ls: 无法访问 '/var/log/xx.log': 没有那个文件或目录
[root@server ~]#
```

现在重新模拟一个 local6 级别为 info 的日志,日志内容为 2222,命令如下。

```
[root@server ~]# logger -p local6.info "2222"
[root@server ~]#
```

按照上面的分析,这个日志会被记录,且会记录到 /var/log/messages 和 /var/log/xx.log 两个日志文件中,下面来验证一下。

```
[root@server ~]# grep 2222 /var/log/messages
Oct  5 19:36:50 server root[378436]: 2222
[root@server ~]#
[root@server ~]# cat /var/log/xx.log
Oct  5 19:36:50 server root[378436]: 2222
[root@server ~]#
```

可以看到，这个日志被记录到两个文件中了。

现在重新模拟一个 local6 级别为 err 的日志，日志内容为 3333，命令如下。

```
[root@server ~]# logger -p local6.err "3333"
[root@server ~]#
```

然后确认这个日志是否被记录，命令如下。

```
[root@server ~]# grep 3333 /var/log/messages
Oct  5 19:39:40 server root[378477]: 3333
[root@server ~]# cat /var/log/xx.log
Oct  5 19:36:50 server root[378436]: 2222
Oct  5 19:39:40 server root[378477]: 3333
[root@server ~]#
```

可以看到，日志现在已经被记录了。

19.2 查看日志

前面分析了 rsyslog 是如何归纳日志信息的，下面来看如何查看日志。

第一种方式就是查看日志文件，因为不同类别的日志被记录到不同的日志文件了，所以我们查看对应的日志文件即可。

（1）查看系统的启动过程，可以通过 /var/log/boot.log 来查看。

（2）查看谁通过 ssh、ftp 等登录系统或尝试登录系统，可以通过 /var/log/secure 来查看。

（3）查看邮件服务器收发邮件的情况，可以通过 /var/log/maillog 来查看。

（4）查看安装或卸载了哪些包，可以通过 /var/log/dnf.log 来查看。

大部分的日志信息都是记录在 /var/log/messages 中的，可以在此日志文件中查找相关信息。

除以上查看日志文件的方式外，还可以通过 journalctl 命令来查看，命令如下。

```
[root@server ~]# journalctl
-- Logs begin at Tue 2021-10-05 01:08:42 CST, end at Thu 2021-10-07 09:01:01 CST. --
10月 05 01:08:42   server.rhce.cc rsyslogd[10878]: processing: omfile: creat>
... 大量输出 ...
lines 1-20
```

直接输入"journalctl"，会显示系统所有的日志。此时显示了一页的日志，按【Esc】键可以退出来，按【Enter】键可以一行一行地往下显示，按空格键可以一页一页地往下显示。

如果想查看最新的日志，命令如下。

```
[root@server ~]# journalctl -f
-- Logs begin at Tue 2021-10-05 01:08:42 CST. --
10 月 07 08:56:40 server.rhce.cc dnf[397697]: Updating Subscription Management
repositories.
10 月 07 08:56:40 server.rhce.cc dnf[397697]: Unable to read consumer identity
    ...输出...
10 月 07 09:01:01 server.rhce.cc run-parts[397744]: (/etc/cron.hourly) finished
0anacron
10 月 07 09:51:49 server.rhce.cc cupsd[1130]: REQUEST localhost - - "POST /
HTTP/1.1" 200 184 Renew-Subscription client-error-not-found
```

此处日志仍然处于打开状态，不会看到终端提示符，如果此时日志有变化，这里会继续输出。按【Ctrl+C】组合键退出。

如果想查看日志中某级别以上的日志，可以加上"-p 级别"选项来查看。例如，查看 emerg 级别的日志，命令如下。

```
[root@server ~]# journalctl -p emerg
-- Logs begin at Tue 2021-10-05 01:08:42 CST, end at Thu 2021-10-07 09:51:49 CST. --
-- No entries --
[root@server ~]#
```

没有任何输出，说明系统中暂时没有 emerg 级别的日志。我们先模拟一个类别为 local6、级别为 emerg 的日志，命令如下。

```
[root@server ~]# logger -p local6.emerg "xxxx"
[root@server ~]#
Broadcast message from systemd-journald@server.rhce.cc (Thu 2021-10-07 10:00:42 CST):

root[398250]: xxxx

Message from syslogd@server at Oct  7 10:00:42 ...
 root[398250]:xxxx
此处按【Enter】键可以显示提示符
[root@server ~]#
```

然后再次查看所有 emerg 级别以上的日志，命令如下。

```
[root@server ~]# journalctl -p emerg
-- Logs begin at Tue 2021-10-05 01:08:42 CST, end at Thu 2021-10-07 10:01:01 CST. --
10 月 07 10:00:42 server.rhce.cc root[398250]: xxxx
[root@server ~]#
```

可以看到，有一条 emerg 级别的日志了。

journalctl 还可以查看某个时间段的日志，格式如下。

```
journalctl --since "时间 1" --until "时间 2"
```

这里 since 指的是起始时间，until 指的是终止时间，整体的意思是查看的是时间 1 和时间 2 之间的日志。例如，要查看自 2021-10-6 20:00:00 到 2021-10-07 10:18:00 且级别要大于等于 err 的日志，命令如下。

```
[root@server ~]# journalctl -p err --since "2021-10-6 20:00:00" --until
"2021-10-07 10:18:00"
-- Logs begin at Tue 2021-10-05 01:08:42 CST, end at Thu 2021-10-07 10:01:01 CST. --
10 月 07 00:01:40 server.rhce.cc systemd[1]: Failed to start dnf makecache.
10 月 07 03:57:40 server.rhce.cc systemd[1]: Failed to start dnf makecache.
10 月 07 07:16:20 server.rhce.cc systemd[1]: Failed to start dnf makecache.
10 月 07 10:00:42 server.rhce.cc root[398250]: xxxx
[root@server ~]#
```

如果没有写 until，则查看的是从 since 所指定的时间点到现在的日志。

作业

1. 在 server2 上定义一条规则，要求当出现类别为 local7 且级别大于等于 alert 的日志时保存在 /var/log/test1.log 文件中。

2. 请列出今天的且级别为 alert 以上的日志。

第20章
网络时间服务器

本章主要介绍网络时间服务器。

- 使用 chrony 配置时间服务器
- 配置 chrony 客户端向服务器同步时间

20.1 时间同步的必要性

一些服务对时间要求非常严格，例如，图 20-1 所示的由三台服务器搭建的 ceph 集群。

图 20-1 三台服务器搭建的集群对时间要求比较高

这三台服务器的时间必须保持一致，如果不一致，就会显示警告信息。那么，如何能让这三台服务器的时间保持一致呢？手动调整时间的方式肯定不行，因为手动调整时间最多只能精确到分，很难精确到秒。而且即使现在时间调整一致了，过一段时间之后，时间可能又不一样了。

所以，需要通过设置让这些服务器的时间能够自动同步，如图 20-2 所示。

这里假设我们有一个时间服务器时间为 7:00，设置 server1 和 server2 向此时间服务器进行时间同步。

假设 server1 当前时间为 6:59，它与时间服务器一对比，"我的时间比时间服务器慢了一分钟"，

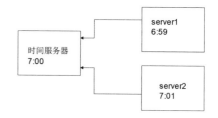

图 20-2 通过时间服务器进行时间同步

然后它主板上的晶体芯片就会跳动得快一些，很快就"追"上了时间服务器的时间。

假设 server2 当前时间是 7:01，它与时间服务器一对比，"我竟然比时间服务器快了一分钟"，然后它主板上的晶体芯片就会跳动得慢一些，"等着"时间服务器。

下面就开始使用 chrony 来配置时间服务器。

20.2 配置时间服务器

实验拓扑图如图 20-3 所示。

这里把 server 配置成时间服务器，server2 作为客户端向 server 进行时间同步。

在安装系统时，如果已经选择了图形化界面，则默认已经把 chrony 这个软件安装上了（如果没有安装，请先看

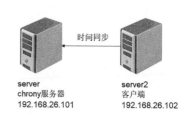

图 20-3 实验拓扑图

后面的软件包管理章节，然后自行安装上去）。

使用 vim 编辑器打开 /etc/chrony.conf，只修改我们能用的几行。

（1）指定所使用的上层时间服务器。

把 `pool 2.rhel.pool.ntp.org iburst` 修改为 `pool 127.127.1.0 iburst`

pool 后面跟的是时间服务器，因为这里把 server 作为 chrony 服务器，没有上一层的服务器，所以上层服务器设置为本地时钟的 IP：127.127.1.0。

这里 iburst 的意思是，如果 chrony 服务器出问题，客户端会发送一系列的包给 chrony 服务器，对服务器进行检测。

（2）指定允许访问的客户端。

修改 allow 所在行，把注释符 # 去掉，并把后面的网段改为 192.168.26.0/24。

把 `#allow 192.168.0.0/16` 修改为 `allow 192.168.26.0/24`

server 配置成时间服务器之后，只允许 192.168.26.0/24 网段的客户端进行时间同步。如果要允许所有客户端都能向此时间服务器进行时间同步，可以写成 allow 0/0 或 allow all。

（3）把 local stratum 前的注释符 # 去掉。

把 `#local stratum 10` 修改为 `local stratum 10`

这行的意思是，即使服务器本身没有和时间服务器保持时间同步，也可以对外提供时间服务，这行注释要取消。

保存退出，去除空白行和注释行之后，最后修改完成的代码如下，加粗字是修改的内容。

```
[root@server ~]# egrep -v '#|^$' /etc/chrony.conf
pool 127.127.1.0 iburst
driftfile /var/lib/chrony/drift
makestep 1.0 3
rtcsync
allow 192.168.26.0/24
local stratum 10
keyfile /etc/chrony.keys
leapsectz right/UTC
logdir /var/log/chrony
[root@server ~]#
```

然后重启 chronyd 这个服务（注意，这里是 chronyd 而不是 chrony），并设置开机自动启动，命令如下。

```
[root@server ~]# systemctl restart chronyd
[root@server ~]# systemctl enable chronyd
[root@server ~]#
```

chrony 用的是 UDP 的 123 和 323，命令如下。

```
[root@server ~]# netstat -nutlp | grep chronyd
udp        0  0  0.0.0.0:123         0.0.0.0:*                408855/chronyd
udp        0  0  127.0.0.1:323       0.0.0.0:*                408855/chronyd
udp6       0  0  ::1:323             :::*                     408855/chronyd
[root@server ~]#
```

在防火墙中把这两个端口开放，命令如下。

```
[root@server ~]# firewall-cmd --add-port=123/udp --permanent
success
[root@server ~]# firewall-cmd --add-port=323/udp --permanent
success
[root@server ~]# firewall-cmd --reload
success
[root@server ~]#
```

这里加上 --permanent 选项的目的是让其永久生效，然后通过 reload 重新加载防火墙规则，让其也立即生效。防火墙的具体设置后面有专门章节讲解。

至此，用 chrony 搭建的时间服务器完成。

20.3 配置 chrony 客户端

把 server2 配置成时间服务器的客户端，也就是 chrony 客户端。

在 server2（IP 地址为 192.168.26.102）上用 vim 编辑器修改 /etc/chrony.conf，修改下面的几行。

（1）修改 pool 那行，指定要从哪台时间服务器同步时间。

由原来的 pool 2.rhel.pool.ntp.org iburst 改为 pool **192.168.26.101** iburst

这里指定时间服务器为 192.168.26.101，即向 192.168.26.101 进行时间同步。

（2）修改 makestep 那行，格式如下。

```
makestep 阈值 limit
```

客户端向服务器同步时间有两种方式：step 和 slew。

step：跳跃着更新时间，如时间由 1 点直接跳到 7 点。

slew：平滑着移动时间，晶体芯片跳动得快一些，就好比秒针的转速"快进"了一样。

如果客户端和服务器的时间相差较多，则通过 step 的方式更新时间；如果客户端和服务器的时间相差不多，则通过 slew 的方式更新时间。那么，时间相差多或不多的标准是什么呢？
就要看时间差是否超过 makestep 后面的阈值了。

举一个例子，makestep 10 3 的意思是，如果客户端和服务器的时间相差 10 秒以上，就认
为客户端和服务器的时间相差较多，则前三次通过 step 的方式更新时间。客户端通过这种方式
会更新得很快，有些应用程序因为时间的突然跳动会带来问题。

如果客户端和服务器的时间相差 10 秒以内，就认为二者时间相差不多，则通过 slew 的方
式更新时间。这种方式更新的速度会比较慢，但比较平稳。

把原来的 `makestep 10 3` 改成 `makestep 200 3`

如果客户端和服务器的时间相差 200 秒以上，就认为二者时间相差较多，则通过 step 的方
式更新时间。

保存退出并重启 chronyd 服务，命令如下。

```
[root@server2 ~]# systemctl restart chronyd
[root@server2 ~]# systemctl enable chronyd
[root@server2 ~]#
```

为了更细致地看到两台机器的时间差，先配置 ssh 使得 server2 可以无密码登录到 server。
先生成密钥对，命令如下。

```
[root@server2 ~]# ssh-keygen -N "" -f /root/.ssh/id_rsa
Generating public/private rsa key pair.
Your identification has been saved in /root/.ssh/id_rsa.
    ...输出...
[root@server2 ~]#
```

配置到 server 的密钥登录，命令如下。

```
[root@server2 ~]# ssh-copy-id 192.168.26.101
    ...输出...
root@192.168.26.101's password: 此处输入 192.168.26.101 的 root 密码
    ...输出...
[root@server2 ~]#
```

给 server2 上通过 date 命令设置时间，使得 server2 和 server 的时间相差 200 秒，命令如下。

```
[root@server2 ~]# date -s "2021-10-08 23:50:00" ; hwclock -w
2021 年 10 月 08 日 星期五 23:50:00 CST
[root@server2 ~]#
```

然后同时显示两台机器的时间，命令如下。

```
[root@server2 ~]# date ; ssh 192.168.26.101 date
```

```
2021 年 10 月 08 日 星期五 23:50:08 CST
2021 年 10 月 08 日 星期五 23:56:34 CST
[root@server2 ~]#
```

可以看到，时间相差了约 6 分钟，即 360 秒。

然后重启 server2 的 chronyd 服务，等待几秒之后再次查看。

```
[root@server2 ~]# date ; ssh 192.168.26.101 date
2021 年 10 月 08 日 星期五 23:57:17 CST
2021 年 10 月 08 日 星期五 23:57:17 CST
[root@server2 ~]#
```

可以看到，时间很快就同步了，因为这是通过 step 的方式同步的。

再次修改时间，命令如下。

```
[root@server2 ~]# date -s "2021-10-09 00:00:00" ; hwclock -w
2021 年 10 月 09 日 星期六 00:00:00 CST
[root@server2 ~]#
[root@server2 ~]# date ; ssh 192.168.26.101 date
2021 年 10 月 09 日 星期六 00:00:03 CST
2021 年 10 月 09 日 星期六 00:01:13 CST
[root@server2 ~]#
```

两台机器的时间相差 1 分 10 秒，即 70 秒，这个值低于 200 秒，即在 makestep 的阈值范围之内，此时客户端向服务器进行时间同步时只能通过 slew 的方式同步。

此时重启 chronyd 服务，也不会保持时间同步，命令如下。

```
[root@server2 ~]# date ; ssh 192.168.26.101 date
2021 年 10 月 09 日 星期六 00:01:54 CST
2021 年 10 月 09 日 星期六 00:03:03 CST
[root@server2 ~]#
```

可以看到，并没有同步，因为 slew 同步的速度比较慢。

此时如果通过执行 chronyc makestep 命令手动 step 同步，则会立即同步时间，命令如下。

```
[root@server2 ~]# chronyc makestep
200 OK
[root@server2 ~]# date ; ssh 192.168.26.101 date
2021 年 10 月 09 日 星期六 00:05:55 CST
2021 年 10 月 09 日 星期六 00:05:55 CST
[root@server2 ~]#
```

这样就可以看到立即同步成功了。

通过 chronyc –n sources –v 查看现在的同步状况，如图 20-4 所示。

```
[root@server2 ~]# chronyc -n sources -v
210 Number of sources = 1

  .-- Source mode  '^' = server, '=' = peer, '#' = local clock.
 / .- Source state '*' = current synced, '+' = combined , '-' = not combined,
| /   '?' = unreachable, 'x' = time may be in error, '~' = time too variable.
||                                          .- xxxx [ yyyy ] +/- zzzz
||        Reachability register (octal) -.   |  xxxx = adjusted offset,
||        Log2(Polling interval) --.      |   |  yyyy = measured offset,
||                                  \      |   |  zzzz = estimated error.
||                                   |     |   |      \
MS Name/IP address              Stratum Poll Reach LastRx Last sample
===============================================================================
^* 192.168.26.101                    10   6   377    36    +75us[ +190us] +/-  214us
[root@server2 ~]#
```

图 20-4　查看同步状况

可以看到，server2 是向 192.168.26.101 进行时间同步的。

配置 server2，使其向阿里云的时间服务器同步时间，阿里云时间服务器的地址是 ntp.aliyun.com。

第21章
计划任务

本章主要介绍如何创建计划任务。

- 使用 at 创建计划任务
- 使用 crontab 创建计划任务

有时需要在某个指定的时间执行一个操作，此时就要使用计划任务了。计划任务有两种：一个是 at 计划任务，另一个是 crontab 计划任务。

下面我们分别来看这两种计划任务的使用方法。

21.1 at

at 计划任务是一次性的，到了指定的时间点就开始执行指定的命令，执行完成之后，不会重复执行这个命令。

首先查看系统中是否存在 at 计划任务，命令是 atq 或 at -l（字母 l），命令如下。

```
[root@server ~]# atq
[root@server ~]#
[root@server ~]# at -l
[root@server ~]#
```

这两个命令都没有任何输出，说明当前系统中并不存在任何计划任务。下面开始创建 at 计划任务，at 的用法如下。

```
at 时间点 <按【Enter】键>
> 输入要执行的命令
Ctrl+D 提交
```

例如，要在 2025 年 12 月 12 日执行 hostname 命令，命令如下。

```
[root@server ~]# at 2025-12-12
warning: commands will be executed using /bin/sh
at> hostname
at> <EOT> 此处按【Ctrl+D】组合键
job 1 at Fri Dec 12 19:11:00 2025
[root@server ~]#
```

这里只是指定了日期，并没有指定在 2025 年 12 月 12 日的几点执行。那么，创建这个计划任务时是几点几分，例如，这里是在 19 点 11 分创建的 at 计划任务，那么到了 2025 年 12 月 12 日的 19 点 11 分就要自动执行 hostname 命令了。

如果要指定某个时间点，格式如下。

```
at 时间 日期 <按【Enter】键>
> 输入要执行的命令
Ctrl+D 提交
```

例如，要在 2025 年 12 月 12 日上午 10 点执行 hostname 命令，命令如下。

```
[root@server ~]# at 10:00 2025-12-12
warning: commands will be executed using /bin/sh
at> hostname
at> <EOT>
job 2 at Fri Dec 12 10:00:00 2025
[root@server ~]#
```

注意

（1）这里是 24 小时制的，所以 10:00 指的是上午 10 点，如果想指定下午 10 点，则要写成 22:00。

（2）写时间最多只能精确到分，不能精确到秒。

这里上午用 am 表示，下午用 pm 表示。例如，要在 2025 年 12 月 12 日下午 10 点执行 hostname 命令，命令如下。

```
[root@server ~]# at 10pm 2025-12-12
warning: commands will be executed using /bin/sh
at> hostname
at> <EOT>
job 3 at Fri Dec 12 22:00:00 2025
[root@server ~]#
```

at 也支持某天之后的某个时间点运行一个命令。例如，要在 3 天之后的下午 4 点执行 hostname 命令，命令如下。

```
[root@server ~]# at 4pm + 3days
warning: commands will be executed using /bin/sh
at> hostname
at> <EOT>
job 4 at Mon Nov 15 16:00:00 2021
[root@server ~]#
```

这里"+"两边有没有空格都可以，days 可以换成 weeks，表示 3 周之后的下午 4 点。

如果想在第二天的下午 4 点执行 hostname 命令，命令如下。

```
[root@server ~]# at 4pm + 1days
warning: commands will be executed using /bin/sh
at> hostname
at> <EOT>
job 5 at Sat Nov 13 16:00:00 2021
[root@server ~]#
```

或者用关键字 tomorrow，如果使用关键字 tomorrow，则不需要加"+"，命令如下。

```
[root@server ~]# at 4pm tomorrow
warning: commands will be executed using /bin/sh
at> hostname
at> <EOT>
job 6 at Sat Nov 13 16:00:00 2021
[root@server ~]#
```

上面的两条命令都是表示第二天的下午 4 点执行 hostname 命令。

这样的关键字还包括 today，表示"今天"。例如，要在今天下午 10 点执行 hostname 命令，命令如下。

```
[root@server ~]# at 10pm today
warning: commands will be executed using /bin/sh
at> hostname
at> <EOT>
job 7 at Fri Nov 12 22:00:00 2021
[root@server ~]#
```

如果是今天执行一个命令，关键字 today 是可以不写的，不写日期默认就是"今天"。

```
[root@server ~]# at 10pm
warning: commands will be executed using /bin/sh
at> hostname
at> <EOT>
job 8 at Fri Nov 12 22:00:00 2021
[root@server ~]#
```

如果要表示几分钟或几小时之后，可以用关键字 now。例如，要在 2 小时之后执行 hostname 命令，命令如下。

```
[root@server ~]# at now+2hours
warning: commands will be executed using /bin/sh
at> hostname
at> <EOT>
job 9 at Fri Nov 12 13:23:00 2021
[root@server ~]#
```

如果想 1 分钟之后删除 /tmp 下面所有的内容，命令如下。

```
[root@server ~]# at now+1minutes
warning: commands will be executed using /bin/sh
at> rm -rf /tmp/*
at> <EOT>
job 10 at Fri Nov 12 11:25:00 2021
[root@server ~]#
```

1 分钟之后就是 11 点 25 分，开始执行 rm -rf /tmp/* 命令。下面来验证一下，先查看 /tmp

中的内容。

```
[root@server ~]# date ; ls /tmp
2021 年 11 月 12 日 星期五 11:24:51 CST
    ... 输出 ...
vmware-root_943-4013723344
[root@server ~]#
```

现在是 11 点 24 分，等一会到 11 点 25 分时再次查看 /tmp 中的内容。

```
[root@server ~]# date ; ls /tmp
2021 年 11 月 12 日 星期五 11:25:02 CST
[root@server ~]#
```

可以看到，/tmp 中的内容已经被清空。

到现在为止已经做了很多个 at 计划任务了，现在来查看一下有多少个了。通过 atq 或 at -l 都可以查看。

```
[root@server ~]# atq
1   Fri Dec 12 19:11:00 2025 a root
2   Fri Dec 12 10:00:00 2025 a root
3   Fri Dec 12 22:00:00 2025 a root
4   Mon Nov 15 16:00:00 2021 a root
5   Sat Nov 13 16:00:00 2021 a root
6   Sat Nov 13 16:00:00 2021 a root
7   Fri Nov 12 22:00:00 2021 a root
8   Fri Nov 12 22:00:00 2021 a root
9   Fri Nov 12 13:23:00 2021 a root
[root@server ~]#
```

可以看到，每个 at 计划任务前都有一个编号。如果要删除某个 at 计划任务，可以用如下命令。

```
atrm N 或
at -d N
```

这里 N 指的是 atq 查看结果中前面的编号。

假设现在要删除编号为 9 的 at 计划任务，命令如下。

```
[root@server ~]# atrm 9
[root@server ~]#
```

如果删除编号为 5 到 8 的这些 at 计划任务，命令如下。

```
[root@server ~]# atrm {5..8}
```

查看现在还有的 at 计划任务，命令如下。

```
[root@server ~]# atq
1   Fri Dec 12 19:11:00 2025 a root
2   Fri Dec 12 10:00:00 2025 a root
3   Fri Dec 12 22:00:00 2025 a root
4   Mon Nov 15 16:00:00 2021 a root
[root@server ~]#
```

可以看到，5 到 9 都已经删除了，现在只剩下 1 到 4 了。

查看 at 计划任务的具体内容，命令如下。

```
at -c N
```

这里 N 指的是 atq 查看结果中前面的编号。例如，要查看第一个 at 计划任务的内容，可以通过如下命令。

```
[root@server ~]# at -c 1 | tail -3
${SHELL:-/bin/sh} << 'marcinDELIMITER3efac337'
hostname
marcinDELIMITER3efac337
[root@server ~]#
```

这里 at -c 1 的结果太多，所以通过管道传递给 tail 命令，获取最后 3 行的内容。可以看到，第一个 at 计划任务中执行的命令是 hostname。

任何用户都是可以创建 at 计划任务的，下面使用 tom 用户创建一个 at 计划任务。在第二个终端中使用 tom 登录，然后用 atq 查看是否有 at 计划任务。

```
[tom@server ~]$ atq
[tom@server ~]$
```

可以看到，tom 用户并没有 at 计划任务。下面使用 tom 用户随便创建一个 at 计划任务，例如，要在 3 小时之后执行 hostname 命令。

```
[tom@server ~]$ at now+3hours
warning: commands will be executed using /bin/sh
at> hostname
at> <EOT>
job 11 at Fri Nov 12 21:21:00 2021
[tom@server ~]$
```

这里是可以正常创建的，如果要禁止哪个用户创建 at 计划任务，只要把这个用户名写入 /etc/at.deny 中即可，一行一个用户。下面练习禁止 tom 用户创建 at 计划任务，使用 root 做如下操作。

```
[root@server ~]# echo tom > /etc/at.deny
[root@server ~]# cat /etc/at.deny
```

```
tom
[root@server ~]#
```

凡是出现在 /etc/at.deny 文件中的用户都是不允许创建 at 计划任务的。切换到 tom 用户创建 at 计划任务。

```
[tom@server ~]$ at now+1hours
You do not have permission to use at.
[tom@server ~]$
```

可以看到，tom 用户已经没有权限创建了。

如果想继续允许 tom 用户创建 at 计划任务，有以下两种方法。

（1）把 tom 用户从 /etc/at.deny 中删除。

（2）把 tom 用户添加到 /etc/at.allow 中。

/etc/at.allow 这个文件默认不存在，需要创建出来，且 at.allow 的优先级要高于 at.deny，所以 tom 如果同时出现在这两个文件中，那么 at.allow 生效。

下面设置 tom 用户可以创建 at 计划任务，使用 root 做如下操作。

```
[root@server ~]# echo tom > /etc/at.allow
[root@server ~]# cat /etc/at.allow
tom
[root@server ~]# cat /etc/at.deny
tom
[root@server ~]#
```

现在 tom 用户在 at.allow 和 at.deny 中都存在，at.allow 生效，所以 tom 用户是可以创建 at 计划任务的。切换到 tom 用户创建 at 计划任务。

```
[tom@server ~]$ at now+1hours
warning: commands will be executed using /bin/sh
at> 这里能看到提示符，然后按【Ctrl+C】组合键
at> ^C[tom@server ~]$
[tom@server ~]$
```

这里可以看到 at 提示符，说明 tom 用户可以创建 at 计划任务了，按【Ctrl+C】组合键终止。

21.2 crontab

at 计划任务是一次性的，执行完成就结束，不会重复执行。如果想定期执行某个任务，例如，每周日凌晨 2 点执行一个命令，这时就要用到 crontab 了。

查看当前用户是否有 crontab 计划任务，可以用 crontab -l 命令。如果要查看其他用户是否有 crontab 计划任务，可以用 "crontab -l -u 用户名" 命令，不过 -u 选项只有 root 才能用。

步骤 ❶：使用 root 用户查看自己有没有 crontab 计划任务，命令如下。

```
[root@server ~]# crontab -l
no crontab for root
[root@server ~]#
```

步骤 ❷：使用 root 用户查看 tom 用户是否有 crontab 计划任务，命令如下。

```
[root@server ~]# crontab -l -u tom
no crontab for tom
[root@server ~]#
```

创建 crontab 计划任务的命令是 crontab -e，如果为其他用户创建 crontab 计划任务，则用 "crontab -e -u 用户名" 命令。当使用 crontab -e 命令时，会打开一个临时文件，用与 vim 一样的语法来编辑此文件即可。先按【i】键进入插入模式，编辑完成之后，按【Esc】键退回到命令模式，在末行模式中输入 "wq" 保存退出。在此文件中凡是以 "#" 开头的，都是注释行。

crontab 定义计划任务的语法如下。

```
分  时  天  月  周  命令
```

> **注意**
>
> 因为在 crontab 中使用的并非系统的 PATH 变量，所以此处语法中要执行的命令最好能加上路径，例如，要执行 ifconfig 命令，则写作 /sbin/ifconfig；要执行 hostname 命令，则写作 /bin/hostname。命令的路径可以通过 which 命令来查询。

几个时间单位的意义如下。

（1）分：几点几分的分。

（2）时：几点，24 小时制。

（3）天：几号。

（4）月：几月份。

（5）周：星期几。

这几个时间单位可以用空格，也可以用【Tab】键来分隔。

如果不考虑某个时间单位，例如，不管今天是几号，只要不是周末我们就上班，不考虑"天"的情况下，那么可以用 * 表示。

这里每个时间点都可以写多个值，用英文逗号 ","隔开，例如，在分的位置写 "0,1,5,10"，表示 0 分、1 分、5 分、10 分。

也可以用横杠 "-"表示 "到"的意思，例如，在分的位置写 "0-10"，表示 0 到 10 分。

这里"0-10"的完整写法是"0-10/1"，表示从 0 分到 10 分的每一分钟，从 0 开始每次增加 1，然后到 10。如果表示"每 N 分钟"，则写成"0-10/N"，例如，0 到 10 中每 2 分钟，则写成"0-10/2"，表示 0 分、2 分、4 分、6 分、8 分、10 分。

练习 1：每天上午 7 点整执行 hostname 命令，如果写成如下命令。

```
#分 时  天    月    周
 *  7  *    *    *          hostname
```

这种写法是不对的，第一个位置是分，这里写成了 *，表示 7 点的每一分，包括 0 分、1 分……但是所谓 7 点整的意思是 7 点 0 分，所以要写成如下命令。

```
#分 时  天    月    周
 0  7  *    *    *          hostname
```

练习 2：每周一到周五的上午 7 点整执行 hostname 命令，命令如下。

```
#分 时    天    月    周
 0  7    *    *    1,2,3,4,5       hostname
```

这里可以写成如下命令。

```
#分 时    天    月    周
 0  7    *    *    1-5       hostname
```

这里 1-5 表示周一到周五，如果是周六的上午 7 点整，就不会执行 hostname 命令。

练习 3：第一季度中每周一到周五的上午 7 点整执行 hostname 命令，命令如下。

```
#分 时    天    月    周
 0  7    *    1-3  1-5          hostname
```

一年的第一季度是 1 到 3 月份，这里分、时、月、周（没有天）是"和"的关系，这 4 个时间单位必须都满足才能执行 hostname 命令。

所以，5 月份的周三上午 7 点整是不会执行 hostname 命令的，因为"月"没有满足条件。

练习 4：第一季度中每月上旬的上午 7 点整执行 hostname 命令，命令如下。

```
#分 时    天    月    周
 0  7    1-10  1-3  *          hostname
```

一年的第一季度是 1 到 3 月份，每月上旬是 1 到 10 日，这里分、时、天、月（没有周）是"和"的关系，这 4 个时间单位必须都满足才能执行 hostname 命令。

所以，5 月 8 日上午 7 点整是不会执行 hostname 命令的，因为"月"没有满足条件。

大家要记住，"天"和"周"是"或"的关系，即

（1）分、时、月、周同时满足了，即使"天"不满足条件，也会执行指定的命令。

（2）分、时、天、月同时满足了，即使"周"不满足条件，也会执行指定的命令。

练习 5：在 5 个时间点都写的情况，命令如下。

```
#分 时    天      月      周
 0  7    1-10   1-3    1-5        hostname
```

这里天和周的位置都写了，本句的意思并不是说每年 1 到 3 月份的上旬，且要满足周一到周五的上午 7 点整才执行 hostname 命令。

这句的意思是每年的 1 到 3 月份这 3 个月，每月 1 到 10 日或周一到周五（二者满足其一），上午 7 点整都会执行 hostname 命令。这条其实综合了上面练习 3 和练习 4 中的意思。

现在最终的 crontab 计划任务内容如下。

```
[root@server ~]# crontab -l
#分    时    天      月      周          命令
 0     7     *      *       *          hostname
   ...输出...
 0     7     1-10   1-3     1-5        hostname
[root@server ~]#
```

如果要编辑 crontab 计划任务，通过 crontab -e 来重新编辑；如果要删除，执行 crontab -r 命令即可，命令如下。

```
[root@server ~]# crontab -r
[root@server ~]# crontab -l
no crontab for root
[root@server ~]#
```

普通用户也是可以创建 crontab 计划任务的，如果不想让这个用户创建 crontab 计划任务，则把这个用户写入 /etc/cron.deny 中即可，一行一个用户。这个文件默认为空，命令如下。

```
[root@server ~]# cat /etc/cron.deny
[root@server ~]#
```

如果不希望 tom 用户创建 crontab 计划任务，则把 tom 用户写入这个文件中，命令如下。

```
[root@server ~]# echo tom > /etc/cron.deny
[root@server ~]# cat /etc/cron.deny
tom
[root@server ~]#
```

在第二个标签中用 tom 登录，然后测试创建一个 crontab 计划任务，命令如下。

```
[tom@server ~]$ crontab -e
You (tom) are not allowed to use this program (crontab)
See crontab(1) for more information
```

```
[tom@server ~]$
```

可以看到，tom 用户现在无法创建 crontab 计划任务了。

如果又想让 tom 用户可以创建 crontab 计划任务，有以下两种方法。

（1）把 tom 用户从 /etc/cron.deny 中删除，这种方法大家自行练习。

（2）创建 /etc/cron.allow，这个文件默认不存在，把 tom 用户名写到此文件中，命令如下。

```
[root@server ~]# ls /etc/cron.allow
ls: 无法访问 '/etc/cron.allow': 没有那个文件或目录
[root@server ~]# echo tom > /etc/cron.allow
[root@server ~]#
```

现在 tom 既出现在 /etc/cron.allow 中，又出现在 /etc/cron.deny 中，命令如下。

```
[root@server ~]# cat /etc/cron.allow
tom
[root@server ~]# cat /etc/cron.deny
tom
[root@server ~]#
```

此时 cron.allow 生效。

在第二个标签中用 tom 登录，crontab 计划任务是能够创建的。

系统中也自带一些 crontab 计划任务，在 /etc 中存在几个以 cron 开头的目录，命令如下。

```
[root@server ~]# ls /etc/cron*
/etc/cron.allow  /etc/cron.deny  /etc/crontab

/etc/cron.d:
0hourly  raid-check

/etc/cron.daily:
logrotate

/etc/cron.hourly:
0anacron

/etc/cron.monthly:

/etc/cron.weekly:
[root@server ~]#
```

每天都会执行一次 /etc/cron.daily 中的脚本，每小时都会执行一次 /etc/cron.hourly 中的脚本，每月都会执行一次 /etc/cron.monthly 中的脚本，每周都会执行一次 /etc/cron.weekly 中的脚本。

1. 使用 root 用户创建一个 at 计划任务，要求在 2022 年 12 月 21 日下午 10 点执行一个 /bin/aa.sh 命令（这里假设 /bin/aa.sh 已经存在）。

2. 使用 root 用户为 lduan 创建一个 crontab 计划任务，要求每隔 5 分钟执行一个 hostname -s 命令。

3. 为 root 用户创建一个 crontab 计划任务，要求每周日凌晨 2 点执行 /bin/full_back.sh 脚本（这里假设 /bin/full_back.sh 已经存在）。

第22章

用bash写脚本

本章主要介绍如何使用 bash 写脚本。

- ♦ 了解通配符
- ♦ 了解变量
- ♦ 了解返回值和数值运算
- ♦ 数值的对比
- ♦ 判断语句
- ♦ 循环语句

grep 的用法是 "grep 关键字 file"，意思是从 file 中过滤出含有关键字的行。

例如，grep root /var/log/messages，意思是从 /var/log/messages 中过滤出含有 root 的行。这里很明确的是过滤含有 "root" 的行。

如果想在 /var/log/messages 中过滤出含有 IP 地址的行呢？IP 地址就是一类字符，例如，1.1.1.1 是一个 IP，192.168.26.100 也是一个 IP，那么用什么能表示出来这一类字符呢？

不管是通配符还是正则表达式，都是为了模糊匹配，为了匹配某一类内容，而不是具体的某个关键字。通配符一般用在 shell 语言中，正则表达式一般用在其他语言中。

不管是通配符还是正则表达式，主要是理解它们的元字符，然后用元字符来组合成我们想要的那一类字符，本章主要讲解通配符的使用。

像我们平时说的张某某，这个某就是一个元字符，不是一个定值。指的是姓张，名字含有 2 个字。张某某可能匹配到张二狗，也可能匹配到张阿猫，但是无法匹配到李阿三，也匹配不了张三，因为张某某匹配的是姓名为 3 个字的，但是张三这个姓名只有 2 个字。

如果说有一个人姓 "张" 名 "某"，那么需要匹配 "张某" 这个人，而不是要匹配张三、张四，可以用张 \ 某，某前加个 "\" 表示转义的意思。

22.1 通配符

通配符一般用在 shell 语言中，通配符中常见的元字符如下。

（1）[ ]：匹配一个字符，匹配的是出现在中括号中的字符。

（2）[abc]：匹配一个字符，且只能是 a 或 b 或 c。

（3）[a-z]："–" 有特殊意义，表示 "到" 的意思，这里表示 a~z，即匹配任一字母。

（4）[0-9]：表示匹配任一数字。

如果想去除含有特殊意义的字符，前面加 "\" 表示转义，即去除此字符的特殊意义。

（5）[a\-z]：这里的 "–" 就没有 "到" 的意思了，匹配的是 "a" 或 "–" 或 "z" 这三个中的一个。

如果想表示 "除了" 的意思，则在第一个中括号后面加 "!" 或 "^"。

（6）[!a-z]、[^a-z]：表示除字母外的其他字符。

（7）?：表示一个任意字符，这里强调是一个，不是 0 个也不是多个，但不能匹配表示隐藏文件的点。

（8）*：表示任意多个任意字符，可以是 0 个，也可以是 1 个或多个，但不能匹配表示隐藏文件的点。

练习：先创建目录 xx 并在目录中创建如下几个测试文件，命令如下。

```
[root@server ~]# mkdir xx
[root@server ~]# cd xx
[root@server xx]# touch 1_aa   aa11   Aa11   _aaa   aa.txt   f1aa   u_12
[root@server xx]#
```

找出首字符是字母、第二个字符是数字的文件，命令如下。

```
[root@server xx]# ls [a-z][0-9]*
f1aa
[root@server xx]#
```

找出首字符是字母、第二个字符不是数字的文件，命令如下。

```
[root@server xx]# ls [a-z][^0-9]*
aa11   Aa11   aa.txt   u_12
[root@server xx]#
```

找出首字符不是字母、第二个字符不是数字的文件，命令如下。

```
[root@server xx]# ls [^a-z][^0-9]*
1_aa   _aaa
[root@server xx]#
```

可以看到，找出来的文件完全符合我们的需求。下面找出首字符是大写字母、第二个字符是非数字的文件，命令如下。

```
[root@server xx]# ls
1_aa   aa11   Aa11   _aaa   aa.txt   f1aa   u_12
[root@server xx]# ls [A-Z][!0-9]*
Aa11   u_12
[root@server xx]#
```

可以看到，首字符是大写字母的文件列出来了，首字符是小写字母的文件有的列出来了，有的没有列出来，所以 [a-z] 或 [A-Z] 有时并不精确。如果要更精确，可以用如下元字符。

（1）[[:upper:]]：纯大写。

（2）[[:lower:]]：小写。

（3）[[:alpha:]]：字母。

（4）[[:alnum:]]：字母和数字。

（5）[[:digit:]]：数字。

列出首字符是小写字母、第二个字符是数字的文件，命令如下。

```
[root@server xx]# ls [[:lower:]][0-9]*
f1aa
```

```
[root@server xx]#
```

列出首字符是大写字母、第二个字符是数字或字母的文件，命令如下。

```
[root@server xx]# ls [[:upper:]][[:alnum:]]*
Aa11
[root@server xx]#
```

如果想在 yum 源中列出所有以 vsftpd 开头的包，可以用如下命令。

```
[root@server xx]# yum list vsftpd*
    ... 输出 ..
可安装的软件包
vsftpd.x86_64                    3.0.3-33.el8
aa
[root@server xx]#
```

在当前目录中创建一个文件 vsftpdxxx，命令如下。

```
[root@server xx]# touch vsftpdxxx
[root@server xx]#
```

然后再执行 yum list vsftpd* 命令，命令如下。

```
[root@server xx]# yum list vsftpd*
    ... 输出 ...
错误：没有匹配的软件包可以列出
[root@server xx]#
```

此处显示没有匹配的包，为什么呢？因为 yum 是 bash 的一个子进程，vsftpd* 在 bash 中首先被解析成了 vsftpdxxx，然后再经过 yum。所以，本质上执行的是 yum list vsftpdxxx 命令，而 yum 源中是没有 vsftpdxxx 这个包的，所以报错。

为了防止 bash 对这里的 * 进行解析，可以加上转义符 "\"，所以下面的命令是正确的。

```
[root@server xx]# yum list vsftpd\*
    ... 输出 ...
可安装的软件包
vsftpd.x86_64                    3.0.3-33.el8          aa
[root@server xx]#
```

22.2 变量

所谓变量，指的是可变的值，并非具体的值。例如，我自己嘴中发出的"我"，指的是我自己，张三嘴中发出的"我"，指的是张三，那么这个"我"就是一个变量。

变量可以分为本地变量、环境变量、位置变量和预定义变量。

22.2.1 本地变量

定义本地变量的格式如下。

变量名 = 值

定义变量有以下几点需要注意。

（1）变量名可以包含 _、数字、大小写字母，但不能以数字开头。

（2）"="两边不要有空格。

（3）"值"如果含有空格，要使用单引号' '或双引号" "引起来。

（4）定义变量时，变量名前是不需要加 $ 的，引用变量时需要在变量名前加 $。

本章实验都放在 ~/yy 中练习，命令如下。

```
[root@server xx]# cd
[root@server ~]# mkdir yy ; cd yy
[root@server yy]#
```

下面开始练习定义变量，命令如下。

```
[root@server yy]# 1aa=123
bash: 1aa=123: 未找到命令 ...
[root@server yy]#
```

这里定义变量不正确，因为变量名不能以数字开头，命令如下。

```
[root@server yy]# aa-1=123
bash: aa-1=123: 未找到命令 ...
[root@server yy]#
```

这里定义变量不正确，因为变量名只能是字母、数字、下划线的组合，命令如下。

```
[root@server yy]# aa =123
bash: aa: 未找到命令 ...
[root@server yy]#
```

这里的错误是因为等号左边有空格。

```
[root@server yy]# aa=1 2
bash: 2: 未找到命令 ...
[root@server yy]#
```

这里的错误是因为"值"部分有空格没有用引号引起来。

```
[root@server yy]# aa=123
[root@server yy]#
```

这里正确地定义了一个变量。

在使用本地变量时，变量名前需要加 $，命令如下。

```
[root@server yy]# echo $aa
123
[root@server yy]#
```

本地变量的特点是只能影响当前 shell，不能影响子 shell。

```
[root@server yy]# echo $aa
123
[root@server yy]# echo $$
620514
[root@server yy]#
```

当前 shell 的 PID 是 620514。下面打开一个子 shell。

```
[root@server yy]# bash
[root@server yy]# echo $$
620956
[root@server yy]#
```

这个子 shell 的 PID 是 620956。

```
[root@server yy]# echo $aa

[root@server yy]#
```

可以看到，没有 aa 变量。

```
[root@server yy]# exit
exit
[root@server yy]# echo $$
620514
[root@server yy]# echo $aa
123
[root@server yy]#
```

再次退回到原来的 bash，又有了 aa 变量，情形如图 22-1 所示。

定义变量除刚才显式的定义外，还可以使用如下两种方法。

方法 1：把一个命令的结果赋值给一个变

图 22-1　本地变量不会作用到子 shell

量，这个变量要使用 $() 括起来，或者用反引号 `` 引起来。这里是反引号，与波浪号 ~ 是同一个键，不是单引号。

例如，定义一个名称是 ip 的变量，对应的值是 ens160 的 IP，命令如下。

```
[root@server yy]# ip=$(ifconfig ens160 | awk '/inet /{print $2}')
[root@server yy]# echo $ip
192.168.26.101
[root@server yy]#
```

方法 2：通过 read 命令来获取变量。

read 的用法如下。

```
read -p "提示信息" 变量
```

当遇到 read 命令时，系统会等待用户输入，用户所输入的值会赋值给 read 后面的变量，命令如下。

```
[root@server yy]# read -p "请输入您的名字：" aa 按【Enter】键
请输入您的名字：tom
[root@server yy]# echo $aa
tom
[root@server yy]#
```

当执行 read 这条命令时，系统会提示用户输入一些内容，所输入的内容会赋值给 aa 变量。这里我们输入的是 tom，所以打印 aa 变量时，看到的值是 tom。

这样的用法比较适合写需要和用户交互的脚本。

22.2.2 环境变量

定义环境变量的注意点和本地变量是一样的。在定义环境变量时，前面加上 export 即可，命令如下。

```
[root@server yy]# export bb=123
[root@server yy]#
```

或者先定义为本地变量，然后再通过 export 转变为环境变量，命令如下。

```
[root@server yy]# bb=123
[root@server yy]# export bb
[root@server yy]#
```

要想查看所有的环境变量，可以执行 env 命令。

环境变量的特点是可以影响子 shell，这里强调的是子 shell，不能影响父 shell。

```
[root@server yy]# echo $$
620514
[root@server yy]# echo $bb
123
[root@server yy]#
```

当前 shell 的 PID 是 620514，里面有一个环境变量 bb。

```
[root@server yy]# bash
[root@server yy]# echo $$
621231
[root@server yy]# echo $bb
123
[root@server yy]#
```

打开一个子 shell，PID 为 621231，里面可以看到 bb 变量的值，说明环境变量已经影响到子 shell 了。

```
[root@server yy]# export bb=456
[root@server yy]# exit
exit
[root@server yy]#
```

在子 shell 中重新给 bb 赋值为 456，然后退回到父 shell。

```
[root@server yy]# echo $$
620514
[root@server yy]# echo $bb
123
[root@server yy]#
```

可以看到，在父 shell 中，bb 的值仍然是 123，说明在子 shell 中定义的变量不会影响到父 shell，如图 22-2 所示。

系统中默认已经存在很多个变量，如下所示。

（1）UID：表示当前用户的 uid。

（2）USER：表示当前用户名。

（3）HOME：表示当前用户的家目录。

分别显示这些变量的值，命令如下。

图 22-2　环境变量可以作用到子 shell

```
[root@server yy]# echo $UID
0
[root@server yy]# echo $USER
root
[root@server yy]# echo $HOME
```

```
/root
[root@server yy]#
```

有一个很重要的环境变量 PATH，当我们执行命令时，一定要指定这个命令的路径，如果没有写路径，则会到 PATH 变量所指定的路径中进行查询。先查看当前用户的 PATH 变量，命令如下。

```
[root@server yy]# echo $PATH
/usr/local/sbin:/usr/local/bin:/usr/sbin:/usr/bin:/root/bin
[root@server yy]#
```

PATH 变量由多个目录组成，每个目录之间用冒号 ":" 分隔，我们把写好的脚本放在PATH 变量指定的目录中之后，运行此脚本时就不需要指定路径了。

查看 tom 用户的 PATH 变量，命令如下。

```
[tom@server ~]$ echo $PATH
/home/tom/.local/bin:/home/tom/bin:/usr/local/bin:/usr/bin:/usr/local/
sbin:/usr/sbin
[tom@server ~]$
```

这里展示了 tom 用户的 PATH 变量，如果 tom 写了一个脚本之后，就可以把这个脚本放在自己家目录下的 .local/bin 或 bin 目录下（~/.local/bin 或 ~/bin）。如果这两个目录不存在，创建出来即可。

以上定义的环境变量也只是在当前终端中生效，关闭终端之后这个变量也就消失了。如果想让定义的变量永久生效，可以写入家目录的 .bash_profile 中。因为打开终端时，首先会运行家目录下的一个隐藏文件 .bash_profile。

22.2.3 位置变量和预定义变量

运行脚本时，有时后面是需要加上参数的。但是我们在写脚本时并不能预知后期在脚本后面跟上什么参数，这时就能用到位置变量了，位置变量如下。

$0 ：表示脚本的名称。

$1 ：表示第 1 个参数。

$2 ：表示第 2 个参数。

……

${10} ：表示第 10 个参数。

……

这里 $ 后面的数字如果不是个位数，则要用 {} 括起来。

系统中还内置了一些预定义变量。

$#：表示参数的个数。

$*：表示所有的参数。

例 1：写一个带参数的脚本，内容如下。

```
[root@server yy]# cat sc1.yaml
#!/bin/bash
echo "这是我的第一个脚本，脚本的名称是 $0"
echo "第 1 个参数是：$1"
echo "第 2 个参数是：$2"
echo "第 3 个参数是：$3"
echo "此脚本一共有 $# 个参数，它们分别是：$*"
[root@server yy]#
```

给这个脚本加上可执行权限，并加参数运行，命令如下。

```
[root@server yy]# chmod +x sc1.yaml
[root@server yy]# ./sc1.yaml tom bob mary
这是我的第一个脚本，脚本的名称是 ./sc1.yaml
第 1 个参数是：tom
第 2 个参数是：bob
第 3 个参数是：mary
此脚本一共有 3 个参数，它们分别是：tom bob mary
[root@server yy]#
```

运行这个脚本时，共指定了 3 个参数：tom、bob、mary，它们分别赋值给了 $1、$2、$3。
这里 $# 被自动赋值为 3，因为总共有 3 个参数，所有的参数被赋值给 $*。

例 2：运行如下命令。

```
[root@server yy]# set a b c d e f g h i j k
[root@server yy]#
```

查看此命令的第 1 个和第 9 个参数，命令如下。

```
[root@server yy]# echo $1
a
[root@server yy]# echo $9
i
[root@server yy]#
```

第 1 个参数是 a，第 9 个参数是 i。下面查看第 10 个参数，命令如下。

```
[root@server yy]# echo $10
a0
[root@server yy]#
```

第 9 个参数是 i，那么第 10 个参数应该是 j 才对，这里显示为 a0，为什么呢？因为这里先

把 $10 当成了 $1+0，$1 的值是 a，所以 $10 的值为 a0。

所以，在位置变量中数字超过 10 时，要用 {} 括起来，下面的命令才是正确的。

```
[root@server yy]# echo ${10}
j
[root@server yy]#
```

另外，在引用变量时，双引号和单引号是有区别的，直接看一个例子。

```
[root@server yy]# xx=tom
[root@server yy]# echo "my name is $xx"
my name is tom
[root@server yy]# echo 'my name is $xx'
my name is $xx
[root@server yy]#
```

这里先定义一个变量 xx=tom，如果变量在双引号中引用，则会被解析成具体的值；如果变量出现在单引号中，则不被解析。

22.3 返回值

执行某命令之后，结果不是正确的就是错误的。命令正确执行了，返回值为 0，如果没有正确执行则返回值为非零。返回值为非零，不一定是语法错误，执行结果如果有"否定"的意思，返回值也为非零。例如，ping 192.168.26.3，语法没有错误，但是没有 ping 通，返回值也为非零。

返回值记录在 $? 中，且 $? 只记录刚刚执行过命令的返回值。因为 $? 的值会被新执行命令的返回值覆盖。

练习：先执行一个 xxx 命令，命令如下。

```
[root@server yy]# xxx
bash: xxx: 未找到命令 ...
[root@server yy]# echo $?
127
[root@server yy]# echo $?
0
[root@server yy]#
```

先执行一个 xxx 命令，这个命令是错误的命令，$? 记录的是刚刚执行过 xxx 命令的返回值。所以，查看 $? 的值是 127，是一个非零的值。再次查看 $? 的值时，却变成了 0，因为这个 $? 记录的不再是 xxx 命令的返回值，而是它前面执行过的 echo $? 命令的返回值。

逻辑上"否定"的意思也是可以体现出来的。例如，下面的例子。

```
[root@server yy]# grep ^root /etc/passwd
root:x:0:0:root:/root:/bin/bash
[root@server yy]# echo $?
0
[root@server yy]#
```

这里在 /etc/passwd 过滤行开头为 root 的行，结果找到了，所以返回值为 0。

```
[root@server yy]# grep ^rootxxx /etc/passwd
[root@server yy]# echo $?
1
[root@server yy]#
```

这里在 /etc/passwd 过滤行开头为 rootxxx 的行，结果没有找到，即使语法没有错误，但是逻辑上有"否定"的意思，所以返回值为非零。

22.4 数值运算

在写脚本时，有时我们经常要做一些数学运算。

数学运算的符号如下。

（1）+：表示加。

（2）-：表示减。

（3）*：表示乘。

（4）/：表示除。

（5）**：表示次方。

进行数学运算的表达式有 $(())$、$[]$、let 等，命令如下。

```
[root@server yy]# echo $((2+3))
5
[root@server yy]# echo $((2*3))
6
[root@server yy]# echo $((2**3))
8
[root@server yy]# echo $[2**3]
8
[root@server yy]#
```

其中 $(())$ 和 $[]$ 的用法是一样的，如果不用这样的表达式，看如下代码。

```
[root@server yy]# echo 2**3
2**3
[root@server yy]#
```

这里并不是计算的 2 的 3 次方，而是直接把这 4 个字符打印出来了。

let 也可以用于数学运算，命令如下。

```
[root@server yy]# let aa=1+2
[root@server yy]# echo $aa
3
[root@server yy]#
```

这里 aa 的值就是为 3。

下面来看不使用 let 的情况，命令如下。

```
[root@server yy]# aa=1+2
[root@server yy]# echo $aa
1+2
[root@server yy]#
```

这里并没有把 aa 的值 1+2 当成数字，而是当成了 3 个字符："1""+""2"，所以结果显示的也是 1+2。

可以实现定义 aa 为整数类型，然后再做数学运算，命令如下。

```
[root@server yy]# declare -i aa
[root@server yy]# aa=1+2
[root@server yy]# echo $aa
3
[root@server yy]#
```

首先 declare -i aa 把 aa 定义为一个整数，所以 1+2 等于 3，然后赋值给 aa，所以 aa 的值为 3。

以上表达式不能求得小数，如果要得到小数需要使用 bc 命令，用法如下。

```
echo "scale=N ; 算法 " | bc
```

这里 N 是一个数字，表示小数点后面保留几位。

计算 2/3，小数点后面保留 3 位，命令如下。

```
[root@server yy]# echo "scale=3 ; 2/3" | bc
.666
[root@server yy]#
```

这里得到的结果是 0.666，整数部分的 0 没有显示。

计算 7/6，小数点后面保留 3 位，命令如下。

```
[root@server yy]# echo "scale=3 ; 7/6" | bc
1.166
[root@server yy]#
```

22.5 比较、对比、判断

在写脚本时，有时需要做一些比较，例如，两个数字谁大谁小，两个字符串是否相同等。做对比的表达式有 []、[[]]、test，其中 [] 和 test 这两种表达式的作用是相同的。[[]] 和 [] 的不同在于，[[]] 能识别通配符和正则表达式中的元字符，[] 却不能。

需要注意的是，在比较时，中括号和后续提及的比较符两边都要留有空格。

22.5.1 数字的比较

数字的比较，主要是比较两个数字谁大谁小，或者是否相同。能用到的比较符有以下几种。

（1）-eq：相等。

（2）-ne：不相等。

（3）-gt：大于。

（4）-ge：大于等于。

（5）-lt：小于。

（6）-le：小于等于。

做完比较之后，通过返回值来判断比较是否成立。

练习 1：判断 1 等于 2，命令如下。

```
[root@server yy]# [ 1 -eq 2 ]
[root@server yy]# echo $?
1
[root@server yy]#
```

1 是不能等于 2 的，所以判断不成立，返回值为非零。注意中括号和比较符两边的空格。

练习 2：判断 1 不等于 2，命令如下。

```
[root@server yy]# [ 1 -ne 2 ]
[root@server yy]# echo $?
0
[root@server yy]#
```

1 不等于 2，所以判断成立，返回值为 0。

22.5.2 字符串的比较

字符串的比较，一般是比较两个字符串是否相同，用得较多的比较符有以下两种。

（1）== ：相同。

（2）!= ：不相同。

做完比较之后，通过返回值来判断比较是否成立。

练习 1 ：定义一个变量 aa=tom，然后做判断，命令如下。

```
[root@server yy]# aa=tom
[root@server yy]# [ $aa == tom ]
[root@server yy]# echo $?
0
[root@server yy]#
```

变量 aa 的值和 tom 完全相同，所以判断成立，返回值为 0。

练习 2 ：在判断中匹配通配符，命令如下。

```
[root@server yy]# aa=tom
[root@server yy]# [ $aa == to? ]
[root@server yy]# echo $?
1
[root@server yy]#
```

这里定义 aa=tom，按照前面讲过的通配符，to? 匹配的应该是前两个字符为 to，第三个可以是任意字符，所以 tom 应该会被 to? 匹配到，为什么返回值为非零呢？

原因在于在这一对中括号 [] 中是不能识别通配符的，aa 的值是 t、o、m 三个字符，而等号后面是 t、o、? 这三个字符，并没有把问号当成通配符，所以判断不成立。

如果想识别通配符，那么就要用双中括号 [[]]，看下面的判断。

```
[root@server yy]# aa=tom
[root@server yy]# [[ $aa == to? ]]
[root@server yy]# echo $?
0
[root@server yy]#
```

在 [[]] 中能识别通配符 "?"，所以这里判断成立，返回值为 0。

> **注意**
>
> （1）== 后面跟的是通配符，如果想跟正则表达式，比较符就不能使用 == 了，要换成 =~。
> （2）一定要注意中括号和比较符两边的空格。

22.5.3 属性的判断

属性的判断，用于判断一个文件是否具备某个属性，常见的属性包括以下 7 种。

（1）-r：具备读权限。

（2）-w：具备写权限。

（3）-x：具备可执行权限。

注意

> 以上三个属性，不管是出现在 u、g 还是 o 上，只要有就算判断成立。

（4）-d：一个目录。

（5）-l：一个软链接。

（6）-f：一个普通文件，且要存在。

（7）-e：不管什么类型的文件，只要存在就算判断成立。

练习 1：判断 /etc/hosts 具备 r 权限，命令如下。

```
[root@server yy]# ls -l /etc/hosts
-rw-r--r--. 1 root root 158 9月  10 2018 /etc/hosts
[root@server yy]# [ -r /etc/hosts ]
[root@server yy]# echo $?
0
[root@server yy]#
```

通过第一条命令可以看到 /etc/hosts 是具备 r 权限的，判断 /etc/hosts 具备 r 权限，自然成立，所以返回值为 0。

练习 2：判断 /etc/hosts 具备 x 权限，命令如下。

```
[root@server yy]# [ -x /etc/hosts ]
[root@server yy]# echo $?
1
[root@server yy]#
```

这里判断 /etc/hosts 具备 x 权限，但是 /etc/hosts 不管是 u、g 还是 o 都不具备 x 权限，所以判断不成立，返回值为非零。

如果做一个否定判断，在前面加上叹号"！"即可。

练习 3：判断 /etc/hosts 没有 x 权限，命令如下。

```
[root@server yy]# [ ! -x /etc/hosts ]
[root@server yy]# echo $?
0
[root@server yy]#
```

这里判断 /etc/hosts 没有 x 权限，判断是成立的，所以返回值为 0。

练习 4：判断 /etc 是一个普通文件，命令如下。

```
[root@server yy]# [ -f /etc ]
[root@server yy]# echo $?
1
[root@server yy]#
```

我们知道 /etc 是一个目录而不是一个文件，所以这个判断是不成立的，返回值为非零。

练习 5：判断 /etc 不管是什么类型的，只判断存在还是不存在，命令如下。

```
[root@server yy]# [ -e /etc ]
[root@server yy]# echo $?
0
[root@server yy]#
```

这里 /etc 是存在的目录，-e 用于判断存在不存在，不判断文件类型，所以返回值为 0。

22.5.4 使用连接符

前面讲的判断只是单个判断，如果要同时做多个判断，那么就需要使用连接符了。能用的连接符包括 "&&" 和 "||"。

先看一下使用 && 作为连接符，用法如下。

判断 1 && 判断 2

只有两个判断都为真（返回值为 0），整体才为真，只要有一个为假，整体就为假。

判断 1 如果为假，判断 2 还有必要执行吗？ 没有，因为整体已经确定为假了。

判断 1 为真，整体是真是假在于判断 2，所以判断 2 肯定是要执行的。

```
[root@server yy]# [ 1 -le 2 ] && [ 2 -ge 3 ]
[root@server yy]# echo $?
1
[root@server yy]#
```

这里有两个判断，第一个判断是 1 小于等于 2，这个判断成立，第二个判断是 2 大于等于 3，这个判断不成立。使用 && 作为连接符，需要两边的判断都成立，整体才成立，所以整个判断为假，返回值为非零。

```
[root@server yy]# [ 1 -le 2 ] && [ 2 -le 3 ]
[root@server yy]# echo $?
0
[root@server yy]#
```

　　这里有两个判断，第一个判断是 1 小于等于 2，这个判断成立，第二个判断是 2 小于等于 3，这个判断也成立。使用 && 作为连接符，需要两边的判断都成立，整体才成立，所以整个判断为真，返回值为 0。

　　下面看使用 || 作为连接符，用法如下。

```
判断 1 || 判断 2
```

　　两个判断只要有一个为真（返回值为 0），整体就为真，只有全都为假，整体才为假。

　　判断 1 为真，整体已经确定为真，所以判断 2 没有必要执行。

　　判断 1 为假，整体是真是假在于判断 2，所以判断 2 肯定是要执行的。

```
[root@server yy]# [ 1 -le 2 ] || [ 2 -ge 3 ]
[root@server yy]# echo $?
0
[root@server yy]#
```

　　这里有两个判断，第一个判断是 1 小于等于 2，这个判断成立，整体已经确定为真，所以整个判断为真，返回值为 0。

```
[root@server yy]# [ 1 -ge 2 ] || [ 2 -ge 3 ]
[root@server yy]# echo $?
1
[root@server yy]#
```

　　这里有两个判断，第一个判断是 1 大于等于 2，第二个判断是 2 大于等于 3，这两个判断都为假，所以整个判断为假，返回值为非零。

22.6 if 判断语句

　　在脚本中执行某条命令需要满足一定的条件，如果不满足就不能执行。此时我们就要用到判断语句了。

　　先看 if 判断，if 判断的语法如下。

```
if 条件 1 ; then
    命令 1
elif 条件 2 ; then
    命令 2
else
    命令 3
fi
```

先判断 if 后面的判断是不是成立。

如果成立，则执行命令 1，然后跳到 fi 后面，执行 fi 后面的命令。

如果不成立，则不执行命令 1，然后判断 elif 后面的条件 2 是不是成立。

如果成立，则执行命令 2，然后跳到 fi 后面，执行 fi 后面的命令。

如果不成立，则不执行命令 2，进行下一轮的 elif 判断，以此类推。

如果所有 if 和 elif 都不成立，则执行 else 中的命令 3。

练习 1：写一个脚本 /opt/sc1.sh，要求只有 root 用户才能执行此脚本，其他用户不能执行，命令如下。

```
[root@server yy]# cat /opt/sc1.sh
#!/bin/bash
if [ $UID -ne 0 ]; then
    echo "只有 root 才能执行此脚本 ."
    exit 1
fi
echo "hello root"
[root@server yy]# chmod +x /opt/sc1.sh
[root@server yy]#
```

脚本分析如下。

root 的 uid 是 0，其他用户的 uid 不为 0。第一个判断，如果 uid 不等于 0，则打印警告信息 "只有 root 才能执行此脚本"，然后 exit 退出脚本。

如果这里不加 exit，判断之后仍然会继续执行 echo "hello root" 命令，这样判断就失去了意义。只有加了 exit 之后，如果不是 root，则到此结束，不要继续往下执行了。

如果是 lduan 执行此脚本，则判断成立，打印完警告信息之后，通过 exit 退出脚本。

如果是 root 执行此脚本，则判断不成立，直接执行 fi 后面的命令。

使用 root 用户执行此脚本的结果如下。

```
[root@server yy]# /opt/sc1.sh
hello root
[root@server yy]#
```

使用 lduan 用户执行此脚本的结果如下。

```
[lduan@server ~]$ /opt/sc1.sh
只有 root 才能执行此脚本 .
[lduan@server ~]$
```

练习 2：写一个脚本 /opt/sc2.sh，运行脚本时，后面必须跟一个参数，参数是系统中的一个文件。

如果这个文件不存在，则显示该文件不存在；如果存在，则显示该文件的行数，命令如下。

```
[root@server yy]# cat /opt/sc2.sh
#!/bin/bash
if [ $# -eq 0 ]; then
    echo "脚本后面必须跟一个参数"
    exit 1
fi
if [ -f $1 ] ; then
    wc -l $1
else
    echo "$1 不存在"
fi
[root@server yy]# chmod +x /opt/sc2.sh
[root@server yy]#
```

脚本分析如下。

$# 表示参数的个数，第一个判断中，$# 的值如果等于 0，则说明脚本后面没有跟任何参数，打印"脚本后面必须跟一个参数"，然后退出脚本。

如果后面跟了参数，则第一个判断不成立，然后进行下一个 if 判断。

第一个参数用 $1 来表示，[-f $1] 用于判断所跟的参数是不是存在，如果存在则执行 wc -l $1 命令，如果不存在则执行 else 中的命令。

运行脚本，效果如下。

```
[root@server yy]# /opt/sc2.sh
脚本后面必须跟一个参数
[root@server yy]#
```

这次运行没有跟任何参数，则提示必须跟一个参数。

```
[root@server yy]# /opt/sc2.sh /etc/hostsxxx
/etc/hostsxxx 不存在
[root@server yy]#
```

这里跟了一个不存在的文件 /etc/hostsxxx，脚本提示这个文件不存在。

```
[root@server yy]# /opt/sc2.sh /etc/hosts
2 /etc/hosts
[root@server yy]#
```

这次脚本后面跟了一个存在的文件 /etc/hosts，脚本会显示该文件的行数，为 2 行。

22.7 for 循环语句

有时我们需要做多次重复的操作，例如，创建 100 个用户，创建一个用户需要两条命令：
useradd 和 passwd。那么，创建 100 个用户就要重复执行 100 次，总共执行 200 条命令，此时
我们就可以利用 for 循环简化操作，让系统自动帮我们重复运行即可。

for 循环的语法如下。

```
for 变量 in 值 -1 值 -2 值 -3 值 -4 ; do
    命令 $变量
done
```

这里首先把值 -1 赋值给变量，执行 do 和 done 之间的命令，所有命令执行完成之后，再
把值 -2 赋值给变量，执行 do 和 done 之间的命令，执行完所有命令之后，再把值 -3 赋值给变
量，以此类推，直到把所有的值都赋值给变量。

看一个简单的例子，如下所示。

```
[root@server yy]# for i in 1 2 3 4 ; do 此处按【Enter】键
> let i=$i+10
> echo $i
> done
11
12
13
14
[root@server yy]#
```

这里 for 后面定义了一个变量 i，在 in 后面指定了 4 个值，分别是 1、2、3、4。在 do 和
done 之间定义了两个命令，第一个是在变量 i 的原有值的基础上加上 10，然后打印 i 的值。

先把 1 赋值给 i，此时 i 的值为 1，执行 do 和 done 之间的命令。i 加上 10 之后，i 的值变
为了 11，然后打印 i，得到 11，第一次循环结束。

然后把 2 赋值给 i，此时 i 的值为 2，执行 do 和 done 之间的命令。i 加上 10 之后，i 的值
变为了 12，然后打印 i，得到 12，第二次循环结束。

22.8 while 循环语句

while 也可以循环，while 循环的语法如下。

```
while 判断 ; do
    命令 1
    命令 2
done
```

如果 while 后面的判断成立，则执行 do 和 done 之间的命令，在最后一个命令执行完成之后，会回头再次判断一下 while 后面的判断是不是成立。如果不成立，则跳出循环执行 done 后面的命令；如果成立，则继续执行 do 和 done 之间的命令，就这样循环下去。

先看一个简单的例子，写一个脚本 /opt/sc3.sh，命令如下。

```
[root@server yy]# cat /opt/sc3.sh
#!/bin/bash
declare -i n=1
while [ $n -le 4 ] ; do
    echo $n
    let n=$n+1
done
[root@server yy]# chmod +x /opt/sc3.sh
[root@server yy]#
```

脚本分析如下。

这里先通过 declare -i n=1 定义了一个整数类型的变量 n，初始值为 1。然后进入 while 进行循环，先判断 $n 的值是不是小于等于 4，如果成立，则执行 do 和 done 之间的命令。

一开始 $n 的值为 1，[$n -le 4] 这个判断成立，则进入 do 和 done 之间执行命令。首先打印 $n 的值，然后在此基础上给 n 加上 1，所以 n 的值变为了 2，这样 do 和 done 之间的命令就执行完成了。然后再次到 while 后面进行判断，此时 $n 的值为 2，依然满足小于等于 4，再次执行 do 和 done 之间的命令。

如此反复，当 $n 的值最终能增加到 4 时打印，然后加 1，此时 n 的值变为了 5。当 $n 的值变为 5 之后，while 后面的判断就不再成立了，此时会跳出 while 循环。

用 while 也可以用于循环一个文件的内容，用法如下。

```
while read aa ; do
    命令
done < file
```

这里 read 后面的变量 aa 是可以随意指定的，整体的意思是首先读取 file 的第一行内容赋值给 aa，执行 do 和 done 之间的命令。然后读取 file 的第二行内容赋值给 aa，执行 do 和 done 之间的命令，直到读取到 file 的最后一行。

有时 while 需要一直循环下去（死循环），语法如下。

```
while true ; do
```

```
    命令
done
```

或

```
while ((1)) ; do
    命令
done
```

或

```
while : ; do
    命令
done
```

下面写一个脚本，来实时判断vsftpd是否启动，如果没有启动，则将vsftpd启动，命令如下。

```
[root@server yy]# cat /opt/sc4.sh
#!/bin/bash
while : ; do
    systemctl is-active vsftpd &> /dev/null
    if [ $? -ne 0 ]; then
        systemctl start vsftpd
    fi
    sleep 1
done
[root@server yy]# chmod +x /opt/sc4.sh
[root@server yy]#
```

这里写了一个 while 循环，可以一直循环下去，循环中先判断 vsftpd 是否启动，如果启动了则返回值为 0，如果没有启动则返回值为非零。

下面开始根据返回值来进行判断，如果 $? 不等于 0，说明 vsftpd 没有启动，则启动 vsftpd 服务。sleep 1 的意思是暂停 1 秒，这样就实现了每隔 1 秒来判断一次 vsftpd 是否启动。

下面开始测试这个脚本，先把脚本放在后台运行，命令如下。

```
[root@server yy]# /opt/sc4.sh &
[1] 48786
[root@server yy]#
```

测试当前 vsftpd 的状态，命令如下。

```
[root@server yy]# systemctl is-active vsftpd
active
[root@server yy]#
```

关闭 vsftpd 服务之后，再次检测 vsftpd 的状态，命令如下。

```
[root@server yy]# systemctl stop vsftpd
[root@server yy]# systemctl is-active vsftpd
active
[root@server yy]#
```

可以看到，vsftpd 仍然是启动的，说明我们的脚本生效了。

1. 请写一个脚本 count.sh，用来统计文件的行数，要求如下。

（1）如果后面没有参数，则报错"必须跟一个文件"，然后退出脚本。

（2）如果跟的不是普通文件或是不存在的文件，则提示"必须是一个普通文件"，并退出脚本。

（3）如果脚本正常运行，输入格式如下。

行数　文件名

2. 写一个脚本 /opt/ip.sh，用于获取本机 ens160 的 IP 地址，要求如下。

（1）只有 root 用户才能执行此脚本，其他用户执行脚本时提示"只有 root 才能执行此脚本"，并退出脚本。

（2）如果脚本正确执行，则在屏幕上显示一个 IP 地址。

第 6 篇　软件管理

第23章

用rpm管理软件

本章主要介绍使用 rpm 对软件包进行管理。

♦ 使用 rpm 查询软件的信息

♦ 使用 rpm 安装及卸载软件

♦ 使用 rpm 对软件进行更新

♦ 使用 rpm 对软件进行验证

rpm 全称是 redhat package manager，后来改成 rpm package manager，这是根据源码包编译出来的包。先从光盘中拷贝一个包，并看它是如何命名的。

先挂载光盘，然后拷贝 vsftpd 这个包，命令如下。

```
[root@server ~]# mount /dev/cdrom /mnt
mount: /mnt: WARNING: device write-protected, mounted read-only.
[root@server ~]# cp /mnt/AppStream/Packages/vsftpd-3.0.3-33.el8.x86_64.rpm .
[root@server ~]#
[root@server ~]# ls vsftpd-3.0.3-33.el8.x86_64.rpm
vsftpd-3.0.3-33.el8.x86_64.rpm
[root@server ~]#
```

这里字段的含义如下。

（1）vsftpd：包的名称。

（2）3.0.3：版本，即 version。

（3）33.el8：小版本号，即 release，其中 el8 指的是此包适用于 RHEL8 系统。

（4）x86_64：指的是架构，到底是 32 位还是 64 位的包，x86_64 表示是 64 位的。

rpm 的安装命令是"rpm -ivh 安装包"。安装 rpm，命令如下。

```
[root@server ~]# rpm -ivh vsftpd-3.0.3-33.el8.x86_64.rpm
警告: vsftpd-3.0.3-33.el8.x86_64.rpm: 头 V3 RSA/SHA256 Signature, 密钥 ID
fd431d51: NOKEY
Verifying...                      ################################ [100%]
准备中 ...                         ################################ [100%]
正在升级 / 安装 ...
   1:vsftpd-3.0.3-33.el8          ################################ [100%]
[root@server ~]#
```

这样就把 vsftpd-3.0.3-33.el8.x86_64.rpm 安装好了。如果是第一次接触 Linux 会感觉到奇怪，怎么不像 Windows 一样让我们通过浏览来指定路径，那么这个包安装到哪里了呢？

相信大家在 Windows 中都安装过 Chrome 浏览器，基本上是秒安装，也没有指定路径，因为这个安装包中已经定义好安装路径了。同理，rpm 安装时也已经指定了安装路径，把这个rpm 打开，先拷贝到 /opt 目录中，命令如下。

```
[root@server ~]# cp vsftpd-3.0.3-33.el8.x86_64.rpm /opt/
[root@server ~]# cd /opt/
[root@server opt]# ls
vsftpd-3.0.3-33.el8.x86_64.rpm
[root@server opt]#
```

解压此包，命令如下。

```
[root@server opt]# rpm2cpio vsftpd-3.0.3-33.el8.x86_64.rpm | cpio -id
```

```
706 块
[root@server opt]# ls
etc  usr  var  vsftpd-3.0.3-33.el8.x86_64.rpm
[root@server opt]#
```

可以看到，生成了 3 个目录 etc、usr、var，看一下它们的结构，如下所示。

```
[root@server opt]# tree
.
├── etc
│   ├── logrotate.d
│   │   └── vsftpd
│   ├── pam.d
│   │   └── vsftpd
│   └── vsftpd
│       ├── ftpusers
│       ├── user_list
│       ├── vsftpd.conf
│       └── vsftpd_conf_migrate.sh
├── usr
│   ├── lib
... 输出 ...
├── var
│   └── ftp
│       └── pub
└── vsftpd-3.0.3-33.el8.x86_64.rpm

27 directories, 48 files
[root@server opt]# cd
[root@server ~]#
```

可以看到，当我们安装 rpm 包时，它就会把包中的内容按照这个结构拷贝到系统，所以安装的路径都是安排好了的。

23.1 rpm 查询

如果要查询已经安装过的软件包的信息，rpm 的第一个选项需要使用 -q，表示查询的意思。

查询系统安装的所有软件包用 rpm -qa 命令，命令如下。

```
[root@server ~]# rpm -qa
...
libmbim-utils-1.20.2-1.el8.x86_64
```

```
groff-base-1.22.3-18.el8.x86_64
[root@server ~]#
```

查询系统是否安装了某个软件包用"rpm -qa 包名"命令。例如，要查询是否安装了vsftpd，命令如下。

```
[root@server ~]# rpm -qa vsftpd
vsftpd-3.0.3-33.el8.x86_64
[root@server ~]#
```

但是这种用法，在写包名时多一个或少一个字符都查询不出来，如下所示。

```
[root@server ~]# rpm -qa vsftp
[root@server ~]#
```

所以，更建议用管道和 grep 进行过滤，如下所示。

```
[root@server ~]# rpm -qa | grep vsftp
vsftpd-3.0.3-33.el8.x86_64
[root@server ~]#
```

查询安装某软件包之后所生成的文件用"rpm -ql 包名"命令，这里q后面是字母l。例如，要查询 vsftpd 所生成的文件，命令如下。

```
[root@server ~]# rpm -ql vsftpd
/etc/logrotate.d/vsftpd
/etc/pam.d/vsftpd
/etc/vsftpd
/etc/vsftpd/ftpusers
... 输出 ...
/var/ftp
/var/ftp/pub
[root@server ~]#
```

这样就可以看到 vsftpd 安装到哪里了。

查看软件包生成的配置文件用"rpm -qc 包名"命令，命令如下。

```
[root@server ~]# rpm -qc vsftpd
/etc/logrotate.d/vsftpd
/etc/pam.d/vsftpd
/etc/vsftpd/ftpusers
/etc/vsftpd/user_list
/etc/vsftpd/vsftpd.conf
[root@server ~]#
```

查看包的信息用"rpm -qi 包名"命令，命令如下。

```
[root@server ~]# rpm -qi vsftpd
Name        : vsftpd
Version     : 3.0.3
Release     : 33.el8
Architecture: x86_64
    ...输出...
Summary     : Very Secure Ftp Daemon
Description :
vsftpd is a Very Secure FTP daemon. It was written completely from scratch.
[root@server ~]#
```

当我们安装软件包时会产生许多文件，反过来想查询某个文件是由哪个软件包安装出来的用 rpm -qf /path/file 命令，命令如下。

```
[root@server ~]# rpm -qf /etc/vsftpd/vsftpd.conf
vsftpd-3.0.3-33.el8.x86_64
[root@server ~]#
```

可以看到，/etc/vsftpd/vsftpd.conf 是由 vsftpd 这个包产生的。

```
[root@server ~]# rpm -qf /etc/passwd
setup-2.12.2-6.el8.noarch
[root@server ~]#
```

可以看到，/etc/passwd 是由 setup 这个包生成的。

以上这些都是针对已经安装了的软件包进行查询，如果要查询安装包，则需要加上 -p 选项，命令如下。

```
[root@server ~]# rpm -qcp vsftpd-3.0.3-33.el8.x86_64.rpm
警告: vsftpd-3.0.3-33.el8.x86_64.rpm: 头 V3 RSA/SHA256 Signature, 密钥 ID fd431d51: NOKEY
/etc/logrotate.d/vsftpd
/etc/pam.d/vsftpd
/etc/vsftpd/ftpusers
/etc/vsftpd/user_list
/etc/vsftpd/vsftpd.conf
[root@server ~]#
```

当然，在 RHEL8/CentOS8 中不加 -p 选项也可以，之前的系统是不行的。

23.2 rpm 安装及卸载

前面已经介绍了用 "rpm -ivh 安装包" 命令安装软件，且 vsftpd 已经安装完成，如下所示。

```
[root@server ~]# rpm -qa | grep vsftpd
vsftpd-3.0.3-33.el8.x86_64
[root@server ~]#
```

卸载软件包的命令是"rpm -e 软件包"，现在要把 vsftpd 卸载掉，命令如下。

```
[root@server ~]# rpm -e vsftpd
[root@server ~]# rpm -qa | grep vsftpd
[root@server ~]#
```

可以看到，现在 vsftpd 已经不存在了，再次把这个包安装上去。

```
[root@server ~]# rpm -ivh vsftpd-3.0.3-33.el8.x86_64.rpm
警告: vsftpd-3.0.3-33.el8.x86_64.rpm: 头 V3 RSA/SHA256 Signature, 密钥 ID
fd431d51: NOKEY
Verifying...                        ################################ [100%]
准备中 ...                           ################################ [100%]
正在升级 / 安装 ...
   1:vsftpd-3.0.3-33.el8             ################################ [100%]
[root@server ~]#
```

有时需要强制安装软件，例如，某个包已经安装过了，现在想重新安装，命令如下。

```
[root@server ~]# rpm -ivh vsftpd-3.0.3-33.el8.x86_64.rpm
警告: vsftpd-3.0.3-33.el8.x86_64.rpm: 头 V3 RSA/SHA256 Signature, 密钥 ID
fd431d51: NOKEY
Verifying...                        ################################ [100%]
准备中 ...                           ################################ [100%]
    软件包 vsftpd-3.0.3-33.el8.x86_64 已经安装
[root@server ~]#
```

这里提示包已经安装过了，无法再次安装。此时加上 --force 选项强制安装即可。

一般情况下，用于某个文件丢失了，想通过强制重新安装来找回此文件，命令如下。

```
[root@server ~]# rm -rf /etc/vsftpd/vsftpd.conf
[root@server ~]# ls /etc/vsftpd/
ftpusers  user_list  vsftpd_conf_migrate.sh
[root@server ~]#
```

这里把 /etc/vsftpd/vsftpd.conf 删除，然后开始强制安装，命令如下。

```
[root@server ~]# rpm -ivh vsftpd-3.0.3-33.el8.x86_64.rpm --force
警告: vsftpd-3.0.3-33.el8.x86_64.rpm: 头 V3 RSA/SHA256 Signature, 密钥 ID
fd431d51: NOKEY
Verifying...                        ################################ [100%]
准备中 ...                           ################################ [100%]
正在升级 / 安装 ...
   1:vsftpd-3.0.3-33.el8             ################################ [100%]
[root@server ~]#
```

然后再次查看文件。

```
[root@server ~]# ls /etc/vsftpd/
ftpusers  user_list  vsftpd.conf  vsftpd_conf_migrate.sh
[root@server ~]#
```

这里又重新生成了被删除的文件，其他文件原来即使做了修改也不会被覆盖替换。

23.3 软件包的更新

所谓更新，就是卸载旧版本的软件包，然后安装新版本的软件包。假设原来系统已经安装了 1.0 版本的软件包，现在要安装 2.0 版本的软件包，如果两个版本的包安装路径不一样，则可以共存；如果两个版本的包安装路径一样，则会产生冲突。

先卸载已经安装了的 vsftpd，命令如下。

```
[root@server ~]# rpm -e vsftpd
[root@server ~]#
```

然后从 RHEL8.0 的系统上拷贝一个版本稍低的 vsftpd 的安装包，命令如下。

```
[root@server ~]# ls -1 vsftpd*
vsftpd-3.0.3-31.el8.x86_64.rpm
vsftpd-3.0.3-33.el8.x86_64.rpm
[root@server ~]#
```

上面 ls 后面的选项是数字 1，不是字母 l，这里一个版本稍低，一个版本稍高。先把低版本的包安装上去，命令如下。

```
[root@server ~]# rpm -ivh vsftpd-3.0.3-31.el8.x86_64.rpm
警告: vsftpd-3.0.3-31.el8.x86_64.rpm: 头 V3 RSA/SHA256 Signature, 密钥 ID
fd431d51: NOKEY
Verifying...                          ################################# [100%]
准备中 ...                            ################################# [100%]
正在升级 / 安装 ...
   1:vsftpd-3.0.3-31.el8              ################################# [100%]
[root@server ~]#
```

这里已经安装了一个 3.0.3-31 的包，然后安装一个更高版本的 3.0.3-33 包，命令如下。

```
[root@server ~]# rpm -ivh vsftpd-3.0.3-33.el8.x86_64.rpm
警告: vsftpd-3.0.3-33.el8.x86_64.rpm: 头 V3 RSA/SHA256 Signature, 密钥 ID fd431d51: NOKEY
Verifying...                          ################################# [100%]
```

```
准备中 ...                              ############################### [100%]
    file /etc/vsftpd/vsftpd.conf from install of vsftpd-3.0.3-33.el8.x86_64
conflicts with file from package vsftpd-3.0.3-31.el8.x86_64
    ... 输出 ...
    file /usr/sbin/vsftpd from install of vsftpd-3.0.3-33.el8.x86_64
conflicts with file from package vsftpd-3.0.3-31.el8.x86_64
[root@server ~]#
```

因为安装路径一样，所以这里提醒产生了冲突导致没有安装成功。如果用更新的方法来安装是可以的，更新的用法是"rpm -Uvh 安装包"。下面更新 vsftpd，命令如下。

```
[root@server ~]# rpm -Uvh vsftpd-3.0.3-33.el8.x86_64.rpm
警告：vsftpd-3.0.3-33.el8.x86_64.rpm: 头 V3 RSA/SHA256 Signature, 密钥 ID
fd431d51: NOKEY
Verifying...                           ############################### [100%]
准备中 ...                              ############################### [100%]
正在升级 / 安装 ...
    1:vsftpd-3.0.3-33.el8               ############################### [ 50%]
正在清理 / 删除 ...
    2:vsftpd-3.0.3-31.el8               ############################### [100%]
[root@server ~]#
```

可以看到，现在已经更新成功。查看，命令如下。

```
[root@server ~]# rpm -qa | grep vsftpd
vsftpd-3.0.3-33.el8.x86_64
[root@server ~]#
```

可以看到，这里安装的是 3.0.3-33 版本的包。

对于内核来说，不同版本的安装路径是不一样的，所以可以同时安装多个版本的不会产生冲突。因此，更新内核时建议使用 rpm -ivh 命令而不是 rpm -Uvh 命令。因为 rpm -Uvh 命令会卸载旧版本的内核，如果新版本的内核有问题就无法正常进入系统了。如果使用 rpm -ivh 命令，包括旧版本的内核同时存在，先用新版本的内核引导系统，如果没问题再卸载旧版本的内核也不迟，如果有问题还可以使用旧版本的内核引导系统。

23.4 rpm 验证

当我们安装了一个软件包之后会产生许多文件，要是想判断这些文件是否被修改过，可以用 rpm -V（大写字母 V）命令，例如，我们刚刚安装了 vsftpd，并没有修改任何配置文件。

```
[root@server ~]# rpm -V vsftpd
[root@server ~]#
```

没有任何输出，说明此 vsftpd 所生成的文件没有被修改。现在用 vim 编辑器修改一下 /etc/vsftpd/vsftpd.conf，随便增添删减一些内容（最好是修改注释后面的内容，否则影响 vsftpd 启动），然后再次判断，命令如下。

```
[root@server ~]# rpm -V vsftpd
S. 5...T.  c /etc/vsftpd/vsftpd.conf
[root@server ~]#
```

再次检查可以看到 /etc/vsftpd/vsftpd.conf 被修改过。

S 指的是大小。

5 指的是 md5 值。

T 指的是时间。

c 指的是此文件是 vsftpd 的配置文件。

这样就可以看到哪些文件被修改过了。只修改时间，命令如下。

```
[root@server ~]# touch /etc/vsftpd/ftpusers
[root@server ~]# rpm -V vsftpd
.......T.  c /etc/vsftpd/ftpusers
S. 5...T.  c /etc/vsftpd/vsftpd.conf
[root@server ~]#
```

可以看到，/etc/vsftpd/ftpusers 的时间发生了改变。

红帽发行的每一个数据包都对它做了数据签名，以证明这个包是红帽官方的。需要在本机用红帽的公钥来进行验证。首先验证机器上是否安装了红帽的公钥，命令如下。

```
[root@server ~]# rpm -qa | grep pubkey
[root@server ~]#
```

没有任何输出，说明没有导入红帽的公钥。使用如下命令导入公钥，命令如下。

```
[root@server ~]# rpm --import /etc/pki/rpm-gpg/RPM-GPG-KEY-redhat-release
[root@server ~]#
```

或者导入存储在光盘中的公钥。

```
[root@server ~]# rpm --import /mnt/RPM-GPG-KEY-redhat-release
[root@server ~]#
```

再次检查公钥的信息，命令如下。

```
[root@server ~]# rpm -qa | grep pubkey
gpg-pubkey-fd431d51-4ae0493b
```

```
gpg-pubkey-d4082792-5b32db75
[root@server ~]#
```

可以看到，已经成功导入了。下面验证如下两个 vsftpd 包，命令如下。

```
[root@server ~]# rpm -K vsftpd-3.0.3-33.el8.x86_64.rpm
vsftpd-3.0.3-33.el8.x86_64.rpm: digests signatures 确定
[root@server ~]#
```

这个包是一开始从光盘中拷贝过来的，可以看到验证通过。

```
[root@server ~]# rpm -K vsftpd-3.0.3-31.el8.x86_64.rpm
vsftpd-3.0.3-31.el8.x86_64.rpm: digests signatures 确定
[root@server ~]#
```

这个包也是从光盘中拷贝过来的，只是其他版本的光盘，所以可以看到也是验证通过的。

作业题在 server2 上完成。

1. 判断 server2 上是否安装了软件包 net-tools。

2. 判断 /etc/hosts 是安装了哪个数据包产生出来的。

3. sshpass 的作用是可以无密码登录到远端机器，用法如下。

```
sshpass -p 密码 ssh IP/ 主机名
```

这样就可以无需输入密码即可通过 ssh 登录到远端主机了。

通过如下命令下载软件包 sshpass。

```
wget ftp://ftp.rhce.cc/rhce8/sshpass-1.06-3.el8ae.x86_64.rpm
```

并安装此软件包，最后测试用 sshpass 命令登录到 192.168.26.103。

第24章

用yum/dnf管理软件包

本章主要介绍使用 yum 对软件包进行管理。

- ♦ yum 的介绍
- ♦ 搭建 yum 源
- ♦ 创建私有仓库
- ♦ yum 客户端的配置
- ♦ yum 的基本使用
- ♦ 使用第三方 yum 源

使用 rpm 安装包时经常会遇到一个问题就是包依赖，如下所示。

```
[root@server ~]# rpm -ivh /mnt/AppStream/Packages/httpd-2.4<tab>.x86_64.rpm
错误：依赖检测失败：
    httpd-filesystem 被 httpd-2.4.37-39.module+el8.4.0+9658+b87b2deb.x86_64 需要
    ...输出...
    mod_http2 被 httpd-2.4.37-39.module+el8.4.0+9658+b87b2deb.x86_64 需要
    system-logos-httpd >= 82.0 被
    httpd-2.4.37-39.module+el8.4.0+9658+b87b2deb.x86_64 需要
[root@server ~]#
```

这里 <tab> 的意思是按【Tab】键。

所谓包依赖，就是在安装 A 时必须先把 B 和 C 安装上去。如果用 rpm 一个个安装是非常困难的，这里可以使用 dnf 或 yum 命令来解决。yum 命令其实是软链接到 dnf 命令上的，所以输入 yum 或 dnf 都可以，后文都使用 yum 命令介绍。

24.1 yum 架构介绍

为了便于理解，先看图 24-1 所示的例子。

可能我们经常会使用 360 软件管家管理软件包，在 360 服务器上有各种软件，在 PC 上的 360 软件管家中搜索想要安装的软件，然后单击【安装】按钮，这样就可以把软件自动安装到本地了，很方便。

yum 的架构也是类似的，如图 24-2 所示。

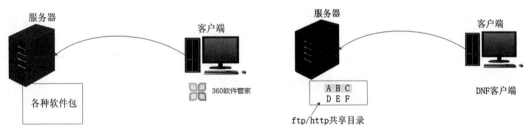

图 24-1 用 360 软件管家安装软件的情况   图 24-2 yum 的架构

在服务器上存在某个目录中存储了大量的软件包，然后通过 ftp 或 http 把此目录共享出去，使得客户端可以通过 ftp 或 http 能访问到此目录。

在服务器端所存储的这些软件包中，服务器是知道哪些包之间有依赖关系的，例如，A、B、C 三者之间存在依赖关系，所以当客户端发布一个请求说要安装 A 时，如图 24-3 所示。

此时发现 A 和 B、C 有依赖关系，所以客户端会把 A、B、C 三者都从服务器下载到本机的缓存，然后再把这三个包一起给安装上去。

如果假设 A 和 B、C、X 有依赖关系，但是 X 这个包并没有出现在现在的这个源中，那么当客户端要安装 A 时，因为缺少了 X，所以安装是失败的。此时我们就需要在客户端上指定多个源，保证所有的这些源中包含了所有需要的包，如图 24-4 所示。

因为客户端指定了两个源，所以当客户端发布一个请求说要安装 A 时，此时从第一个源中检测到了需要的依赖包 B、C，然后从第二个源中找到了 X，客户端就会把这四个包一起下载到本地缓存中并进行安装。

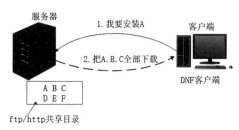

图 24-3　yum 安装软件包的过程

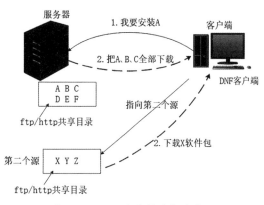

图 24-4　yum 安装软件包的过程

24.2　用光盘搭建 yum 源

实验拓扑图如图 24-5 所示。

因为光盘中包括了最常用的软件包，所以现在就把光盘的内容作为源，用 vsftpd 将光盘的内容共享出去。在 rpm 章节已经将 vsftpd 安装上去了，如果没有安装请按前面章节讲过的内容自行安装好。

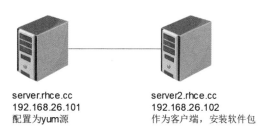

图 24-5　实验拓扑图

注意

下面的操作都是在 server 上做的。

修改 /etc/vsftpd/vsftpd.conf 中的 anonymous_enable 选项，如下所示。

由 anonymous_enable=NO 修改为 anonymous_enable=YES，并添加如下命令。

```
pasv_min_port=10010
pasv_max_port=10020
```

保存退出并启动 vsftpd，命令如下。

```
[root@server ~]# systemctl enable vsftpd --now
Created symlink /etc/systemd/system/multi-user.target.wants/vsftpd.service →
 /usr/lib/systemd/system/vsftpd.service.
[root@server ~]#
```

如果已经启动过了，则通过 systemctl restart vsftpd 重启一下，使刚做的配置生效。

修改防火墙，命令如下。

```
[root@server ~]# firewall-cmd --add-port=20-21/tcp --permanent
success
[root@server ~]# firewall-cmd --add-port=10010-10020/tcp --permanent
success
[root@server ~]# firewall-cmd --reload
success
[root@server ~]#
```

设置 SELinux 相关的布尔值，命令如下。

```
[root@server ~]# setsebool -P ftpd_full_access 1
[root@server ~]#
```

记住，这个布尔值一定要设置，否则客户端会出现图 24-6 所示的错误。

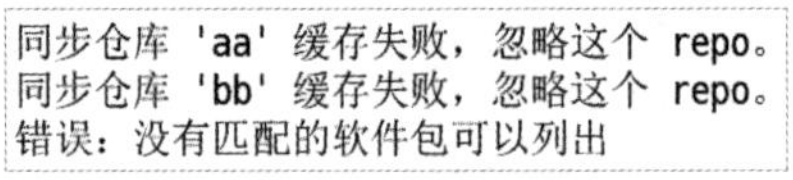

```
同步仓库 'aa' 缓存失败，忽略这个 repo。
同步仓库 'bb' 缓存失败，忽略这个 repo。
错误：没有匹配的软件包可以列出
```

图 24-6　客户端的报错信息

创建目录 /var/ftp/dvd，然后把光盘挂载到此目录上，命令如下。

```
[root@server ~]# mkdir /var/ftp/dvd
[root@server ~]# mount /dev/cdrom /var/ftp/dvd
mount: /var/ftp/dvd: WARNING: device write-protected, mounted read-only.
[root@server ~]#
```

这样其他机器通过 ftp 访问 /var/ftp/dvd 时，访问的就是光盘中的内容了。设置开机自动挂载，修改 /etc/fstab，内容如下。

```
[root@server ~]# grep ftp /etc/fstab
/dev/cdrom /var/ftp/dvd   defaults      iso9660             0 0
[root@server ~]#
```

至此，服务器上的 yum 源就已经配置好了，/var/ftp/dvd 中的内容如图 24-7 所示。

```
[root@server ~]# ls /var/ftp/dvd/
AppStream    extra_files.json  media.repo
BaseOS       GPL               RPM-GPG-KEY-redhat-beta
EFI          images            RPM-GPG-KEY-redhat-release
EULA         isolinux          TRANS.TBL
[root@server ~]#
```

图 24-7　光盘中的内容

此时客户端不能直接把此目录作为源来使用，服务器是知道每个包和其他包之间的依赖关系的，因为系统会把某个目录（包括子目录）中的 rpm 包的元数据信息放在 repodata 目录中。

但是在 /var/ftp/dvd 中并没有 repodata 目录（不能单纯地用 mkdir 命令把此目录创建出来，创建出来里面没有元数据是没用的），所以 /var/ftp/dvd 并不能直接作为源来使用。先来看 AppStream 目录的内容，命令如下。

```
[root@server ~]# ls /var/ftp/dvd/AppStream/
Packages  repodata
[root@server ~]#
```

这里 repodata 是 AppStream 下的目录，记录了 AppStream 目录下所有的 rpm 信息，此处 AppStream 中所有的 rpm 都存储在 Packages 目录下了。repodata 中的内容大概是这样的，如下所示。

```
[root@server ~]# ls /var/ftp/dvd/AppStream/repodata/
02036cf03a66a9c1bf58df...dde5b8075431-primary.xml.gz
728c5dd8c15c3bf2b25-co...mps-AppStream.x86_64.xml.gz
    ...输出...
productid
repomd.xml
TRANS.TBL
[root@server ~]#
```

再来看 BaseOS 目录的内容，命令如下。

```
[root@server ~]# ls /var/ftp/dvd/BaseOS/
Packages  repodata
[root@server ~]#
```

这里 repodata 是 BaseOS 下的目录，记录了 BaseOS 目录下所有的 rpm 信息，此处 BaseOS 中所有的 rpm 都存储在 Packages 目录下了。

总结：repodata 目录中记录了 repodata 所在目录下所有的 rpm 信息，例如，BaseOS 下的 repodata 记录了 BaseOS 目录下所有的 rpm 信息。

所以，当前 server 上有两个源，分别是 /var/ftp/dvd/AppStream 和 /var/ftp/dvd/BaseOS。客户端要访问这两个源，分别通过 ftp://192.168.26.101/dvd/AppStream 和 ftp://192.168.26.101/dvd/BaseOS 即可。

24.3 创建私有仓库

在 server 上利用光盘对外提供了两个源分别是 /var/ftp/dvd/AppStream 和 /var/ftp/dvd/BaseOS，这两个源是光盘中自带的。下面练习如何创建一个自定义的源。

先配置 server 使用光盘作为源，在 server（192.168.26.101 这台机器）中把光盘挂载到 /mnt 上，并在 /etc/fstab 中设置开机自动挂载。

```
[root@server ~]# tail -1 /etc/fstab
/dev/cdrom /mnt         defaults  iso9660              0 0
[root@server ~]#
```

这样访问 /mnt 时访问的就是光盘了。创建 /etc/yum.repos.d/aa.repo 的内容如下。

```
[root@server ~]# cat /etc/yum.repos.d/aa.repo
[aa]
name=aa
baseurl=file:///mnt/AppStream
enabled=1
gpgcheck=0

[bb]
name=bb
baseurl=file:///mnt/BaseOS
enabled=1
gpgcheck=0
[root@server ~]#
```

需要注意的是，这里 file: 后面是 3 个 /，file:// 是类似于 http://、ftp:// 这样的写法，第三个 / 表示的是绝对路径。

通过 yum install 安装 createrepo 工具包，命令如下。

```
[root@server ~]# yum install createrepo -y
Updating Subscription Management repositories.
Unable to read consumer identity
    ...输出...
已安装：
createrepo_c-0.16.2-2.el8.x86_64  createrepo_c-libs-0.16.2-2.el8.x86_64
drpm-0.4.1-3.el8.x86_64

完毕！
[root@server ~]#
```

关于 yum install 命令会在 24.5.2 小节中讲，然后创建一个目录 /var/ftp/myrepo，命令如下。

```
[root@server ~]# mkdir /var/ftp/myrepo
[root@server ~]#
```

从光盘中拷贝一个测试用的安装包，这里就选择 vsftpd 的安装包。拷贝 vsftpd 到 /var/ftp/myrepo 中，命令如下。

```
[root@server ~]# cp /mnt/AppStream/Packages/vsftpd-<tab>  /var/ftp/myrepo/
[root@server ~]#
```

这里 <tab> 的意思是按【Tab】键，让其自动补齐安装包名。

现在 /var/ftp/myrepo 中包含了一个 vsftpd 的安装包，命令如下。

```
[root@server ~]# ls /var/ftp/myrepo/
vsftpd-3.0.3-33.el8.x86_64.rpm
[root@server ~]#
```

通过 createrepo 工具包对 /var/ftp/myrepo 进行操作，命令如下。

```
[root@server ~]# createrepo -v /var/ftp/myrepo/
00:15:38: Version: 0.16.2 (Features: DeltaRPM LegacyWeakdeps )
00:15:38: Signal handler setup
00:15:38: Thread pool ready
Directory walk started
00:15:38: Adding pkg: /var/ftp/myrepo/vsftpd-3.0.3-33.el8.x86_64.rpm
   ... 输出 ...
00:15:38: Memory cleanup
00:15:38: All done
[root@server ~]#
```

/var/ftp/myrepo 目录中的内容如下。

```
[root@server ~]# ls /var/ftp/myrepo/
repodata  vsftpd-3.0.3-33.el8.x86_64.rpm
[root@server ~]#
```

这里生成了 repodata，里面包含了 /var/ftp/myrepo 中所有的 rpm 包（这里就一个 vsftpd）的信息，那么 /var/ftp/myrepo 也可以作为一个源来使用了。

24.4 ▷ yum 客户端的配置

客户端要安装软件包必须指定使用哪些源，在客户端上指定源的方法是在目录 /etc/yum.

repos.d 中创建后缀是 repo 的文件。文件名是什么无所谓，但后缀必须是 repo，格式如下。

```
[ 名称 ]  ---- 用于标注不同的源
name=    ---- 注释信息
baseurl=   ---- 指定源的 URL 地址
enabled=   -- 用于指定是否启用这个源，值有 0 和 1
           0--- 不使用这个源
           1--- 使用这个源
           enabled 也可以写成 enable
gpgcheck=  -- 用于指定安装的软件包是否要进行数字签名的验证，值有 0 和 1
           0-- 不对每个安装包进行数字签名验证
           1-- 对每个包做数字签名的验证
gpgkey=/path/ 如果上面 gpgcheck 的值设置为 1，需要使用此选项指定公钥；如果上面 gpgcheck
的值设置为 0，这个选项可以不写。
```

　　在服务器端已经配置了两个源，下面配置客户端让其能使用这两个源，在 /etc/yum.repos.d 中创建 aa.repo，内容如下。

```
[root@server2 ~]# cat /etc/yum.repos.d/aa.repo
[aa]
name=appstream
baseurl=ftp://192.168.26.101/dvd/AppStream
enabled=1
gpgcheck=0

[bb]
name=baseos
baseurl=ftp://192.168.26.101/dvd/BaseOS
enabled=1
gpgcheck=0
[root@server2 ~]#
```

　　这里在 aa.repo 中配置了两个源，分别标记为 aa 和 bb。可以把多个源写在同一个 repo 文件中，也可以把多个源写在不同的 repo 文件中。

　　当通过 ftp://192.168.26.101 来访问服务器时，访问的是服务器的 /var/ftp 目录，千万不要写成 ftp://192.168.26.101/var/ftp 了，否则对应的就是服务器的 /var/ftp/var/ftp 目录了。

　　ftp://192.168.26.101/dvd 对应的是服务器的 /var/ftp/dvd 目录，但是这个不能作为源，因为 /var/ftp/dvd 下没有对应的 repodata 目录记录 /var/ftp/dvd 中的 rpm 信息。

　　因为 rpm 包都是存储在 Packages 中的，所以有人可能说我怕系统找不到软件包，所以写成 baseurl=ftp://192.168.26.101/dvd/BaseOS/Packages 行不行？答案是不行的，你不用担心系统找不到 rpm 在哪里。写成 baseurl=ftp://192.168.26.100/dvd/BaseOS，会通过读取它的子目录 repodata 中的数据从而知道 rpm 在哪个目录中。

此时 /etc/yum.repos.d 中的文件如下。

```
[root@server2 ~]# ls /etc/yum.repos.d/
aa.repo  redhat.repo
[root@server2 ~]#
```

这里 /etc/yum.repos.d 下面的 redhat.repo 是系统自动生成的可以不用管，删除不删除都无所谓。

server2 通过 ftp 访问 server 上的源。如果想直接使用本地光盘作为 yum 源，那么可以把光盘挂载到某个目录上，然后直接使用此目录作为源。

24.5 yum 的基本使用

通过 yum repolist 查看当前正在使用的源，命令如下。

```
[root@server2 ~]# yum repolist
Updating Subscription Management repositories.
   ... 输出 ...
仓库标识                                               仓库名称
aa                                                    appstream
bb                                                    baseos
[root@server2 ~]#
```

可以看到，现在正在使用两个源 aa 和 bb，由 /etc/yum.repos.d/aa.repo 文件里中括号的部分定义。

如果 /etc/yum.repos.d/aa.repo 的内容发生了改变，需要用 yum clean all 命令清空一下缓存，命令如下。

```
[root@server2 ~]# yum clean all
Updating Subscription Management repositories.
   ... 输出 ...
12 文件已删除
[root@server2 ~]#
```

重新创建缓存数据用 yum makecache 命令，命令如下。

```
[root@server2 ~]# yum makecache
Updating Subscription Management repositories.
   ... 输出 ...
appstream                              77 MB/s | 6.8 MB       00:00
baseos                                 65 MB/s | 2.3 MB       00:00
```

元数据缓存已建立。
```
[root@server2 ~]#
```

这步不是必需的，即使不重新创建缓存数据，当我们下次使用 yum 时也会自动创建。

24.5.1 查询

想查询 yum 源中是否存在某个包，可以通过 yum search 或 yum list 来查询。例如，要查询 lrzsz 这个包，命令如下。

```
[root@server2 ~]# yum search lrzsz
Updating Subscription Management repositories.
    ... 输出 ...
上次元数据过期检查：0:03:08 前，执行于 202...15 分 24 秒。
==================== 名称 精准匹配：lrzsz ====================
lrzsz.x86_64 : The lrz and lsz modem communications programs
[root@server2 ~]#
```

对于 yum search 来说，可以在 yum 源中查找包名中含有 lrzsz 的包，如果输入的是 yum search lrzs，它也是能查找到的，命令如下。

```
[root@server2 ~]# yum search lrzs
Updating Subscription Management repositories.
    ... 输出 ...
上次元数据过期检查：0:05:08 前，执行于 202...15 分 24 秒。
==================== 名称 匹配：lrzsz ====================
lrzsz.x86_64 : The lrz and lsz modem communications programs
[root@server2 ~]#
```

也就是 yum search 后面跟的包名可以不是完整的包名，但是这个命令查询的结果无法判断这个包在系统上是否安装。可以使用 yum list 命令查看包是否已经安装，命令如下。

```
[root@server2 ~]# yum list lrzsz
Updating Subscription Management repositories.
    ... 输出 ...
可安装的软件包
lrzsz.x86_64          0.12.20-43.el8                              bb
[root@server2 ~]#
```

这里显示"可安装的"说明在系统中并没有安装，最后的 bb 说明 lrzsz 是在 bb 这个源中的。

对于 yum list 来说，后面必须跟上完整的包名，如果跟的不是完整的包名则是查询不出来的，如下所示。

```
[root@server2 ~]# yum list lrzs
Updating Subscription Management repositories.
    ... 输出 ...
错误：没有匹配的软件包可以列出
[root@server2 ~]#
```

所以，在使用 yum list 命令时，可以结合通配符一起使用，命令如下。

```
[root@server2 ~]# yum list lrzs\*
Updating Subscription Management repositories.
    ... 输出 ...
已安装的软件包
lrzsz.x86_64          0.12.20-43.el8                        bb
[root@server2 ~]#
```

这里的意思是在 yum 源中查找以 lrzs 开头的包，* 前面加上 \ 的目的是防止 bash 把 * 解析了，希望到 yum 源中去解析而不是在 bash 中解析。到底使用 yum search 还是 yum list 就要看个人习惯了。

24.5.2 安装与卸载软件包

安装软件包用"yum install 包名"命令，现在安装 lrzsz，命令如下。

```
[root@server2 ~]# yum install lrzsz
Updating Subscription Management repositories.
    ... 输出 ...
============================================================
 软件包        架构         版本             仓库      大小
============================================================
安装：
 lrzsz        x86_64       0.12.20-43.el8    bb       84 k

事务概要
============================================================
安装   1 软件包

总下载：84 k
安装大小：187 k
确定吗？ [y/N]：此处输入 y 按【Enter】键
然后会问我们是否要安装，这里需要明确地输入 y 按【Enter】键：
下载软件包：
lrzsz-0.12.20-43.el8.x86_64.rpm          3.4 MB/s | 84 kB      00:00
------------------------------------------------------------
总计                                     3.2 MB/s | 84 kB      00:00
```

```
   ... 输出 ...
Installed products updated.

已安装：
  lrzsz-0.12.20-43.el8.x86_64

完毕！
[root@server2 ~]#
```

这样软件包就算是安装上去了。查看，命令如下。

```
[root@server2 ~]# yum list lrzsz
Updating Subscription Management repositories.
    ... 输出 ...
已安装的软件包
lrzsz.x86_64                          0.12.20-43.el8                          @bb
[root@server2 ~]#
```

这里已显示"已安装"。

不管是安装还是卸载，每次安装（或卸载）时都会询问，如果不想被询问，可以加上 -y
选项，-y 加在下面 1、2、3 的位置都可以。

```
yum 1 install 2 包名 3
```

卸载软件包用"yum remove 包名"命令，现在把 lrzsz 卸载掉，命令如下。

```
[root@server2 ~]# yum remove lrzsz -y
Updating Subscription Management repositories.
    ... 输出 ...
已移除：
  lrzsz-0.12.20-43.el8.x86_64

完毕！
[root@server2 ~]#
```

这样就把 lrzsz 卸载了。下面查看系统中是否还有 lrzsz，命令如下。

```
[root@server2 ~]# rpm -qa | grep lrzsz
[root@server2 ~]#
```

如果要更新系统中的某个软件包，则用"yum update 包名 -y"命令。如果要更新系统中
所有的软件包，则直接使用 yum udpate -y 命令即可。

查询包的信息用"yum info 包名"命令，命令如下。

```
[root@server2 ~]# yum info lrzsz
    ... 输出 ...
```

```
可安装的软件包
名称           : lrzsz
版本           : 0.12.20
发布           : 43.el8
架构           : x86_64
大小           : 84 k
源             : lrzsz-0.12.20-43.el8.src.rpm
仓库           : bb
概况           : The lrz and lsz modem communications programs
    ... 输出 ...
[root@server2 ~]#
```

这里可以看到关于 lrzsz 的相关信息。

24.5.3 下载

使用 yum 安装软件包时，先把要安装的软件包及所依赖的包都下载到本地缓存中，然后再一起安装。如果只想把这些包下载下来并不安装，可以使用 --downloadonly 和 --downloaddir=/dir 选项，其中 --downloadonly 只让 yum 把软件包下载下来并不执行安装操作，下载到哪个目录由 --downloaddir 来指定。

现在想把 httpd 及其依赖的包全部下载到 /xx 目录，首先创建 /xx 目录，命令如下。

```
[root@server2 ~]# mkdir /xx
[root@server2 ~]#
```

然后开始下载指定的包，命令如下。

```
[root@server2 ~]# yum install httpd -y --downloadonly --downloaddir=/xx
Updating Subscription Management repositories.
    ... 输出 ...
(9/9): redhat-logos-httpd-84.4-1.el8.noarch.rpm   2.1 MB/s |  29 kB    00:00
--------------------------------------------------
总计                                              26 MB/s | 2.0 MB    00:00
完毕！
下载的软件包保存在缓存中，直到下次成功执行事务。
您可以通过执行 'yum clean packages' 删除软件包缓存。
[root@server2 ~]#
```

查看一下 /xx 中的内容，命令如下。

```
[root@server2 ~]# ls /xx
apr-1.6.3-11.el8.x86_64.rpm
apr-util-1.6.1-6.el8.x86_64.rpm
apr-util-bdb-1.6.1-6.el8.x86_64.rpm
```

```
... 输出 ...
redhat-logos-httpd-84.4-1.el8.noarch.rpm
[root@server2 ~]#
```

可以看到，已经把 httpd 及其依赖的包全部下载下来了。

24.5.4 查询缺失命令

有时想执行某个命令时却发现系统中并没有此命令，如下所示。

```
[root@server2 ~]# smbclient -L //192.168.26.1
bash: smbclient: 未找到命令 ...
安装软件包 "samba-client" 以提供命令 "smbclient" ？ [N/y] 这里输入 n 并按【Enter】键
[root@server2 ~]#
```

这里会检测到 smbclient 命令是由安装包 samba-client 安装的，会询问要不要安装它，如果不安装则输入 "n" 并按【Enter】键，这里并没有让它自动安装。

没有这个命令肯定是因为某个包没有安装的缘故，那么怎么知道这个命令是哪个包安装出来的呢？可以用 yum whatprovides */smbclient 命令来查询，意思就是往 yum 源中大吼一嗓子：谁能提供 smbclient 这个命令？

这里 */ 的意思是路径的通配符，即不管 smbclient 在哪个目录下，命令如下。

```
[root@server2 ~]# yum whatprovides */smbclient
Updating Subscription Management repositories.
    ... 输出 ...
samba-client-4.13.3-3.el8.x86_64 : Samba client programs
仓库          : bb
匹配来源:
文件名    : /usr/bin/smbclient

[root@server ~]#
```

因为可执行命令一般放在 /bin 或 /usr/bin 下，所以可以判断出来要安装的软件包是 samba-client-4.13.3-3.el8.x86_64。我们现在使用 yum install samba-client -y 命令把它安装上去之后，然后再次执行 smbclient 命令，命令如下。

```
[root@server2 ~]# smbclient -L //192.168.26.1
Enter SAMBA\root's password: 【Ctrl+C】组合键
[root@server2 ~]#
```

现在是已经可以执行的了，按【Ctrl+C】组合键终止此命令。

24.6 组的使用

前面安装软件包时都是一个个安装的，假设现在想在服务器上实现某个"功能"，这个"功能"需要很多个包，但是不清楚需要安装哪些包，怎么办？可以利用 yum 中的 group 功能，用 yum grouplist 命令查询系统中一共有多少组，命令如下。

```
[root@server2 ~]# yum grouplist
    ... 输出 ...
可用环境组：
    服务器
    最小安装 *96+-+-
    ... 输出 ...
    智能卡支持
    系统工具
[root@server2 ~]#
```

这里显示的可用组是系统没有安装或组中的包没有安装全，已安装组说明这个组是已经安装过的。如果要查看某个组的信息，可以用"yum groupinfo 组名"命令。例如，现在要查看虚拟化主机这个组的信息，命令如下。

```
[root@server2 ~]# yum groupinfo 虚拟化主机
    ... 输出 ...
环境组：虚拟化主机
 描述：最小虚拟化主机。
 必选软件包组：
   Base
   Core
   Standard
   Virtualization Hypervisor
   Virtualization Tools
 可选软件包组：
   Debugging Tools
   Network File System Client
   Remote Management for Linux
   Virtualization Platform
[root@server2 ~]#
```

可以通过"yum groupinstall 组名"来安装某个组。例如，要安装虚拟化功能，就把"虚拟化主机"这个组安装上去，命令如下。

```
[root@server2 ~]# yum groupinstall 虚拟化主机 -y
   ... 输出 ...
  virtio-win-1.9.16-2.el8.noarch

完毕!
[root@server2 ~]#
```

这样就把需要的组安装完成了。如果卸载，用"yum groupremove 组名"命令即可。

24.7 使用第三方 yum 源

对于 server2 来说，通过 ftp 可以访问 server 上光盘中的包。但是有许多包在光盘中并没有，例如，要安装 ansible，命令如下。

```
[root@server2 ~]# yum list ansible
Updating Subscription Management repositories.
   ... 输出 ...
错误：没有匹配的软件包可以列出
[root@server2 ~]#
```

可以看到，光盘中并没有 ansible 这个包，所以此时要使用第三方的 yum 源。对于 CentOS 或 RHEL 来说，最常用的源就是 epel 了，下面演示如何给 server2 添加 epel 源。

先安装 epel 安装包，命令如下。

```
[root@server2 ~]# yum install -y https://mirrors.aliyun.com/epel/
epel-release-latest-8.noarch.rpm
Updating Subscription Management repositories.
   ... 输出 ...
已安装：
  epel-release-8-13.el8.noarch
完毕!
[root@server2 ~]#
```

安装好之后会生成一系列的 repo 文件，如下所示。

```
[root@server2 ~]# ls /etc/yum.repos.d/
aa.repo              epel-playground.repo   epel-testing-modular.repo   redhat.repo
epel-modular.repo  epel.repo                epel-testing.repo
[root@server2 ~]#
```

把这些以 epel 开头的 repo 文件中的地址换成阿里云的地址，命令如下。

```
[root@server2 ~]# sed -i 's|^#baseurl=https://download.example/
pub|baseurl=https://mirrors.aliyun.com|' /etc/yum.repos.d/epel*
[root@server2 ~]# sed -i 's|^metalink|#metalink|' /etc/yum.repos.d/epel*
[root@server2 ~]#
```

这样 server2 就可以使用 epel 源了。

上面的操作步骤可以到阿里云官方镜像站 https://developer.aliyun.com/mirror/，单击 epel 之后可以看到具体步骤。

下面再次执行 yum list ansible 命令，命令如下。

```
[root@server2 ~]# yum list ansible
Updating Subscription Management repositories.
    ... 输出 ...
可安装的软件包
ansible.noarch                    2.9.27-1.el8              epel
[root@server2 ~]#
```

可以看到，此时 server2 所使用的源中已经有 ansible 了。

作业

1. 请列出 server2 上现在正在使用的 yum 源是哪些。

2. 假设系统中没有 ifconfig 命令，请找出安装哪个软件包能生成 ifconfig 命令。

3. 在虚拟机中安装的 RHEL8，虚拟机中的桌面有时不能自适应窗口，解决此问题的方式是安装软件包 xorg-x11-drv-vmware 然后重启系统即可，请判断在 server2 上软件包 xorg-x11-drv-vmware 是否已经安装过了。

第 7 篇　安全管理

第25章
防火墙

本章主要介绍 RHEL8 中的 firewalld 的配置。

- firewalld 中的名词介绍
- firewalld 的基本配置
- 配置 firewalld 的规则
- 添加 firewalld 的富规则

25.1 了解 firewalld

在 RHEL8 中用的防火墙是 firewalld，在 firewalld 中又涉及 zone 的概念。首先来了解一下什么是 zone。

如在进地铁或高铁时需要安检，安检有不同的入口，如图 25-1 所示。

不同的入口严格度不一样，有的入口大包小包都要检测；有的入口只要检测大包即可，背包或单肩包就不用检测了；有的入口是绿色通道，不用检测直接通过。这里不同的安检入口制定了不同的规则。

同理，firewalld 中的 zone 我们就理解为如上的安检入口，不同的 zone 中制定了不同的规则。某网卡要和某一个 zone 进行关联，如图 25-2 所示，ens160 和 zone2 进行关联，这样从网卡 ens160 进来的数据包都要使用 zone2 中的过滤规则。

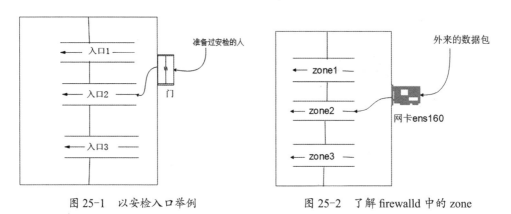

| 图 25-1　以安检入口举例 | 图 25-2　了解 firewalld 中的 zone |

网卡是不能同时和多个 zone 关联的，最多只能和一个 zone 关联。如果网卡没有和任何 zone 关联，则使用默认的 zone 中的规则。

25.2 firewalld 的基本配置

查看系统中有多少个 zone，命令如下。

```
[root@server ~]# firewall-cmd --get-zones
block dmz drop external home internal libvirt nm-shared public trusted work
[root@server ~]#
```

在这许多的 zone 中，其中 block 拒绝所有的数据包通过，trusted 允许所有的数据包通过。所以，如果把网卡和 trusted 关联，则来自这张网卡的数据包都能通过。

查看系统默认的 zone，命令如下。

```
[root@server ~]# firewall-cmd --get-default-zone
public
[root@server ~]#
```

可以看到，默认的 zone 是 public。

把默认的 zone 修改为 trusted，命令如下。

```
[root@server ~]# firewall-cmd --set-default-zone=trusted
success
[root@server ~]# firewall-cmd --get-default-zone
trusted
[root@server ~]#
```

再次把默认的 zone 改成 public，命令如下。

```
[root@server ~]# firewall-cmd --set-default-zone=public
success
[root@server ~]#
```

查看网卡 ens160 和哪个 zone 关联，命令如下。

```
[root@server ~]# firewall-cmd --get-zone-of-interface=ens160
public
[root@server ~]#
```

可以看到，网卡 ens160 是和 public 关联的。

把网卡加入某个 zone，命令如下。

```
firewall-cmd --add-interface=网卡名 --zone=zone 名
```

如果不指定 zone 名，则是默认的 zone。

把 ens160 和 home 这个 zone 关联，命令如下。

```
[root@server ~]# firewall-cmd --add-interface=ens160 --zone=home
Error: ZONE_CONFLICT: 'ens160' already bound to a zone
[root@server ~]#
```

一张网卡只能在一个zone中，这里可以看到ens160已经属于一个zone了，所以发生了冲突。

可以先把网卡从 public 中删除，然后重新添加，这里把 ens160 从 public 中删除，命令如下。

```
[root@server ~]# firewall-cmd --remove-interface=ens160 --zone=public
success
```

```
[root@server ~]# firewall-cmd --get-zone-of-interface=ens160
no zone
[root@server ~]#
```

这样 ens160 就不属于任何 zone 了，如果不属于任何 zone，则使用默认的 zone 中的规则。
然后把 ens160 加入 home 中，命令如下。

```
[root@server ~]# firewall-cmd --add-interface=ens160 --zone=home
success
[root@server ~]# firewall-cmd --get-zone-of-interface=ens160
home
[root@server ~]#
```

以后 ens160 会使用 home 中的规则，不再使用 public 中的规则。先从 zone 中删除，然后
再添加到其他的 zone 中，这个过程可以用一条命令替换，命令如下。

```
[root@server ~]# firewall-cmd --change-interface=ens160 --zone=public
success
[root@server ~]#
```

这里的意思是把 ens160 切换到 public 这个 zone，如果不指定 zone，则是默认的 zone，命
令如下。

```
[root@server ~]# firewall-cmd --get-zone-of-interface=ens160
public
[root@server ~]#
```

后面的练习均是在 public 中做。

25.3 配置 firewalld 的规则

网卡在哪个 zone 中就使用那个 zone 中的规则，如果网卡不属于任何 zone，则使用默认的
zone 中的规则。

一个 zone 中的规则可以通过"firewall-cmd --list-all --zone=zone 名"来查看，如果不指
定 zone，则是默认的 zone。

现在查看 public 这个 zone 中的规则，命令如下。

```
[root@server ~]# firewall-cmd --list-all --zone=public
public (active)
  target: default
  icmp-block-inversion: no
```

```
 interfaces: ens160
 sources:
 services: cockpit dhcpv6-client ssh
 ports: 123/udp 323/udp 20-21/tcp 10010-10020/tcp
 protocols:
 masquerade: no
 forward-ports:
 source-ports:
 icmp-blocks:
 rich rules:
[root@server ~]#
```

因为默认的 zone 就是 public，所以这里即使不加 --zone=public 选项，显示的也是 public 这个 zone 中的规则。

我们看一下最常用的一些设置。

25.3.1 icmp-blocks

平时测试网络通或不通是用 ping 进行测试的，使用的是 icmp 协议，如图 25-3 所示。

icmp 有很多类型的数据包，ping 的时候用的是以下两种。

（1）echo-request：我 ping 对方时发出去的包。

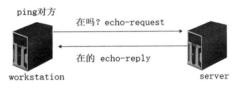

图 25-3　ping 的过程

（2）echo-reply：对方回应我的包。

一共有多少种类型的 icmp 包，可以通过 "firewall-cmd --get-icmptypes" 来查看。

在 server 上执行 tcpdump 命令进行抓包，命令如下。

```
[root@server ~]# tcpdump -i ens160 icmp
dropped privs to tcpdump
tcpdump: verbose output suppressed, use -v or -vv for full protocol decode
listening on ens160, link-type EN10MB (Ethernet), capture size 262144 bytes
（此处等待数据包进来）
```

在 server2 上 ping server 的 IP 两次，命令如下。

```
[root@server2 ~]# ping 192.168.26.101 -c2
PING 192.168.26.101 (192.168.26.101) 56(84) bytes of data.
64 bytes from 192.168.26.101: icmp_seq=1 ttl=64 time=0.701 ms
64 bytes from 192.168.26.101: icmp_seq=2 ttl=64 time=0.427 ms
```

```
--- 192.168.26.101 ping statistics ---
2 packets transmitted, 2 received, 0% packet loss, time 1006ms
rtt min/avg/max/mdev = 0.427/0.564/0.701/0.137 ms
[root@server2 ~]#
```

然后到 server 上查看，命令如下。

```
[root@server ~]# tcpdump -i ens160 icmp
dropped privs to tcpdump
tcpdump: verbose output suppressed, use -v or -vv for full protocol decode
listening on ens160, link-type EN10MB (Ethernet), capture size 262144 bytes
... 192.168.26.102 > server.rhce.cc: ICMP echo request, id 21630, seq 1, length 64
... server.rhce.cc > 192.168.26.102: ICMP echo reply, id 21630, seq 1, length 64
... 192.168.26.102 > server.rhce.cc: ICMP echo request, id 21630, seq 2, length 64
... server.rhce.cc > 192.168.26.102: ICMP echo reply, id 21630, seq 2, length 64
^C 这里按【Ctrl+C】组合键
4 packets captured
5 packets received by filter
0 packets dropped by kernel
[root@server ~]#
```

这里 server2 往 server 发送了两个 echo-request 包，server 均回应了 echo-reply 包。

在 server 上用防火墙设置拒绝别人发过来的 echo-request 包，命令如下。

```
[root@server ~]# firewall-cmd --add-icmp-block=echo-request
success
[root@server ~]# firewall-cmd --list-all
public (active)
    ... 输出 ...
  icmp-blocks: echo-request
  rich rules:
[root@server ~]#
```

此时，server 就不再接收别人发过来的 echo-request 包了，然后到 server2 再次 ping，命令如下。

```
[root@server2 ~]# ping 192.168.26.101 -c2
PING 192.168.26.101 (192.168.26.101) 56(84) bytes of data.
From 192.168.26.101 icmp_seq=1 Packet filtered
From 192.168.26.101 icmp_seq=2 Packet filtered

--- 192.168.26.101 ping statistics ---
2 packets transmitted, 0 received, +2 errors, 100% packet loss, time 1016ms

[root@server2 ~]#
```

可以看到，在 server2 上已经 ping 不通 server 了。

如果要想继续 ping 操作，就取消对应的设置，命令如下。

```
[root@server ~]# firewall-cmd --remove-icmp-block=echo-request
success
[root@server ~]#
```

25.3.2 services

两台主机通信必须使用某个协议，例如，浏览器访问网站用的是 http，远程登录到 Linux
服务器用的是 ssh 协议等。

默认情况下，public 这个 zone 只允许很少的服务通过，如下所示。

```
[root@server ~]# firewall-cmd --list-all
public (active)
    ... 输出 ...
  services: cockpit dhcpv6-client ssh
    ... 输出 ...
[root@server ~]#
```

可以看到，这里没有允许 http 通过。如果要查看防火墙是否开放了某个协议，也可以通过
如下语法来查看。

```
firewall-cmd --query-service= 服务名
```

要获取系统所支持的所有服务，可以通过如下命令来查看。

```
firewall-cmd --get-services
```

再次验证 http 是否被 firewall 允许，命令如下。

```
[root@server ~]# firewall-cmd --query-service=http
no
[root@server ~]#
```

在 server 上通过 yum install httpd -y 安装 httpd 包，启动服务并写一些测试数据，命令如下。

```
[root@server ~]# systemctl start httpd
[root@server ~]# echo "hello rhce" > /var/www/html/index.html
[root@server ~]# cat /var/www/html/index.html
hello rhce
[root@server ~]#
```

然后在宿主机上用浏览器访问 server（IP 地址是 192.168.26.101），结果如图 25-4 所示。

图 25-4　测试宿主机能不能访问

可以看到，现在根本访问不了，这是因为 server 上的防火墙并不允许 http 的数据包通过，然后在防火墙中开放 http，命令如下。

```
[root@server ~]# firewall-cmd --add-service=http
success
[root@server ~]# firewall-cmd --query-service=http
yes
[root@server ~]#
```

再次打开浏览器验证，结果如图 25-5 所示。

图 25-5　放行之后就能访问到了

此时可以正常打开了。如果要从防火墙中把此服务删除，则可用 --remove-service 选项，命令如下。

```
[root@server ~]# firewall-cmd --remove-service=http
success
[root@server ~]# firewall-cmd --query-service=http
no
[root@server ~]#
```

此时浏览器中是访问不了 192.168.26.101 的。

25.3.3 ports

前面介绍了对服务进行过滤与放行，这些服务使用的都是标准端口，例如，http 对应的是端口 80，ssh 对应的是端口 22 等。

但有时服务使用的是一个非标准端口，例如，把服务 httpd 的端口更改为 8080。如果在防火墙中只是放行 http 这个服务，本质上就是放行了端口 80，此时用户肯定是访问不到 Web 服务的，因为只能通过端口 8080 才能访问到 Web 服务。下面做一下这个实验。

先临时关闭 SELinux，命令如下。

```
[root@server ~]# setenforce 0
[root@server ~]# getenforce
Permissive
[root@server ~]#
```

确保 SELinux 是处在 Permissive 模式的。

用如下命令把 httpd 的端口替换为 8080，并重启 httpd 服务，命令如下。

```
[root@server ~]# sed -i '/^Listen/cListen 8080' /etc/httpd/conf/httpd.conf
[root@server ~]# systemctl restart httpd
[root@server ~]#
```

首先在防火墙中放行 http，命令如下。

```
[root@server ~]# firewall-cmd --add-service=http
success
[root@server ~]#
```

在浏览器中访问 192.168.26.101：8080，结果如图 25-6 所示。

图 25-6　在宿主机上访问端口 8080

可以看到，访问失败，因为放行 http 也只是允许端口 80 而非端口 8080。

把 http 服务从防火墙中删除，命令如下。

```
[root@server ~]# firewall-cmd --remove-service=http
success
[root@server ~]#
```

下面开始放行端口，常用的语句如下。

（1）firewall-cmd --query-port=N/ 协议：查询是否开放了端口 N。

（2）firewall-cmd --add-port=N/ 协议：开放端口 N。

（3）firewall-cmd --remove-port=N/ 协议：删除端口 N。

这里的协议包括 TCP、UDP 等。

　　在防火墙中添加端口，也可以添加一个范围。例如，要在防火墙中开放 1000~2000 范围的端口，可以用如下命令。

```
firewall-cmd --add-port=1000-2000/tcp
```

　　这里"-"表示到的意思。

　　下面把端口 8080 放行，命令如下。

```
[root@server ~]# firewall-cmd --add-port=8080/tcp
success
[root@server ~]# firewall-cmd --query-port=8080/tcp
yes
[root@server ~]#
```

　　然后再次在浏览器中访问，结果如图 25-7 所示。

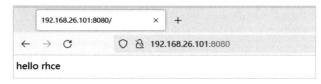

图 25-7　防火墙放行之后就能访问了

　　现在已经可以正常访问了。

　　在防火墙中删除此端口，命令如下。

```
[root@server ~]# firewall-cmd --remove-port=8080/tcp
success
[root@server ~]# firewall-cmd --query-port=8080/tcp
no
[root@server ~]#
```

　　下面把环境还原，再次开启 SELinux，确保状态为 Enforcing 模式，命令如下。

```
[root@server ~]# setenforce 1
[root@server ~]# getenforce
Enforcing
[root@server ~]#
```

　　再次把 httpd 的端口改为 80，并重启服务，命令如下。

```
[root@server ~]# sed -i '/^Listen/cListen 80' /etc/httpd/conf/httpd.conf
[root@server ~]# systemctl restart httpd
[root@server ~]#
```

25.4 富规则

前面不管是对端口放行还是对服务放行，都会遇到一个问题就是，如果允许则是允许所有的客户端，如果拒绝则是拒绝所有的客户端，有种一刀切的感觉。

有时需要设置只允许特定的客户端访问，其他客户端都不能访问，此时就需要使用到富规则。

富规则可以对服务进行限制，也可以对端口进行限制。

放行服务的语法如下。

```
firewall-cmd --add-rich-rule='rule family=ipv4 source address= 源网段
service name= 服务名 accept'
```

这里用单引号或双引号均可，先查看现在是否有富规则。

```
[root@server ~]# firewall-cmd --list-rich-rules

[root@server ~]#
```

现在还没有任何富规则，下面开始创建富规则。

练习 1：允许 192.168.26.1 访问本机的 http 服务，其他客户端都不能访问。

先确保在防火墙的 services 中没有添加 http，否则所有的客户端都能访问了。

```
[root@server ~]# firewall-cmd --query-service=http
no
[root@server ~]#
```

现在确定在 services 中是没有添加 http 的，所以现在所有客户端都是被拒绝访问的。下面开始添加富规则，命令如下。

```
[root@server ~]# firewall-cmd --add-rich-rule="rule family=ipv4 source
address=192.168.26.1 service name=http accept"
success
[root@server ~]#
```

在 192.168.26.1（笔记本电脑）上用浏览器访问 server（IP 地址是 192.168.26.101），结果如图 25-8 所示。

可以看到，现在是正常的，然后在 192.168.26.102（server2 机器）上用浏览器访

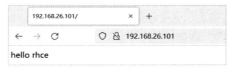

图 25-8 在宿主机上能访问

问 server（IP 地址是 192.168.26.101），结果如图 25-9 所示。

图 25-9　在 server2 上访问不了

可以看到，访问不了。查看现有富规则，命令如下。

```
[root@server ~]# firewall-cmd --list-rich-rules
rule family="ipv4" source address="192.168.26.1" service name="http" accept
[root@server ~]#
```

富规则的命令只要把添加时的 add 换成 remove 即可删除此富规则，命令如下。

```
[root@server ~]# firewall-cmd --remove-rich-rule="rule family=ipv4 source address=
192.168.26.1 service name=http accept"
success
[root@server ~]#
```

放行端口的语法如下。

```
firewall-cmd --add-rich-rule 'rule family=ipv4 source address=源网段 port
port=N protocol=协议 accept'
```

这里端口也可以写一个范围，如下所示。

```
firewall-cmd --add-rich-rule 'rule family=ipv4 source address=源网段 port
port=M-N protocol=协议 accept'
```

这里 M-N 的意思是从端口 M 到端口 N。

练习 2：允许 192.168.26.102 访问本机的端口 80。

```
[root@server ~]# firewall-cmd --add-rich-rule="rule family=ipv4 source address=
192.168.26.102 port port=80 protocol=tcp accept"
success
[root@server ~]# firewall-cmd --list-rich-rules
rule family="ipv4" source address="192.168.26.102" port port="80" protocol=
"tcp" accept
[root@server ~]#
```

在 192.168.26.1（笔记本电脑）上用浏览器访问 server（IP 地址是 192.168.26.101），结果如

图 25-10 所示。

图 25-10 在宿主机上访问不了

然后在 192.168.26.102（server2 机器）上用浏览器访问 server（IP 地址是 192.168.26.101），
结果如图 25-11 所示。

图 25-11 在 server2 上能访问

可以看到，能正常访问了。

此时，防火墙的规则如下。

```
[root@server ~]# firewall-cmd --list-all
public (active)
  target: default
  icmp-block-inversion: no
  interfaces: ens160
  sources:
  services: cockpit dhcpv6-client ssh
  ports: 123/udp 323/udp 20-21/tcp 10010-10020/tcp
  protocols:
  masquerade: no
  forward-ports:
  source-ports:
  icmp-blocks:
  rich rules:
    rule family="ipv4" source address="192.168.26.102" port port="80" protocol=
"tcp" accept
[root@server ~]#
```

删除此规则，命令如下。

```
[root@server ~]# firewall-cmd --remove-rich-rule="rule family=ipv4 source address=
192.168.26.102 port port=80 protocol=tcp accept"
```

```
success
[root@server ~]#
```

> **注意**
>
> 前面讲的对这些规则的管理（包括服务、端口、富规则等）都只是临时生效，如果希望能永久生效，需要加上 --permanent 选项。
>
> 不加 --permanent 选项，当前生效，重启系统或 firewalld 之后不再生效。
>
> 加上 --permanent 选项，当前不生效，重启系统或 firewalld 之后生效。
>
> 所以，写的时候可以写两条，一条不包含 --permanent，另一条包含 --permanent。

作业

作业题在 server2 上完成。

1. 查看当前 firewalld 默认的 zone。

2. 把 firewalld 默认的 zone 改为 home。

3. 查看网卡 ens160 绑定到哪个 zone。

4. 再次把 firewalld 默认的 zone 改为 public。

5. 设置只允许 192.168.26.0/24 网段的主机访问 server2 的端口 80，其他客户端都不能访问。

6. 设置除 192.168.26.0/24 网段的主机外，其他客户端都可以访问 server2 的端口 808。

第26章

SELinux介绍

本章主要介绍在 RHEL8 中如何使用 SELinux。

- 了解什么是 SELinux
- 了解 SELinux 的上下文
- 配置端口上下文
- 了解 SELinux 的布尔值
- 了解 SELinux 的模式

在 Windows 系统中安装了一些安全软件后，当执行某个命令时，如果安全软件认为这个命令对系统是一种危害，则会阻止这个命令继续运行。例如，在 powershell 中创建一个用户 net user tom /add，安全软件会认为这个操作是不安全的，然后会阻止，如图 26-1 所示。

图 26-1　Windows 上的安全软件保护系统

RHEL/CentOS 中的 SELinux 实现的是类似的功能，SELinux 全称是 Security-Enhanced Linux，目的是提高系统的安全性。当我们执行某个操作时，如果 SELinux 认为此操作有危险，则会拒绝进一步的访问。

26.1　了解上下文

在开启了 SELinux 的情况下，SELinux 会为每个文件、每个进程都分配一个标签，这个标签我们称为上下文（context），后续说的标签和上下文是同一个概念，查看上下文时需要加上 Z 选项。例如，查看进程的上下文，命令如下。

```
[root@server ~]# ps axZ | grep -v grep | grep httpd
system_u:system_r:httpd_t:s0    ...      /usr/sbin/httpd -DFOREGROUND
system_u:system_r:httpd_t:s0    ...      /usr/sbin/httpd -DFOREGROUND
system_u:system_r:httpd_t:s0    ...      /usr/sbin/httpd -DFOREGROUND
system_u:system_r:httpd_t:s0    ...      /usr/sbin/httpd -DFOREGROUND
system_u:system_r:httpd_t:s0    ...      /usr/sbin/httpd -DFOREGROUND
[root@server ~]#
```

可以看到，httpd 进程的上下文为 httpd_t。

查看文件的上下文，命令如下。

```
[root@server ~]# ls -dZ /var/www/html
system_u:object_r:httpd_sys_content_t:s0 /var/www/html
[root@server ~]#
```

可以看到，/var/www/html 的上下文为 httpd_sys_content_t。

特定上下文的进程，只能访问特定上下文的文件，上下文为 httpd_t 的进程可以访问上下文为 httpd_sys_content_t 的文件或目录。

如图 26-2 所示，假设一个 xx 进程的标签是 aa-p，它能访问标签为 aa-f 的文件，所以 xx 进程访问文件 aa 是没问题的，因为标签匹配了。但是 xx 进程访问文件 bb 时却是访问不了的，即使文件 bb 的权限为 777 也是访问不了的，因为文件 bb 的标签是 bb-f。

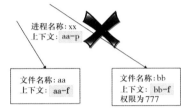

图 26-2　了解上下文

下面做一个测试。

在 server 上创建目录 /web，并写一些测试数据到 /web/index.html 中，命令如下。

```
[root@server ~]# mkdir /web
[root@server ~]# echo 5555 > /web/index.html
[root@server ~]#
```

查看 /web 的上下文，命令如下。

```
[root@server ~]# ls -dZ /web
unconfined_u:object_r:default_t:s0 /web
[root@server ~]#
```

可以看到，/web 的上下文为 default_t。

把 /web 软链接到 /var/www/html/www，命令如下。

```
[root@server ~]# ln -s /web /var/www/html/www
[root@server ~]#
```

查看 /var/www/html 中的内容，命令如下。

```
[root@server ~]# ls /var/www/html
index.html  www
[root@server ~]#
```

这里的 www 是 /web 的软链接（快捷方式），当我们在地址栏中输入 "192.168.26.100/www" 时，其实访问的是 /web 中的 index.html。

确保 httpd 服务是运行的，命令如下。

```
[root@server ~]# systemctl restart httpd
[root@server ~]# systemctl is-active httpd
```

```
active
[root@server ~]#
```

确保防火墙放行了 http 服务，命令如下。

```
[root@server ~]# firewall-cmd --add-service=http
success
[root@server ~]#
```

在客户端上访问此内容，结果如图 26-3 所示。

发现访问是被拒绝的，原因是当客户端在浏览器的地址栏中输入"192.168.26.101/www"连接到服务器时，服务器会有一个 httpd 进程来"接待"这个客户端的连接请求，然后 httpd 根据用户的请求去访问目录 /web，如图 26-4 所示。

图 26-3　在宿主机上访问不了

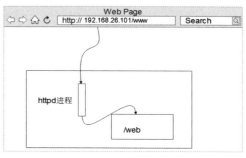

图 26-4　了解上下文

前面已经看到 httpd 进程的上下文是 httpd_t，/web 的上下文是 default_t，这两个是不匹配的，所以 httpd 进程访问目录 /web 时被拒绝。

但是 httpd 进程是可以正常访问 /var/www/html 的（上下文为 httpd_sys_content_t），考虑如果把 /web 的上下文改成 httpd_sys_content_t 是不是就可以使 httpd 进程能访问了呢？

改变上下文的命令如下。

```
chcon -R -t 上下文 目录
```

这里 -R 选项的意思是递归。

把 /web 的上下文改成 httpd_sys_content_t，命令如下。

```
[root@server ~]# chcon -R -t httpd_sys_content_t /web
[root@server ~]#
```

再次查看 /web 的上下文，命令如下。

```
[root@server ~]# ls -dZ /web
unconfined_u:object_r:httpd_sys_content_t:s0 /web
[root@server ~]#
```

现在已经是 httpd_sys_content_t 了，浏览器
测试结果如图 26-5 所示。

发现可以正常访问了。如果要恢复目录的默
认上下文，可以用"restorecon -R 目录"命令。
下面恢复 /web 的上下文，命令如下。

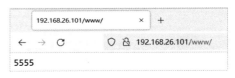

图 26-5　宿主机现在能访问了

```
[root@server ~]# restorecon -R /web
[root@server ~]#
```

再次查看 /web 的上下文，命令如下。

```
[root@server ~]# ls -dZ /web
unconfined_u:object_r:default_t:s0 /web
[root@server ~]#
```

可以看到，/web 的上下文又恢复成 default_t 了，此时刷新浏览器之后又是被拒绝。

如果想修改默认上下文，可以用如下命令。

```
semanage fcontext -a -t httpd_sys_content_t "/ 目录 (/.*)?"
```

这里 (/.*)? 表示"/ 目录"本身及里面所有的内容。

如果想删除默认上下文，把上面命令的 -a 换成 -d 即可，命令如下。

```
semanage fcontext -d -t httpd_sys_content_t "/ 目录 (/.*)?"
```

下面修改 /web 的默认上下文，命令如下。

```
[root@server ~]# semanage fcontext -a -t httpd_sys_content_t "/web(/.*)?"
[root@server ~]#
```

查看 /web 的上下文，命令如下。

```
[root@server ~]# ls -dZ /web
unconfined_u:object_r:default_t:s0 /web
[root@server ~]#
```

可以看到，当前仍然是 default_t，说明 semanage 修改的只是默认值，并没有改变当前上
下文，要改变当前上下文，仍然需要使用 restorecon 命令，命令如下。

```
[root@server ~]# restorecon -R /web
[root@server ~]# ls -dZ /web
unconfined_u:object_r:httpd_sys_content_t:s0 /web
[root@server ~]#
```

可以看到，此时已经修改了默认上下文。

26.2 端口上下文

端口也是有上下文的，如果一个端口没有上下文或上下文和进程不匹配，则进程就无法访问此端口。

查看系统所有端口上下文的命令是 semanage port -l（小写字母 l，list 的意思）。

练习：请通过如下命令把 httpd 端口改为 808，命令如下。

```
[root@server ~]# sed -i '/^Listen/cListen 808' /etc/httpd/conf/httpd.conf
[root@server ~]#
```

然后重启 httpd 服务，命令如下。

```
[root@server ~]# systemctl restart httpd
Job for httpd.service failed because the control process exited with error code.
See "systemctl status httpd.service" and "journalctl -xe" for details.
[root@server ~]#
```

发现启动服务失败，通过 journalctl -xe | grep httpd 查看日志，发现里面有一段话，如下所示。

```
[root@server ~]# journalctl -xe | grep httpd
    ...输出...
11 月 16 22:04:52 server.rhce.cc setroubleshoot[613352]: SELinux is preventing
/usr/sbin/httpd from name_bind access on the tcp_socket port 808. For complete
SELinux messages run: sealert -l e0bd7550-75af-4206-90cb-e0f055de4db1
    ...输出...
root@server ~]#
```

这里的意思是无法绑定端口 808，这是因为端口 808 没有对应的上下文，命令如下。

```
[root@server ~]# semanage port -l | grep '\b808\b'
[root@server ~]#
```

这样 httpd 进程是访问不了端口 808 的。但是端口 80 是正常工作的，查看端口 80 的上下文，命令如下。

```
[root@server ~]# semanage port -l | grep '\b80\b'
http_port_t          tcp      80, 81, 443, 488, 8008, 8009, 8443, 9000
[root@server ~]#
```

可以看到，端口 80 的上下文是 http_port_t。如果把端口 808 的上下文改成和端口 80 一样不就可以了吗？试试修改端口 808 的上下文。

修改端口上下文的语法如下。

```
semanage port -a -t 上下文 -p 协议 端口
```

如果要删除端口上下文，语法如下。

```
semanage port -d -t 上下文 -p 协议 端口
```

下面把端口 808 的上下文改成 http_port_t，命令如下。

```
[root@server ~]# semanage port -a -t http_port_t -p tcp 808
[root@server ~]#
```

这里的意思是把端口 808 的上下文改成 http_port_t。

再次查看端口 808 的上下文，命令如下。

```
[root@server ~]# semanage port -l | grep '\b808\b'
http_port_t          tcp       808, 80, 81, 443, 488, 8008, 8009, 8443, 9000
[root@server ~]#
```

再次重启 httpd 服务，命令如下。

```
[root@server ~]# systemctl restart httpd
[root@server ~]#
```

可以正常启动，查看端口监听情况，命令如下。

```
[root@server ~]# netstat -ntulp | grep :808
tcp6       0      0 :::808        ...输出...      LISTEN        613725/httpd
[root@server ~]#
```

端口 808 也正常运行了。

26.3 了解 SELinux 的布尔值

布尔值可以理解为一个功能开关，如图 26-6 所示。

在没有 SELinux 的情况下，电灯亮不亮完全由开关控制，打开开关电灯亮，关闭开关电灯灭。现在有了 SELinux，情况如图 26-7 所示。

现在电灯亮还是不亮，不能完全由原来的开关 A 决定，这当中 SELinux 也具有决定权。如果把开关 A 打开，但是 SELinux 不允许打开，则电灯仍然是不亮的。

图 26-6　了解布尔值 　　　　　　　　　　　图 26-7　布尔值

要查看系统中所有 SELinux 的布尔值可以使用 getsebool -a 命令。

下面看一个例子，在前面讲到 yum 时，已经在 server 上启动了 vsftpd 并开启了匿名用户访问，匿名用户是 ftp 或 anonymous。

下面开始测试匿名用户是否可以往 ftp 中写入内容。

（1）在 server 上创建 /var/ftp/incoming 目录，并把所有者和所属组改为 ftp，命令如下。

```
[root@server ~]# mkdir /var/ftp/incoming
[root@server ~]# chown ftp.ftp /var/ftp/incoming
[root@server ~]#
```

改所有者和所属组的目的是让匿名用户（ftp 用户）有足够的权限去写。

（2）修改配置文件 /etc/vsftpd/vsftpd.conf，添加如下两行。

```
anon_upload_enable=YES
anon_mkdir_write_enable=YES
```

这两行的作用是设置允许匿名用户往 ftp 中写内容。这两行加在哪里都可以，原本配置文件中就有这两行，只是被注释掉了，所以直接找到这两行内容，把最前面的 # 去掉也可以。

然后重启 vsftpd，命令如下。

```
[root@server ~]# systemctl restart vsftpd
[root@server ~]#
```

在 server2 上自行安装 lftp，使用 lftp 登录并进入 incoming 目录中（如果不指定用户名，则是匿名用户登录）。

```
[root@server2 ~]# lftp 192.168.26.101/incoming
cd 成功，当前目录 =/incoming
lftp 192.168.26.101:/incoming> ls
lftp 192.168.26.101:/incoming>
```

可以看到，使用匿名用户是可以登录成功的（注意，如果想使用指定用户登录，则需要加上 -u 选项），并且 incoming 目录下没有任何文件。

（3）到 server2 上测试把 /etc/hosts 文件上传进去，命令如下。

```
lftp 192.168.26.101:/incoming> put /etc/hosts
193 bytes transferred
lftp 192.168.26.101:/incoming> ls
-rw-------    1 14         50        193 Nov 16 15:13 hosts
lftp 192.168.26.101:/incoming>
```

这里显示已经上传上去了。

切换到 server 上，开启相关布尔值。

先查看布尔值 ftpd_full_access 是否开启，命令如下。

```
[root@server ~]# getsebool -a | grep ftpd_full_access
ftpd_full_access --> on
[root@server ~]#
```

这里显示为 on，说明已经开启了。这是我们在讲搭建 yum 源时开启的。

开启布尔值的语法如下。

```
setsebool 布尔值 on   或
setsebool 布尔值 1
```

关闭布尔值的语法如下。

```
setsebool 布尔值 off   或
setsebool 布尔值 0
```

setsebool 可以加上 –P（大写）选项，表示永久生效，即重启系统之后也生效。

因为这里已经开启了布尔值 ftpd_full_access，所以下面先关闭这个布尔值，命令如下。

```
[root@server ~]# setsebool -P ftpd_full_access off
[root@server ~]#
```

再次切换到 server2 上上传一个文件，命令如下。

```
lftp 192.168.26.101:/incoming> put /etc/issue
put: /etc/issue: 访问失败 : 553 Could not create file. (issue)
lftp 192.168.26.101:/incoming> quit
[root@server2 ~]#
```

发现上传失败。

再次切换到 server 上，执行如下命令。

```
[root@server ~]# setsebool -P ftpd_full_access off
[root@server ~]#
```

26.4 了解 SELinux 的模式

SELinux 一共有以下两种模式。

（1）Enforcing：如果不满足 SELinux 条件，则 SELinux 会阻止访问服务并提供警报。

（2）Permissive：如果不满足 SELinux 条件，则 SELinux 不会阻止访问，但是会警报。

查看当前处于什么模式用 getenforce 命令，命令如下。

```
[root@server ~]# getenforce
Enforcing
[root@server ~]#
```

要是想切换模式，需要用 setenforce 命令。

setenforce 1：切换到 Enforcing 模式。

setenforce 0：切换到 Permissive 模式。

```
root@server ~]# setenforce 0
[root@server ~]# getenforce
Permissive
[root@server ~]# setenforce 1
[root@server ~]# getenforce
Enforcing
[root@server ~]#
```

但是使用 setenforce 命令切换也只是临时生效，重启系统之后又变成默认模式了。如果想修改默认模式，可以通过修改配置文件 /etc/SELinux/config 或 /etc/sysconfig/SELinux，后者是前者的快捷方式（软链接）。

使用 vim 打开 /etc/SELinux/config，如图 26-8 所示。

```
# SELINUX= can take one of these three values:
#     enforcing - SELinux security policy is enforced.
#     permissive - SELinux prints warnings instead of
#     disabled - No SELinux policy is loaded.
SELINUX=enforcing
# SELINUXTYPE= can take one of these three values:
```

图 26-8 修改 SELinux 的默认模式

其中 SELINUX= 后面的部分就是默认模式（记住不是 SELINUXTYPE 那行）。如果想彻底关闭 SELinux，只能在此配置文件中把内容改为 SELINUX=disabled，且重启才能生效。

1. 确保 SELinux 的状态是 Enforcing 模式，且永久生效。

2. 安装软件包 httpd，设置让 httpd 除使用端口 80 外，也能开启端口 83。

3. 创建目录 /www，在此目录中创建一个文件 index.html，内容为 xxx。

4. 把 /www 这个目录软链接到 /var/www/html/www2。

5. 请做合适的设置，之后在客户端的浏览器中输入"192.168.26.X:83/www2/index.html"，按【Enter】键能看到 xxx。

其中把 192.186.26.X 换成你自己的 IP。

第8篇　容器管理

第27章
使用podman管理容器

本章主要介绍使用 podman 管理容器。

- 了解什么是容器，容器和镜像的关系
- 安装和配置 podman
- 拉取和删除镜像
- 给镜像打标签
- 导出和导入镜像
- 创建和删除镜像
- 数据卷的使用
- 管理容器的命令
- 使用普通用户管理容器

对于初学者来说，不太容易理解什么是容器，这里举一个例子。想象一下，我们把系统安装在一个 U 盘中，此系统中安装好了 MySQL。然后我们把这个 U 盘插入一台正在运行的物理机上，这个物理机上并没有安装 MySQL，如图 27-1 所示。

然后把 U 盘中的 mysqld 进程"曳"到物理机上运行。但是这个 mysqld 进程只能适应 U 盘中的系统，不一定能适应物理机上的系统。所以，我们找一个类似气球的东西把 mysqld 进程在物理机中包裹保护起来，这个 mysqld 进程依然适应 U 盘中的生态环境（系统），却可以从物理机上吸收 CPU 和内存作为维持 mysqld 进程运行的"养分"。

那么，这个类似气球的东西就是容器，U 盘就是镜像。

在 Linux 中安装软件包时经常会遇到各种包依赖，或者有人不会在 Linux 系统（如 Ubuntu、CentOS）中安装软件包。这样以后我们就不需要安装和配置 MySQL 了，直接把这个"U 盘"插到电脑上，然后运行一个容器出来，这样就有 MySQL 这个服务了。

所谓镜像，就是安装了系统的硬盘文件，这个系统中安装了想要运行的程序，如 MySQL、Nginx，并规定好使用这个镜像所生成的容器里面运行什么进程。这里假设有一个安装了 MySQL 的镜像，如图 27-2 所示。

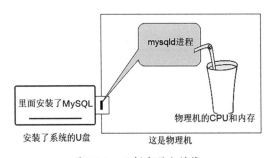

图 27-1　了解容器和镜像

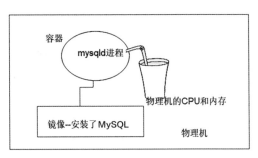

图 27-2　了解容器和镜像

在服务器上有一个 MySQL 的镜像（已经安装好了 MySQL），然后使用这个镜像生成一个容器。这个容器中只运行一个 mysqld 进程，容器中的 mysqld 进程直接从物理机上吸收 CPU 和内存以维持它的正常运行。

以后需要什么应用，就直接拉取什么镜像下来，然后使用这个镜像生成容器。例如，需要对外提供 MySQL 服务，那么就拉取一个 MySQL 镜像，然后生成一个 MySQL 容器。如果需要对外提供 Web 服务，那么就拉取一个 Nginx 镜像，然后生成一个 Nginx 容器。

一个镜像是可以生成很多个容器的，如图 27-3 所示。

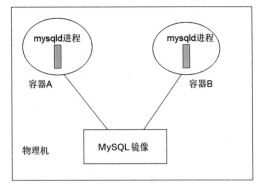

图 27-3　了解容器和镜像

27.1 安装及配置 podman

前面已经配置了 yum 源，所以这里直接使用 yum install podman -y 命令安装，命令如下。

```
[root@server ~]# yum install podman -y
Updating Subscription Management repositories.
   ... 输出 ...
已安装：
  conmon-2:2.0.26-1.module+el8.4.0+10607+f4da7515.x86_64
  podman-3.0.1-6.module+el8.4.0+10607+f4da7515.x86_64
  podman-catatonit-3.0.1-6.module+el8.4.0+10607+f4da7515.x86_64

完毕！
[root@server ~]#
```

查看现在系统中有多少镜像，命令如下。

```
[root@server ~]# podman images
REPOSITORY   TAG      IMAGE ID  CREATED  SIZE
[root@server ~]#
```

没有任何输出，说明现在还没有镜像。

查看系统中有多少容器，命令如下。

```
[root@server ~]# podman ps
CONTAINER ID  IMAGE   COMMAND   CREATED   STATUS   PORTS    NAMES
[root@server ~]#
```

没有任何输出，说明当前没有容器。

如果要拉取镜像，一般是从国外网站的镜像仓库中拉取，速度会很慢。默认 podman 从以下仓库中拉取镜像：registry.access.redhat.com、registry.redhat.io、docker.io。下面配置加速器，提高从 docker.io 中拉取镜像的速度。

登录阿里云控制台，找到容器镜像服务，单击镜像工具→镜像加速器，找到自己的加速器地址，这里使用的是 https://frz7i079.mirror.aliyuncs.com。

修改 podman 的配置文件 /etc/containers/registries.conf，修改内容如下。

```
[root@server ~]# cat /etc/containers/registries.conf
unqualified-search-registries = ["docker.io"]
[[registry]]
prefix = "docker.io"
```

```
location = "frz7i079.mirror.aliyuncs.com"
[root@server ~]#
```

这里的意思是从 docker.io 中拉取镜像时使用加速器 frz7i079.mirror.aliyuncs.com，注意这里不需要加 https，配置好之后不需要重启什么服务。

下面开始拉取 docker.io/nginx 镜像，命令如下。

```
[root@server ~]# podman pull docker.io/nginx
Trying to pull docker.io/library/nginx:latest...
Getting image source signatures
    ... 输出 ...
Writing manifest to image destination
Storing signatures
ea335eea17ab984571cd4a3bcf90a0413773b559c75ef4cda07d0ce952b00291
[root@server ~]#
```

拉取 MySQL 镜像 docker.io/mysql，命令如下。

```
[root@server ~]# podman pull mysql
Trying to pull docker.io/library/mysql:latest...
    ... 输出 ...
[root@server ~]#
```

网易仓库地址是 https://c.163yun.com/hub#/home，在浏览器中打开此界面需要登录，然后搜索需要的镜像即可。下面从网易仓库中拉取 CentOS 镜像，命令如下。

```
[root@server ~]# podman pull hub.c.163.com/library/centos
Trying to pull hub.c.163.com/library/centos:latest...
    ... 输出 ...
Writing manifest to image destination
Storing signatures
328edcd84f1bbf868bc88e4ae37afe421ef19be71890f59b4b2d8ba48414b84d
[root@server ~]#
```

27.2 镜像管理

前面讲了要想创建容器必须有镜像，本节主要讲解镜像的管理。

27.2.1 镜像的命名

一般情况下，镜像的命名格式如下。

服务器 IP：端口 / 分类 / 镜像名 :tag

如果不指定端口则默认为 80，如果不指定 tag 则默认为 latest。

例如，192.168.26.101：5000/cka/centos:v2。

再如，hub.c.163.com/library/mysql:latest。

分类也是可以不写的，如 docker.io/nginx:latest。

在把镜像上传（push）到仓库时，镜像必须按这种格式命名，因为仓库地址就是由镜像前面的 IP 决定的。如果只是在本机使用镜像，命名可以随意。

查看当前系统有多少镜像，命令如下。

```
[root@server ~]# podman images
REPOSITORY                         TAG        IMAGE ID        CREATED        SIZE
docker.io/library/nginx            latest     ea335eea17ab    3 days ago     146 MB
docker.io/library/mysql            latest     b05128b000dd    3 days ago     521 MB
hub.c.163.com/library/centos       latest     328edcd84f1b    4 years ago    200 MB
[root@server ~]#
```

27.2.2 对镜像重新做标签

如果想给本地已经存在的镜像起一个新的名称，可以用 tag 来做，语法如下。

podman tag 旧的镜像名　新的镜像名

tag 之后，新的镜像名和旧的镜像名是同时存在的。

步骤 ❶：给镜像做新标签，命令如下。

```
[root@server ~]# podman tag docker.io/library/mysql 192.168.26.101/rhce/mysql:v2
[root@server ~]#
```

这里是为 docker.io/library/mysql 重新做个 tag，名称为 192.168.26.101/rhce/mysql，标签为 v2，这样命名的目的是让大家看到命名的随意性，建议 tag 可以设置为版本号、日期等有意义的字符。

步骤 ❷：再次查看镜像，命令如下。

```
[root@server ~]# podman images
REPOSITORY                         TAG        IMAGE ID        CREATED        SIZE
docker.io/library/nginx            latest     ea335eea17ab    3 days ago     146 MB
docker.io/library/mysql            latest     b05128b000dd    3 days ago     521 MB
192.168.26.101/rhce/mysql          v2         b05128b000dd    3 days ago     521 MB
hub.c.163.com/library/centos       latest     328edcd84f1b    4 years ago    200 MB
[root@server ~]#
```

可以看到，对某镜像做了标签之后，看似是两个镜像，其实对应的是同一个（这类似于 Linux 中硬链接的概念，一个文件两个名称而已），镜像 ID 都是一样的。删除其中一个镜像，是不会删除存储在硬盘上的文件的，只有把 IMAGE ID 所对应的所有名称全部删除，才会从硬盘上删除。

27.2.3 删除镜像

如果要删除镜像，需要按如下语法来删除。

```
podman rmi 镜像名:tag
```

例如，下面要把 docker.io/library/mysql:latest 删除。

步骤❶：删除镜像，命令如下。

```
[root@server ~]# podman rmi docker.io/library/mysql:latest
Untagged: docker.io/library/mysql:latest
[root@server ~]#
```

可以看到，只是简单的一个 Untagged 操作，并没有任何 Deleted 操作。

步骤❷：查看镜像，命令如下。

```
[root@server ~]# podman images
REPOSITORY                      TAG       IMAGE ID       CREATED       SIZE
docker.io/library/nginx         latest    ea335eea17ab   3 days ago    146 MB
192.168.26.101/rhce/mysql       v2        b05128b000dd   3 days ago    521 MB
hub.c.163.com/library/centos    latest    328edcd84f1b   4 years ago   200 MB
[root@server ~]#
```

可以看到，b05128b000dd 对应的本地文件依然是存在的，因为它（ID 为 b05128b000dd）有两个名称，现在只是删除了一个名称而已，所以在硬盘上仍然是存在的。

只有删除最后一个名称，本地文件才会被删除。

步骤❸：删除镜像，命令如下。

```
[root@server ~]# podman rmi 192.168.26.101/rhce/mysql:v2
Untagged: 192.168.26.101/rhce/mysql:v2
Deleted: b05128b000ddbafb0a0d2713086c6a1cc23280dee3529d37f03c98c97c8cf1ed
[root@server ~]#
```

27.2.4 查看镜像的层结构

虽然我们所用的镜像都是从网上下载下来的，但这些镜像在制作过程中都是一点点修改、一步步做出来的。如果我们要看某镜像的这些步骤，可以用 podman history 命令，语法如下。

```
podman history 镜像名
```

查看镜像的结构，命令如下。

```
[root@server ~]# podman history hub.c.163.com/library/centos
ID              CREATED       CREATED BY              SIZE                        COMMENT
328edcd84f1b    4 years ago  /bin/sh -c #(nop)  CMD ["/bin/bash"]        0 B
<missing>       4 years ago  /bin/sh -c #(nop)  LABEL name=CentOS Base ... 0 B
<missing>       4 years ago  /bin/sh -c #(nop)  ADD file:63492ba809361c5... 200 MB
[root@server ~]#
```

最上层的 CMD，定义的是当使用这个镜像生成的容器时，运行的进程为 /bin/bash。

27.2.5 导出和导入镜像

一些服务器是无法连接到互联网的，所以无法从互联网上下载镜像。在还没有私有仓库的情况下，如何把现有的镜像传输到其他机器上呢？这里就需要把本地已经 pull 下来的镜像导出为一个本地文件，这样就可以很容易地传输到其他机器。导出镜像的语法如下。

```
podman save 镜像名 > file.tar
```

步骤❶：把 docker.io/nginx:latest 导出为 nginx.tar，命令如下。

```
[root@server ~]# podman save docker.io/library/nginx > nginx.tar
    ... 输出 ...
Storing signatures
[root@server ~]#
```

删除 Nginx 这个镜像，命令如下。

```
[root@server ~]# podman rmi docker.io/library/nginx
    ... 输出 ...
[root@server ~]# podman images
REPOSITORY                      TAG       IMAGE ID       CREATED       SIZE
hub.c.163.com/library/centos    latest    328edcd84f1b   4 years ago   200 MB
[root@server ~]#
```

既然上面已经把镜像导出为一个文件了，那么需要把这个文件导入，语法如下。

```
podman load -i file.tar
```

步骤❷：把 nginx.tar 导入为镜像，命令如下。

```
[root@server ~]# podman load -i nginx.tar
Getting image source signatures
```

```
   ... 输出 ...
Loaded image(s): docker.io/library/nginx:latest
[root@server ~]#
```

查看现有镜像，命令如下。

```
[root@server ~]# podman images
REPOSITORY                       TAG       IMAGE ID      CREATED       SIZE
docker.io/library/nginx          latest    ea335eea17ab  3 days ago    146 MB
hub.c.163.com/library/centos     latest    328edcd84f1b  4 years ago   200 MB
[root@server ~]#
```

27.3 创建容器

容器就是镜像在宿主机上运行的一个实例，大家可以把容器理解为一个气球，气球中运行了一个进程，这个进程透过气球吸收物理机的内存和 CPU 资源。

查看当前有多少正在运行的容器，命令如下。

```
[root@server ~]# podman ps
CONTAINER ID  IMAGE   COMMAND  CREATED  STATUS  PORTS   NAMES
[root@server ~]#
```

这个命令显示的仅仅是正在运行的容器，如果要查看不管是运行还是不运行的容器，需要加上 -a 选项，即 podman ps -a。

27.3.1 创建一个简单的容器

运行一个最简单的容器，命令如下。

```
[root@server ~]# podman run hub.c.163.com/library/centos
[root@server ~]# podman ps
CONTAINER ID  IMAGE   COMMAND  CREATED  STATUS  PORTS   NAMES
[root@server ~]# podman ps -a
CONTAINER ID  IMAGE        COMMAND       CREATED STATUS      PORTS    NAMES
455391d81738  hub.c.163.com/library/centos   /bin/bash  18 seconds ago  Exited (0)
18 seconds ago          kind_elgamal
[root@server ~]#
```

可以看到，创建了一个容器，容器 ID 为 455391d81738，容器名是随机产生的，名称为 kind_elgamal，所使用的镜像是 hub.c.163.com/library/centos，容器中运行的进程为 /bin/bash（也就是镜像中的 CMD 指定的）。

podman ps 看不到，podman ps -a 能看到，且状态为 Exited，说明容器是关闭状态。容器运行的一瞬间就关闭了，为什么？

27.3.2 容器的生命期

把容器理解为人的肉体，里面运行的进程理解为人的灵魂。如果人的灵魂宕机了，肉体也就宕机了，只有灵魂正常运行，肉体才能正常运行，如图 27-4 所示。

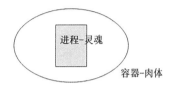

图 27-4　容器和进程之间的关系

同理，只有容器中的进程正常运行，容器才能正常运行，容器中的进程宕机了，容器也就宕机了。因为没有终端的存在，/bin/bash 就像执行 ls 命令一样一下就执行完了，所以容器生命期也就到期了。

如果把这个 bash 附着到一个终端上，这个终端一直存在，bash 就一直存在，那么是不是容器就能一直存活了呢？

删除容器的语法如下。

```
podman rm 容器 ID/ 容器名
```

如果删除正在运行的容器，可以使用 -f 选项。

```
podman rm -f 容器 ID/ 容器名
```

步骤 ❶：删除刚才的容器，命令如下。

```
[root@server ~]# podman rm 455391d81738
455391d8173855b53b3bbc40135671e2af696201e9c77b3a31cf5d02d041a6b1
[root@server ~]#
```

重新创建新的容器，加上 -i -t 选项，可以写作 -it 或 -i -t。

（1）-t：模拟一个终端。

（2）-i：可以让用户进行交互，否则用户看到一个提示符之后就卡住不动了。

步骤 ❷：创建一个容器，命令如下。

```
[root@server ~]# podman run -it hub.c.163.com/library/centos
[root@0ea7e0a9dbee /]#
[root@0ea7e0a9dbee /]# exit
exit
[root@server ~]#
```

创建好容器之后就自动进入容器中了，可以通过 exit 退出容器，命令如下。

```
[root@server ~]# podman ps -q   #-q 选项可以只显示容器 ID，不会显示太多信息
```

```
[root@server ~]# podman ps -a -q
0ea7e0a9dbee
[root@server ~]#
```

但是一旦退出容器，容器就不再运行了。

步骤❸：删除此容器，命令如下。

```
[root@server ~]# podman rm -f 0ea7e0a9dbee
0ea7e0a9dbeed17603722ce480340ce8621e64735f3f2e10090d5b7bf2d7aaa9
[root@server ~]#
[root@server ~]# podman ps -q
[root@server ~]#
```

如果希望创建好容器之后不自动进入容器中，可以加上 -d 选项。

步骤❹：再次创建一个容器，命令如下。

```
[root@server ~]# podman run -dit hub.c.163.com/library/centos
24d1e502b1efebeb8992a074da984c1123d86c5912f086ce431c23cd35460422
[root@server ~]# podman ps -q
24d1e502b1ef
[root@server ~]#
```

因为加了 -d 选项，所以创建好容器之后并没有自动进入容器中，进入此容器中，命令如下。

```
[root@server ~]# podman attach 24d1e502b1ef
[root@24d1e502b1ef /]# exit
exit

[root@server ~]# podman ps -q
[root@server ~]# podman ps -a -q
24d1e502b1ef
[root@server ~]#
```

可以看到，只要退出来容器就会自动关闭。

步骤❺：删除此容器，命令如下。

```
[root@server ~]# podman rm 24d1e502b1ef
24d1e502b1efebeb8992a074da984c1123d86c5912f086ce431c23cd35460422
[root@server ~]#
```

在运行容器时加上 --restart=always 选项可以解决退出容器自动关闭的问题。

步骤❻：创建容器，增加 --restart=always 选项，命令如下。

```
[root@server ~]# podman run -dit --restart=always hub.c.163.com/library/centos
03250f9a5a99372a7078d4d0ca15efc3a82eec91317d9e2e9d471d0e1403a397
[root@server ~]#
```

进入容器并退出，命令如下。

```
[root@server ~]# podman ps -q
03250f9a5a99
[root@server ~]# podman attach 03250f9a5a99
[root@03250f9a5a99 /]# exit
exit
[root@server ~]# podman ps -q
03250f9a5a99
[root@server ~]#
```

可以看到，容器依然是存活的。

步骤❼：删除此容器，因为容器是运行的，所以需要加上 -f 选项，命令如下。

```
[root@server ~]# podman rm -f 03250f9a5a99
03250f9a5a99372a7078d4d0ca15efc3a82eec91317d9e2e9d471d0e1403a397
[root@server ~]#
```

每次删除容器时，都要使用容器 ID，这种方式比较麻烦，在创建容器时可以使用 --name
选项指定容器名。

步骤❽：创建容器，使用 --name 选项指定容器的名称。

```
[root@server ~]# podman run -dit --restart=always --name=c1 hub.c.163.com/
library/centos
8a88d9f952e4467098e2fdefbde0f0a5a63b2ad5115bad15461bc41f1fb79e4a
[root@server ~]#
```

这样容器的名称为 c1，以后管理起来比较方便，如切换到容器，然后退出，命令如下。

```
[root@server ~]# podman attach c1
[root@8a88d9f952e4 /]#
[root@8a88d9f952e4 /]# exit
exit

[root@server ~]#
```

步骤❾：删除此容器，命令如下。

```
[root@server ~]# podman rm -f c1
8a88d9f952e4467098e2fdefbde0f0a5a63b2ad5115bad15461bc41f1fb79e4a
[root@server ~]# podman ps -a -q
[root@server ~]#
```

27.3.3 创建临时容器

如果要临时创建一个测试容器，又怕用完忘记删除它，可以加上 --rm 选项。

创建临时容器，命令如下。

```
[root@server ~]# podman run -it --name=c1 --rm hub.c.163.com/library/centos
[root@6b603cee057a /]# exit
exit
[root@server ~]#
```

创建容器时加了 --rm 选项，退出容器之后容器会被自动删除。

```
[root@server ~]# podman ps -a -q
[root@server ~]#
```

可以看到，此容器被自动删除了，注意 --rm 和 --restart=always 选项不可以同时使用。

27.3.4 指定容器中运行的命令

创建容器时，容器中运行的是什么进程，都是由镜像中的 CMD 指定的。如果想自定义容器中运行的进程，可以在创建容器的命令最后指定，如下所示。

```
[root@server ~]# podman run -it --name=c1 --rm hub.c.163.com/library/centos sh
sh-4.2#
sh-4.2# exit
exit
[root@server ~]#
```

这里就是以 sh 的方式运行，而不是以 bash 的方式运行。

27.3.5 创建容器时使用变量

在利用一些镜像创建容器时需要传递变量，例如，使用 MySQL 的镜像、WordPress 的镜像创建容器时都需要通过变量来指定一些必备的信息。需要变量用 -e 选项来指定，可以多次使用 -e 选项来指定多个变量。

创建一个名称为 cl 的容器，里面传递两个变量，命令如下。

```
[root@server ~]# podman run -it --name=c1 --rm -e aa=123 -e bb=456
hub.c.163.com/library/centos
[root@1bda626849e9 /]# echo $aa
123
[root@1bda626849e9 /]# echo $bb
456
[root@1bda626849e9 /]# exit
exit
[root@server ~]#
```

在创建容器时，通过 -e 选项指定了两个变量 aa 和 bb，然后进入容器之后可以看到具有这两个变量。

27.3.6 把容器的端口映射到物理机上

外部主机（本机之外的其他主机）是不能和容器进行通信的，如果希望外部主机能访问到容器的内容，就需要使用 -p 选项将容器的端口映射到物理机上，以后访问物理机对应的端口就可以访问到容器了，如图 27-5 所示。

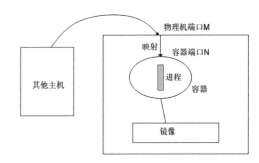

图 27-5　把容器的端口映射到物理机上

语法如下。

-p N：物理机随机生成一个端口映射到容器的端口 N 上。

-p M:N：把容器的端口 N 映射到物理机指定的端口 M 上。

步骤 ❶：创建一个名称为 web 的容器，把容器的端口 80 映射到物理机的一个随机端口上，命令如下。

```
[root@server ~]# podman run -d --name=web --restart=always -p 80 docker.io/nginx
2cd7bcf4ed6aa676ff9699fcb079b903ba983c9717c960a32c7337fd1731f6b6
[root@server ~]#
```

这里把 web 容器的端口 80 映射到物理机的随机端口上，这个端口号可以通过如下命令来查询。

```
[root@server ~]# podman ps
CONTAINER ID  IMAGE            COMMAND         CREATED       STATUS     PORTS     NAMES
2cd7bcf4ed6a  docker.io/nginx  nginx -g daemon o...  19 seconds ago  Up 20
seconds ago  0.0.0.0:33513->80/tcp  web
[root@server ~]#
```

可以看到，映射到物理机的 33513 上了，访问物理机的端口 33513 即可访问到 web 容器，结果如图 27-6 所示。

图 27-6　访问物理机的端口 33513

删除此容器，命令如下。

```
[root@server ~]# podman rm -f web
2cd7bcf4ed6aa676ff9699fcb079b903ba983c9717c960a32c7337fd1731f6b6
[root@server ~]#
```

步骤 ❷：如果想映射到物理机指定的端口上，命令如下。

```
[root@server ~]# podman run -d --name=web --restart=always -p 88:80 docker.io/
nginx
ddd179f577bca4602b681ed11fd18bdb7973cca94b5839097a1c5e09785f4685
[root@server ~]#
```

这里把 web 容器的端口 80 映射到物理机的端口 88 上（可以自己指定端口，如 80），那么访问物理机的端口 88 即可访问到 web 容器的端口 80，结果如图 27-7 所示。

图 27-7　访问物理机的端口 88

删除此容器，命令如下。

```
[root@server ~]# podman rm -f web
ddd179f577bca4602b681ed11fd18bdb7973cca94b5839097a1c5e09785f4685
[root@server ~]#
```

27.4　实战练习——创建 MySQL 的容器

创建 MySQL 容器时不要使用从阿里云或 Docker 官方仓库中下载的镜像，请拉取镜像 hub.c.163.com/library/mysql。

在使用 MySQL 镜像时至少需要指定一个变量 MYSQL_ROOT_PASSWORD 来指定 root 密码，其他变量如 MYSQL_USER、MYSQL_PASSWORD、MYSQL_DATABASE 都是可选的。

```
[root@server ~]# podman history hub.c.163.com/library/mysql
ID            CREATED       CREATED BY                      SIZE    COMMENT
9e64176cd8a2  4 years ago   /bin/sh -c #(nop)  CMD ["mysqld"]  0 B
```

```
    ... 输出 ...
[root@server ~]#
```

可以看到，使用 MySQL 镜像创建出来的容器中运行的是 mysqld。

步骤 ❶：创建容器，命令如下。

```
[root@server ~]# podman run -d --name=db --restart=always -e MYSQL_ROOT_PASSWORD=
haha001 -e MYSQL_DATABASE=blog hub.c.163.com/library/mysql
bc663f50355605df6e966a773ef24aed642ad60c7de600809d27ba896e2c2c1e
[root@server ~]#
```

这里使用 MYSQL_ROOT_PASSWORD 指定了 MySQL root 密码为 haha001，通过 MYSQL_
DATABASE 在容器中创建了一个名称为 blog 的数据库。

步骤 ❷：做连接测试。

查看 db 容器的 IP，命令如下。

```
[root@server ~]# podman inspect db | grep -i ipaddr
            "IPAddress": "10.88.0.16",
                "IPAddress": "10.88.0.16",
[root@server ~]#
```

在宿主机上用 yum 命令安装 MariaDB 客户端（命令是 yum -y install mariadb），然后连接
容器，命令如下。

```
[root@server ~]# mysql -uroot -phaha001 -h10.88.0.16
    ... 输出 ...
MySQL [(none)]> show databases;
+--------------------+
| Database           |
+--------------------+
| information_schema |
| blog               |
| mysql              |
| performance_schema |
| sys                |
+--------------------+
5 rows in set (0.002 sec)

MySQL [(none)]> exit
Bye
[root@server ~]#
```

可以看到，用密码 haha001 能正确地连接到容器中，并且也创建了一个名称为 blog 的库。

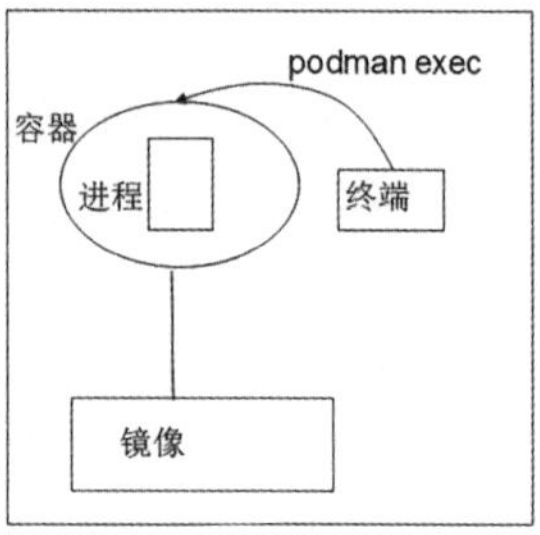

图 27-8　在容器中执行命令

27.5　管理容器的命令

容器如同一台没有显示器的电脑，如何查看容器中的内容呢，又如何在容器中执行命令呢？可以使用 podman exec 命令来实现，如图 27-8 所示。

27.5.1　在容器中执行指定的命令

语法如下。

```
podman exec 容器名 命令
```

步骤 ❶：在 db 容器中执行 ip a | grep 'inet ' 命令，命令如下。

```
[root@server ~]# podman exec db ip a | grep 'inet '
    inet 127.0.0.1/8 scope host lo
    inet 10.88.0.16/16 brd 10.88.255.255 scope global eth0
[root@server ~]#
```

如果容器中没有要执行的命令，就会出现如下报错。

```
[root@server ~]# podman exec db ifconfig
Error: exec failed: container_linux.go:370: starting container process
caused: exec: "ifconfig": executable file not found in $PATH: OCI not found
[root@server ~]#
```

如果想获取 shell 控制台，需要加上 -it 选项。

步骤 ❷：获取容器中的 bash 控制台，命令如下。

```
[root@server ~]# podman exec -it db bash
root@d1c70b97a93d:/# exit
exit
[root@server ~]#
```

> **注意**
>
> 有的镜像中不存在 bash，可以使用 sh 替代。

27.5.2　物理机和容器互相拷贝文件

有时我们需要让物理机和容器之间互相拷贝一些文件，拷贝文件的语法如下。

```
podman cp /path/file 容器:/path2   把物理机中的 /path/file 拷贝到容器的 /path2 中
podman cp 容器:/path2/file /path/ 把容器中的 /path2/file 拷贝到物理机的 /path2 中
```

步骤 ❶：把物理机中的 /etc/hosts 拷贝到容器的 /opt 中，命令如下。

```
[[root@server ~]# podman exec db ls /opt
[root@server ~]# podman cp /etc/hosts db:/opt
[root@server ~]# podman exec db ls /opt
hosts
[root@server ~]#
```

步骤 ❷：把容器中的 /etc/passwd 拷贝到物理机的 /opt 中，命令如下。

```
[root@server ~]# rm -rf /opt/*
[root@server ~]# podman cp db:/etc/passwd /opt
[root@server ~]# ls /opt/
passwd
[root@server ~]#
```

27.5.3 关闭、启动、重启容器

一般情况下，在操作系统中重启某个服务，可以通过 "systemctl restart 服务名" 来重启，容器中一般是无法使用 systemctl 命令的。如果要重启容器中的程序，直接重启容器就可以了。下面演示如何关闭、启动、重启容器。

步骤 ❶：关闭、启动、重启容器，命令如下。

```
[root@server ~]# podman stop db
d1c70b97a93d7af8a048905b72362067843cf5872b337fa3f7ad0efcf101bd8a
[root@server ~]#
[root@server ~]# podman start db
db
[root@server ~]# podman restart db
d1c70b97a93d7af8a048905b72362067843cf5872b337fa3f7ad0efcf101bd8a
[root@server ~]#
```

步骤 ❷：查看容器中运行的进程。

语法为 "podman top 容器名"，这个类似于任务管理器，可以查看到容器中正在运行的进程，命令如下。

```
[root@server ~]# podman top db
USER     PID    PPID   %CPU    ELAPSED          TTY     TIME    COMMAND
mysql    1      0      0.000   27.013893711s    ?       0s      mysqld
[root@server ~]#
```

27.5.4 查看容器中的输出

当容器无法正常运行时，需要查看容器中的输出来进行排错。如果要查看容器中的日志信息，可以通过如下命令来查看。

```
podman logs 容器名
```

如果想不间断地查看输出，可以使用如下命令。

```
docker logs -f 容器名
```

步骤❶：查看容器日志输出，命令如下。

```
[root@server ~]# podman logs db
Initializing database
   ... 输出 ...
[root@server ~]#
```

如果要查看容器的属性，可以使用"podman inspect 容器名"命令。

步骤❷：查看 db 容器的属性，命令如下。

```
[root@server ~]# podman inspect db
[
   {
       "Id": "d1c70b97a93d7af8a048905b7236
   ... 输出 ...
   }
]
[root@server ~]#
```

在这个输出中，可以查看到容器的各种信息，如数据卷、网络信息等。

27.5.5 数据卷的使用

当容器创建出来之后，会映射到物理机的某个目录（这个目录叫作容器层）中，在容器中写的数据实际都存储在容器层，所以只要容器不被删除，在容器中写的数据就会一直存在。但是一旦删除容器，对应的容器层也会被删除。

如果希望数据能永久保存，则需要配置数据卷，把容器中的指定目录挂载到物理机的某目录上，如图 27-9 所示。

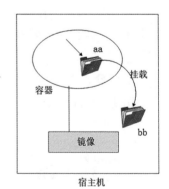

图 27-9　数据卷

这里把容器中的目录 aa 挂载到物理机的目录 bb 上，当往容器目录 aa 中写数据时，实际上是往物理机的目录 bb 中写的。这样即使删除了容器，物理机目录 bb 中的数据仍然是存在的，就实现了数据的永久保留（除非手动删除）。

在创建容器时，用 -v 选项指定数据卷，用法如下。

```
-v /dir1              把物理机的一个随机目录映射到容器的 /dir1 目录中
-v /dir2:/dir1:Z      把物理机的指定目录 /dir2 映射到容器的 /dir1 目录中
```

记住，冒号左边的 /dir2 是物理机的目录，此目录需要提前创建出来；冒号右边的 /dir1 是容器中的目录，如果此目录不存在则会自动创建。这里大写 Z 的意思是把物理机的目录 /dir2 的上下文改成 container_file_t。

步骤 ❶：创建一个名称为 c1 的容器，把物理机的一个随机目录映射到容器的 /data 目录中，命令如下。

```
[root@server ~]# podman run -dit --name=c1 --restart=always -v /data
hub.c.163.com/library/centos
f2eefb6253c53d6909a144af4ef0fddc4ba13562a2acba7e7da196b678397e4f
[root@server ~]#
```

在此命令中，-v 后面只指定了一个目录 /data，指的是在容器中创建 /data，挂载到物理机的一个随机目录上。

步骤 ❷：查看对应物理机是哪个目录，命令如下。

```
[root@server ~]# podman inspect c1 | grep -A5 Mounts
        "Mounts": [
            {
                "Type": "volume",
                "Name": "d18f9d35971c7e11dfba9423058812a22e0da5b176ee2f0ce
9649eeecf995463",
                "Source": "/var/lib/containers/storage/volumes/d18f9d35971
c7e11dfba9423058812a22e0da5b176ee2f0ce9649eeecf995463/_data",
                "Destination": "/data",
[root@server ~]#
```

上面有两个参数，其中 Destination 指的是容器中的目录，Source 指的是物理机对应的目录。得到的结论就是容器中的目录 /data 对应物理机的 /var/lib/containers/storage/volumes/d18f9d3597 1c7e11dfba9423058812a22e0da5b176ee2f0ce9649eeecf995463/_data。

先查看 c1 容器的目录 /data 中的数据和物理机对应目录的数据，命令如下。

```
[root@server ~]# podman exec c1 ls /data
[root@server ~]# ls /var/lib/containers/storage/volumes/d18f9d35971c7e11df
ba9423058812a22e0da5b176ee2f0ce9649eeecf995463/_data
[root@server ~]#
```

可以看到，目录是空的，如下所示。

```
[root@server ~]# podman cp /etc/hosts c1:/data
[root@server ~]# podman exec c1 ls /data
hosts
[root@server ~]# ls /var/lib/containers/storage/volumes/d18f9d35971c7e11df
ba9423058812a22e0da5b176ee2f0ce9649eeecf995463/_data
hosts
[root@server ~]#
```

往容器中拷贝数据，物理机中也会有这个数据了。

步骤 ❸：删除此容器，命令如下。

```
[root@server ~]# podman rm -f c1c1
[root@server ~]#
```

如果想在物理机中也指定目录而非随机挂载目录，则使用 -v /xx:/data，此处冒号左边是物理机的目录，冒号右边是容器中的目录，这里要提前在物理机上把目录 /xx 创建出来。

步骤 ❹：创建一个名称为 c1 的容器，把物理机的目录 /xx 映射到容器的 /data 目录中，命令如下。

```
[root@server ~]# mkdir /xx
[root@server ~]# podman run -dit --name=c1 --restart=always -v /xx:/data:Z
hub.c.163.com/library/centos
d0c815a7750a0d3837d4632b4fdd96876f502437316b5f45c134dc6c350c533b
[root@server ~]#
```

这里大写 Z 的意思是把物理机的目录 /xx 的上下文改成 container_file_t。查看 /xx 的上下文，命令如下。

```
[root@server ~]# ls -dZ /xx
system_u:object_r:container_file_t:s0:c714,c979 /xx
[root@server ~]#
```

查看此容器的属性，命令如下。

```
[root@server ~]# podman inspect c1 | grep -A5 Mounts
        "Mounts": [
            {
                "Type": "bind",
                "Source": "/xx",
                "Destination": "/data",
                "Driver": "",
[root@server ~]#
```

步骤 ❺：拷贝一些测试文件过去并观察一下，命令如下。

```
[root@server ~]# podman exec c1 ls /data
[root@server ~]# ls /xx
[root@server ~]#
[root@server ~]# podman cp /etc/hosts c1:/data #往容器的 /data 中拷贝一个文件
[root@server ~]# podman exec c1 ls /data
hosts
[root@server ~]# ls /xx/ # 对应地,物理机的 /xx 也有相关的数据
hosts
[root@server ~]#
```

步骤 ❻:删除此容器,命令如下。

```
[root@server ~]# podman rm -f c1
d0c815a7750a0d3837d4632b4fdd96876f502437316b5f45c134dc6c350c533b
[root@server ~]#
```

在重启系统后,所创建的容器并不会随着系统自动运行,可把容器创建为一个服务,然后设置这个服务开机自动启动,那么这个容器也就可以实现开机自动启动了。

下面使用 lduan 用户创建一个容器,然后实现开机自动启动。

27.6 使用普通用户对容器进行管理

使用 lduan 用户通过 ssh 登录到 server,切记这里不能通过其他用户用 su 命令切换到 lduan 用户。

不同用户对镜像和容器的管理都是独立的,所以 root 拉取的镜像并不能给 lduan 用户使用。

```
[lduan@server ~]$ podman images
REPOSITORY   TAG      IMAGE ID  CREATED  SIZE
[lduan@server ~]$
```

可以看到,使用 lduan 用户查询时是没有任何镜像的,所以先拉取 Nginx 镜像,命令如下。

```
[lduan@server ~]$ podman pull docker.io/library/nginx
Trying to pull docker.io/library/nginx:latest...
   ... 输出 ...
ea335eea17ab984571cd4a3bcf90a0413773b559c75ef4cda07d0ce952b00291
[lduan@server ~]$
```

查看现有镜像,命令如下。

```
[lduan@server ~]$ podman images
REPOSITORY            TAG       IMAGE ID      CREATED      SIZE
```

```
docker.io/library/nginx   latest   ea335eea17ab   3 days ago   146 MB
[lduan@server ~]$
```

为了使用数据卷，先使用 root 用户创建一个目录 /yy 并把所有者和所属组改为 lduan，命令如下。

```
[root@server ~]# mkdir /yy
[root@server ~]# chown lduan.lduan /yy
[root@server ~]#
```

然后使用 lduan 用户创建一个名称为 web 的容器，把物理机的目录 /yy 映射到容器的 /data 目录中，命令如下。

```
[lduan@server ~]$ podman run -dit --name=web --restart=always -v /yy:/data:Z
docker.io/library/nginx:latest
efa9b18046c8d4680f7201bfaa44f2a8ff199f311af3cbfe2ed8be0f3b072a3d
[lduan@server ~]$
```

现在容器创建好了，但是这个容器在系统重启时并不会随着系统一起启动，所以下面设置允许开机自动运行容器。要让容器跟着系统一起启动，需要为这个容器创建一个服务。

首先设置 lduan 用户创建的服务在系统启动时能自动启动，命令如下。

```
[lduan@server ~]$ loginctl enable-linger lduan
[lduan@server ~]$
```

如果这里没有开启，或者通过 loginctl disable-linger lduan 关闭了，那么系统启动之后 lduan 用户创建的服务是不会自动启动的，只有 lduan 用户通过 ssh 或控制台登录之后，服务才会启动起来。

这里设置了 loginctl enable-linger lduan，当系统启动之后，lduan 用户即使没有通过 ssh 或控制台登录，lduan 用户创建的服务也会自动启动。是开启还是关闭可以通过 loginctl show-user lduan | grep Linger 来查看。

因为要为容器创建出来一个服务，所以先创建存储服务文件的目录，命令如下。

```
[lduan@server ~]$ mkdir -p ~/.config/systemd/user ; cd ~/.config/systemd/user
[lduan@server user]$ ls
[lduan@server user]$
```

为 web 容器生成一个服务文件，命令如下。

```
[lduan@server user]$ podman generate systemd --name web --files --new
/home/lduan/.config/systemd/user/container-web.service
[lduan@server user]$ ls
container-web.service
[lduan@server user]$
```

这里 --new 的意思是，即使现在把 web 容器删除，那么重启系统时也会自动创建这个容器。

其中 --name 可以简写为 -n，--files 可以简写为 -f，--new 可以省略，所以整个命令可以简写如下。

```
podman generate systemd -n web -f
```

重新加载这个服务文件，这里要加上 --user 选项，命令如下。

```
[lduan@server user]$ systemctl --user daemon-reload
```

设置这个服务开机自动启动，命令如下。

```
[lduan@server user]$ systemctl --user enable container-web.service
   ...输出...
[lduan@server user]$ ls
container-web.service  default.target.wants  multi-user.target.wants
[lduan@server user]$
```

然后重启操作系统进行验证，命令如下。

```
[lduan@server ~]$ podman ps
CONTAINER ID  IMAGE                               COMMAND            CREATED
STATUS               PORTS    NAMES
b918c3e9638c  docker.io/library/nginx:latest  nginx -g daemon o...  17
seconds ago  Up 16 seconds ago              web
[lduan@server ~]$
```

等系统启动之后发现 web 容器跟着系统启动起来了。

作业题在 server2 上完成。

1. 在 server2 上配置镜像加速器，使得从 docker.io 中拉取镜像时使用加速器地址 frz7i079.mirror.aliyuncs.com。

2. 使用 tom 用户登录 server2，拉取镜像 docker.io/library/nginx。

3. 使用 tom 用户登录 server2，利用镜像 docker.io/library/nginx 创建一个名称为 web 的容器。要求把 tom 家目录下的 yy 目录映射到 web 容器的 /data 目录中。

4. 使用 tom 用户登录 server2，做相关配置，当系统启动之后，web 容器能自动启动起来。

第 9 篇　自动化管理工具 ansible 的使用

第28章

ansible的使用

本章主要介绍在 RHEL8 中如何安装 ansible 及 ansible 的基本使用。

- ♦ ansible 是如何工作的
- ♦ 在 RHEL8 中安装 ansible
- ♦ 编写 ansible.cfg 和清单文件
- ♦ ansible 的基本用法

如果管理的服务器很多，如几十台甚至几百台，那么就需要一个自动化管理工具了，ansible 就是这样的一种自动化管理工具。

ansible 是通过 ssh 连接到被管理主机，然后执行相关操作的，如图 28-1 所示。

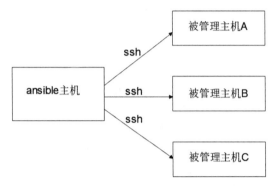

图 28-1　ansible 通过 ssh 连接到被管理主机

ansible 主机通过 ssh 连接到被管理主机时，需要提前设置密钥登录，使得从 ansible 主机可以无密码登录到被管理主机。

本实验的拓扑图如图 28-2 所示。

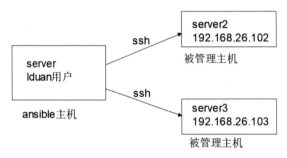

图 28-2　拓扑图

这里 server 是 ansible 主机，以 lduan 用户登录。server2 和 server3 是被管理主机，在这两台主机上创建 lduan 用户并配置好 sudo，使得这两台主机上的 lduan 用户通过 sudo -i 可以无密码切换到 root，下面开始配置。

28.1　安装 ansible

先使用 root 用户登录 server，在其上配置 epel 源，命令如下。

```
[root@server ~]# yum install -y https://mirrors.aliyun.com/epel/epel-
release-latest-8.noarch.rpm
```

```
[root@server ~]#
[root@server ~]# sed -i 's|^#baseurl=https://download.fedoraproject.org/
pub|baseurl=https://mirrors.aliyun.com|' /etc/yum.repos.d/epel*
[root@server ~]# sed -i 's|^metalink|#metalink|' /etc/yum.repos.d/epel*
[root@server ~]#
```

在 server 上安装 ansible，命令如下。

```
[root@server ~]# yum install ansible -y
Updating Subscription Management repositories.
Unable to read consumer identity
   ... 输出 ...
[root@server ~]#
```

如果安装有问题，可以到 https://www.rhce.cc/3940.html 下载 ansible 的离线包。

查看 ansible 的版本，命令如下。

```
[root@server ~]# ansible --version
ansible 2.9.27
  config file = /etc/ansible/ansible.cfg
   ... 输出 ...
[root@server ~]#
```

这里安装的 ansible 的版本是 2.9.27，同时也显示 ansible 的默认配置是 /etc/ansible/ansible.cfg。还要确保 ansible 主机能够解析所有的被管理机器，这里通过配置 /etc/hosts 来实现，/etc/hosts 的内容如下。

```
[root@server ~]# cat /etc/hosts
127.0.0.1    localhost localhost.localdomain localhost4 localhost4.localdomain4
::1          localhost localhost.localdomain localhost6 localhost6.localdomain6
192.168.26.101 server.rhce.cc    server
192.168.26.102 server2.rhce.cc   server2
192.168.26.103 server3.rhce.cc   server3
[root@server ~]#
```

在 server2 和 server3 两台机器上确认已经创建好了 lduan 用户，如果没有请自行创建，然后配置好 sudo，命令如下。

```
[root@server2 ~]# cat /etc/sudoers.d/lduan
lduan   ALL=(root) NOPASSWD: ALL
[root@server2 ~]#

[root@server3 ~]# cat /etc/sudoers.d/lduan
lduan   ALL=(root) NOPASSWD: ALL
[root@server3 ~]#
```

这样在这两台机器上，lduan 用户通过 sudo -i 可以无密码切换到 root 用户。

使用 lduan 用户登录 server，配置好 ssh 密钥登录，使得 lduan 用户可以无密码登录到 server2 和 server3，命令如下。

```
[lduan@server ~]$ ssh server2
Activate the web console with: systemctl enable --now cockpit.socket
    ...输出...
[lduan@server2 ~]$ exit
注销
Connection to server2 closed.
[lduan@server ~]$ ssh server3
Activate the web console with: systemctl enable --now cockpit.socket
    ...输出...
[lduan@server3 ~]$ exit
注销
Connection to server3 closed.
[lduan@server ~]$
```

28.2 编写 ansible.cfg 和清单文件

执行 ansible 或 ansible-playbook 命令时，优先使用当前目录中 ansible.cfg 的配置。如果当前目录中没有，则使用默认的 /etc/ansible.cfg 中的配置。

下面的操作都是 server 上的 lduan 用户操作的，先在家目录下创建 ansible.cfg，内容如下。

```
[lduan@server ~]$ cat ansible.cfg
[defaults]
inventory = ./hosts

[privilege_escalation]
become=True
become_method=sudo
become_user=root
[lduan@server ~]$
```

这里在［defaults］字段下只添加了一句 inventory = ./hosts，表示把当前目录下名称为 hosts 的文件当作清单文件（什么是清单文件马上就要讲到）。

在［privilege_escalation］字段下定义了如何提升权限，因为是使用 lduan 用户登录到被管理主机的，所以需要提升权限。这个字段下写了 3 条，分别如下。

（1）become=True： 登录到被管理主机时要切换到其他用户。

（2）become_method=sudo： 以 sudo 的方式切换。

（3）become_user=root： 切换到 root 用户。

这三句的意思是，当用 ssh 登录到被管理主机时，以 sudo 的方式切换到 root，这也是为什么一开始要在被管理主机上配置好 sudo 的原因。

所有的被管理机器都要写入清单文件中。在实验环境中有两台被管理主机，那么分别写在 hosts 中，内容如下。

```
[lduan@server ~]$ cat hosts
server2
server3
[lduan@server ~]$
```

这里一行一台主机，我们在使用 ansible 或 ansible-playbook 命令时，指定的主机名必须是这个名称才行。要确保能解析 server2 和 server3，写成相应的 IP 也可以。

如果环境中被管理的主机很多，把主机一台台地写进去太冗繁，所以可以改成如下写法。

```
[lduan@server ~]$ cat hosts
server2
server3
server[10:15]
[lduan@server ~]$
```

这里加了一行 server[10:15]，表示 server10 到 server15，这样在清单文件中就写了 8 台主机（需要注意的是，在我们的练习环境中 server10 到 server15 不存在）。

如果在执行 ansible 命令时只是想在部分主机上执行，那么在清单文件中可以对主机进行分组。定义主机组时，组名写在中括号 "[]" 中，在 [] 下面写的主机名都属于这个组，直到定义下一个组的位置为止。修改清单文件的内容如下。

```
[lduan@server ~]$ cat hosts
server2
server3
server[10:15]

[db1]
server[2:5]

[db2]
server6
server7
[lduan@server ~]$
```

这里定义了两个主机组 db1 和 db2，db1 组中包括的主机有 server2 到 server5，db2 组中包括的主机有 server6 和 server7。

如果想定义一个主机组，这个组中包括 db1 和 db2 两个主机组的主机，可以用 children 关键字，修改 hosts 的内容如下。

```
[lduan@server ~]$ cat hosts
server2
server3
server[10:15]

[db1]
server[2:5]

[db2]
server6
server7

[db3:children]
db1
db2
[lduan@server ~]$
```

这里定义了一个主机组 db3，但是后面加了 ":children"，则这个主机组下面的 db1 和 db2 就不再表示主机了，而是表示主机组。所以，db3 这个主机组中所包括的主机是 server2 到 server5 及 server6 和 server7 这 6 台主机。

下面查看每个主机组中有多少主机。首先查看主机组 db1 中的主机，命令如下。

```
[lduan@server ~]$ ansible db1 --list-hosts
  hosts (4):
    server2
    server3
    server4
    server5
[lduan@server ~]$
```

共 4 台主机。查看主机组 db2 中的主机，命令如下。

```
[lduan@server ~]$ ansible db2 --list-hosts
  hosts (2):
    server6
    server7
[lduan@server ~]$
```

共 2 台主机。查看主机组 db3 中的主机，命令如下。

```
[lduan@server ~]$ ansible db3 --list-hosts
  hosts (6):
    server2
    server3
    server4
    server5
    server6
    server7
[lduan@server ~]$
```

共 6 台主机，与分析的是一样的。还有一个内置主机组叫作 all，表示所有主机。

了解了清单文件的写法之后，最终把清单文件写成如下内容。

```
[lduan@server ~]$ cat hosts
server2
server3
[db]
server2
server3
[lduan@server ~]$
```

这里就包括了一个主机组 db，里面含有 server2 和 server3。

28.3 ansible 的基本用法

ansible 的基本用法如下。

```
ansible 机器名 -m 模块 x -a " 模块的参数 "
```

这里的机器名必须出现在清单文件中，整体的意思是在指定的机器上执行模块 x。例如，在 server2 上执行 hostname 命令，命令如下。

```
[lduan@server ~]$ ansible server2 -m shell -a "hostname"
server2 | CHANGED | rc=0 >>
server2.rhce.cc
[lduan@server ~]$
```

shell 模块用于执行操作系统命令，执行的命令就作为 shell 模块的参数，这里在 -a 中写要执行的系统命令。所以，上面的命令就是在 server2 上执行 hostname 命令，显示的结果是 server2.rhce.cc。

要完成不同的任务就需要调用不同的模块来实现，系统中存在的所有 ansible 模块可以通过 ansible-doc -l 来查看。

不同的模块有不同的参数，模块的参数及使用方法可以通过"ansible-doc 模块名"来查看。我们将在第 29 章中讲解常见的 ansible 模块。

1. 在 lduan 家目录下编写 ansible.cfg，满足如下要求。

（1）使用文件 /home/lduan/hosts 作为清单文件。

（2）当 lduan 用户登录到被管理主机时，能自动通过 sudo 切换到 root 用户。

2. 编写清单文件 /home/lduan/hosts，要求：定义一个名称为 db 的主机组，里面包含 2 台主机 server2 和 server3。

3. 在 db 主机组中的主机上执行一条系统命令 whoami。

第29章
常用模块的使用

本章主要介绍 ansible 中最常见模块的使用。

- ♦ 文件管理模块
- ♦ 软件包管理模块
- ♦ 服务管理模块
- ♦ 磁盘管理模块
- ♦ 用户管理模块
- ♦ 防火墙管理模块

ansible 的基本用法如下。

```
ansible 机器名 -m 模块 x -a "模块的参数"
```

对被管理机器执行不同的操作，只需要调用不同的模块就可以了。ansible 中内置了很多的模块，可以通过 ansible-doc -l 查看系统中所有的模块。

```
[lduan@server ~]$ ansible-doc -l
a10_server                      Manage A10 Networks AX/Soft...
a10_server_axapi3               Manage A10 Networks AX/Soft...
a10_service_group               Manage A10 Networks AX/Soft...
... 输出 ...
```

按【Enter】键会一行一行地往下显示，按空格键会一页一页地往下显示，按【q】键退出。

```
avi_authprofile                 Module for setup of AuthPro...
[lduan@server ~]$
```

不同的模块有不同的参数，如果要查看某个模块的参数，可以通过如下语法来查看。

```
ansible-doc 模块名
```

ansible 中有很多模块，每个模块也有很多参数，我们是不可能把所有的模块、每个模块的所有参数都掌握的。所以，下面我们只讲解最常见的模块及这些模块中最常见的参数的使用方法。

29.1 shell 模块

shell 模块可以在远端执行操作系统命令，具体用法如下。

```
ansible 主机组 -m shell -a "系统命令"
```

练习 1：在 server2 上执行 hostname 命令，命令如下。

```
[lduan@server ~]$ ansible server2 -m shell -a "hostname"
server2 | CHANGED | rc=0 >>
server2.rhce.cc

[lduan@server ~]$
```

这里 rc=0 的意思是执行此命令之后的返回值为 0，rc 的意思是 return code（返回值），为 0 说明正确执行了，非零说明没有正确执行。

练习 2：在 server2 上执行一个错误的命令，命令如下。

```
[lduan@server ~]$ ansible server2 -m shell -a "hostnamexx"
server2 | FAILED | rc=127 >>
/bin/sh: hostnamexx: 未找到命令 non-zero return code

[lduan@server ~]$
```

这里 rc=127 的意思是执行此命令之后的返回值为 127，非零说明没有正确执行。

29.2 文件管理的 file 模块

file 模块用于创建和删除文件/目录，修改文件/目录属性，其常见的参数包括以下几个。

（1）path：用于指定文件/目录的路径，此选项可以用 name 或 dest 替代。

（2）state：指定行为。

（3）touch：创建文件。

（4）directory：创建目录。

（5）file：对已存文件进行修改。

（6）absent：删除。

（7）link：软链接。

（8）hard：硬链接。

（9）其他参数：owner 指定所有者，group 指定所属组，mode 指定权限，setype 指定上下文。

练习 1：在 server2 上创建一个文件 /opt/hosts，并设置所有者为 root，所属组为 tom，权限为 444，命令如下。

```
[lduan@server ~]$ ansible server2 -m file -a "path=/opt/hosts owner=root
group=tom mode=444 state=touch"
server2 | CHANGED => {
    ... 输出 ...
}
[lduan@server ~]$
```

需要注意的是，此处用 path 指定的文件，替换成 name 也是可以的，即 name=/opt/hosts。

查看文件的属性，命令如下。

```
[lduan@server ~]$ ansible server2 -m shell -a "ls -l /opt/hosts"
server2 | CHANGED | rc=0 >>
-r--r--r--. 1 root tom 63 7月  28 11:24 /opt/hosts

[lduan@server ~]$
```

练习 2：为 /opt/hosts 创建一个软链接 /opt/hosts123，命令如下。

```
[lduan@server ~]$ ansible server2 -m file -a "src=/opt/hosts dest=/opt/
hosts123 state=link"
server2 | CHANGED => {
    ...输出...
}
[lduan@server ~]$
```

验证，命令如下。

```
[lduan@server ~]$ ansible server2 -m shell -a "ls -l /opt/"
server2 | CHANGED | rc=0 >>
    ...输出...
lrwxrwxrwx. 1 root root  10 7月  28 11:46 hosts123 -> /opt/hosts

[lduan@server ~]$
```

练习 3：删除 /opt/hosts123，命令如下。

```
[lduan@server ~]$ ansible server2 -m file -a 'name=/opt/hosts123 state=absent'
server2 | CHANGED => {
    ...输出...
}
[lduan@server ~]$
```

练习 4：创建目录 /op/xx，上下文设置为 default_t，命令如下。

```
[lduan@server ~]$ ansible server2 -m file -a 'name=/opt/xx  state=directory
setype=default_t'
    ...输出...
}
[lduan@server ~]$
```

练习 5：把 /opt/hosts 的权限改成 000，所有者改成 tom，所属组改成 users，命令如下。

```
[lduan@server ~]$ ansible server2 -m file -a "name=/opt/hosts owner=tom
group=users mode=000"
server2 | CHANGED => {
    ...输出...
}
[lduan@server ~]$
```

验证，命令如下。

```
[lduan@server ~]$ ansible server2 -m shell -a "ls -l /opt/hosts"
server2 | CHANGED | rc=0 >>
----------. 1 tom users 63 7月  28 11:24 /opt/hosts

[lduan@server ~]$
```

注意

> 指定文件时用 name 或 path 都是可以的。

清空 server2 上 /opt 中所有的内容，命令如下。

```
[lduan@server ~]$ ansible server2 -m shell -a "rm -rf /opt/*"
[WARNING]: Consider using the file module with state=absent rather than running
'rm'. If you need to use command because file is insufficient you can add 'warn:
false' to this command task or set 'command_warnings=False' in ansible.cfg
to get rid of this message.
server2 | CHANGED | rc=0 >>

[lduan@server ~]$
```

上面的 WARNING 可以忽略不管，如果不想显示此消息，则在 ansible.cfg 的［defaults］字段下添加 command_warnings=False 即可。

```
[lduan@server ~]$ ansible server2 -m shell -a "rm -rf /opt/*"
server2 | CHANGED | rc=0 >>

[lduan@server ~]$
```

29.3 copy 和 fetch 模块

copy 用于把本地的文件拷贝到被管理机器，语法如下。

```
ansible 主机组 -m copy -a "src=/path1/file1 dest=path2/"
```

作用是把本地的 /path1/file1 拷贝到目的主机的 /path2 中。

copy 模块常见的参数包括以下几个。

（1）src：源文件。

（2）dest：目的地，即拷贝到哪里。

（3）owner：所有者。

（4）group：所属组。

（5）mode：权限。

练习1：把本地的文件 /etc/ansible/hosts 拷贝到目标机器的 /opt 目录中，并设置权限为 000，所有者为 tom，命令如下。

```
[lduan@server ~]$ ansible server2 -m copy -a "src=/etc/ansible/hosts mode=
000 owner=tom dest=/opt"
server2 | CHANGED => {
    ... 输出 ...
}
[lduan@server ~]$
```

验证，命令如下。

```
[lduan@server ~]$ ansible server2 -m shell -a "ls -l /opt/hosts"
server2 | CHANGED | rc=0 >>
----------. 1 tom root 1016 7月  28 12:10 /opt/hosts

[lduan@server ~]$
```

copy 模块也可以利用 content 参数往某个文件中写内容，如果此文件不存在则会创建出来。

练习2：在被管理机器的 /opt 目录中创建 11.txt，内容为 123123，命令如下。

```
[lduan@server ~]$ ansible server2 -m copy -a 'content="123123" dest=/opt/11.txt'
server2 | CHANGED => {
    ... 输出 ...
}
[lduan@server ~]$
```

验证 /opt/11.txt 的内容，命令如下。

```
[lduan@server ~]$ ansible server2 -m shell -a "cat /opt/11.txt"
server2 | CHANGED | rc=0 >>
123123

[lduan@server ~]$
```

fetch 用于把文件从被管理机器拷贝到本机当前目录中，命令如下。

```
[lduan@server ~]$ ansible server2 -m fetch -a "src=/opt/hosts dest=."
server2 | CHANGED => {
```

```
   ... 输出 ...
}
[lduan@server ~]$
```

查看，命令如下。

```
[lduan@server ~]$ tree server2/
server2/
└── opt
    └── hosts

1 directory, 1 file
[lduan@server ~]$
```

当使用 fetch 拷贝远端目录到本地时，会在本地创建一个和远端主机同名的目录，用于存放拷贝的文件。

29.4 yum_repository 模块

利用 yum_repository 设置 yum 源，一个标准的 repo 配置文件如下所示。

```
[aa]
name=aa
baseurl=ftp://192.168.26.101/dvd/AppStream
enabled=1
gpgcheck=1
gpgkey=ftp://192.168.26.101/dvd/RPM-GPG-KEY-redhat-release
```

其中 [] 中的名称用于区分不同的 yum 源。这里参数的含义如下。

（1）name：此 yum 源的描述信息。

（2）baseurl：用于指定 yum 源的具体地址。

（3）enabled：用于指定是否启用此 yum 源。

（4）gpgcheck：用于指定在安装软件包时，是否要进行数字签名的验证，一般设置为 0 即可。

（5）gpgkey：在 gpgcheck 设置为 1 的情况下，用于指定公钥的位置。

对于 yum_repository 模块来说，常见的参数包括以下几个。

（1）name：repo 配置文件里 [] 中的名称。

（2）description：repo 配置文件里 name 字段的描述信息。

（3）baseurl：用于指定 yum 源的位置。

（4）enabled：是否启用源，值为 true 或 false。

（5）gpgcheck：是否启用数字签名验证，值为 true 或 false。

（6）gpgkey：用于指定公钥的位置。

练习：给 server2 配置 yum 源，地址是 ftp://192.168.26.101/dvd/AppStream，所需要的密钥文件为 ftp://192.168.26.6/dvd/RPM-GPG-KEY-redhat-release，命令如下。

```
[lduan@server ~]$ ansible server2 -m yum_repository -a "name=app description=
'this is appsream' baseurl=ftp://192.168.26.101/dvd/AppStream gpgcheck=yes
gpgkey=ftp://192.168.26.6/dvd/RPM-GPG-KEY-redhat-release"
server2 | CHANGED => {
    ... 输出 ...
}
[lduan@server ~]$
```

执行之后的效果如下。

```
[lduan@server ~]$ ansible server2 -m shell -a "ls /etc/yum.repos.d/"
server2 | CHANGED | rc=0 >>
app.repo

[lduan@server ~]$
[lduan@server ~]$ ansible server2 -m shell -a "cat /etc/yum.repos.d/app.repo"
server2 | CHANGED | rc=0 >>
[app]
baseurl = ftp://192.168.26.101/dvd/AppStream
gpgcheck = 1
gpgkey = ftp://192.168.26.101/dvd/RPM-GPG-KEY-redhat-release
name = this is appsream

[lduan@server ~]$
```

给 server2 配置第二个 yum 源，地址是 ftp://192.168.26.101/dvd/BaseOS，所需要的密钥文件为 ftp://192.168.26.6/dvd/RPM-GPG-KEY-redhat-release，命令如下。

```
[lduan@server ~]$ ansible server2 -m yum_repository -a "name=baseos
description='this is baseos' baseurl=ftp://192.168.26.101/dvd/BaseOS
gpgcheck=yes gpgkey=ftp://192.168.26.101/dvd/RPM-GPG-KEY-redhat-release"
server2 | CHANGED => {
    ... 输出 ...
}
[lduan@server ~]$
```

29.5 使用 yum 模块管理软件包

yum 模块常见的参数包括以下几个。

（1）name：用于指定软件包的名称。

（2）state：此参数的值如下。

① present 或 installed：用于安装软件包，没有指定 state 时的默认值就是 installed。

② absent 或 removed：用于卸载软件包。

③ latest：用于更新。

> **注意**
>
> yum 模块可以用 package 模块替代，用于在 Ubuntu 等其他系统上管理软件包。

练习 1：在 server2 上安装 vsftpd，命令如下。

```
[lduan@server ~]$ ansible server2 -m yum -a "name=vsftpd state=installed"
server2 | CHANGED => {
    ...输出..
}
[lduan@server ~]$
```

验证，命令如下。

```
[lduan@server ~]$ ansible server2 -m shell -a "rpm -qa | grep vsftpd"
server2 | CHANGED | rc=0 >>
vsftpd-3.0.3-33.el8.x86_64

[lduan@server ~]$
```

练习 2：在 server2 上卸载 vsftpd，命令如下。

```
[lduan@server ~]$ ansible server2 -m yum -a "name=vsftpd state=absent"
server2 | CHANGED => {
    ...输出...
}
[lduan@server ~]$
```

如果本机没有安装 vsftpd，下面的命令就是安装，如果已经安装则更新到最新版。

```
ansible server2 -m yum -a "name=vsftpd state=latest"
```

如果要安装组或模块，需要在组名或模块名前加 @，这个模块要使用引号引起来。

练习 3：安装 RPM 开发工具，命令如下。

```
[lduan@server ~]$ ansible server2 -m yum -a "name='@RPM 开发工具 ' state=installed"
server2 | CHANGED => {
    ... 输出 ...
}
[lduan@server ~]$
```

29.6 使用 service 模块管理服务

可以通过 systemctl 对服务进行启动、重启、关闭等操作，在 ansible 中可以调用 service 模块来实现对服务的管理，service 模块常见的参数包括以下几个。

（1）name：指定对哪个服务进行管理。

（2）enabled：用于设置此服务是否开机自动启动，值为 yes 或 no，默认值为空。

（3）state：用于启动或关闭服务，其值包括 started、stopped、restarted 等。

首先判断 server2 上的 vsftpd 是否启动，命令如下。

```
[lduan@server ~]$ ansible server2 -m shell -a "systemctl is-active vsftpd"
server2 | FAILED | rc=3 >>
inactivenon-zero return code

[lduan@server ~]$
```

这里返回值为 3（rc=3），说明 server2 上的 vsftpd 没有启动。

练习：启动 vsftpd 并设置开机自动启动，命令如下。

```
[lduan@server ~]$ ansible server2 -m service -a "name=vsftpd state=started
enabled=yes"
server2 | CHANGED => {
    ... 输出 ...
}
[lduan@server ~]$
```

验证，命令如下。

```
[lduan@server ~]$ ansible server2 -m shell -a "systemctl is-active vsftpd ;
systemctl is-enabled vsftpd"
server2 | CHANGED | rc=0 >>
active
enabled
```

```
[lduan@server ~]$
```

或者到 server2 上验证，命令如下。

```
[root@server2 ~]# systemctl is-active vsftpd
active
[root@server2 ~]# systemctl is-enabled vsftpd
enabled
[root@server2 ~]#
```

29.7 使用 parted 模块对硬盘分区

在 ansible 中如果对分区进行管理，使用的是 parted 模块，parted 模块常见的参数包括以下几个。

（1）device：指的是哪块磁盘。

（2）number：第几个分区。

（3）part_start：指的是从硬盘的什么位置开始划分，不写默认为从头开始（0%）。

（4）part_end：指的是到硬盘的什么位置作为分区的结束点。

（5）state：用于指定操作，present 是创建，absent 是删除。

自行在 server2 上新添加一块类型为 SCSI、大小为 20G 的硬盘，命令如下。

```
[root@server2 ~]# lsblk
NAME        MAJ:MIN RM  SIZE  RO  TYPE  MOUNTPOINT
sda         8:0     0   200G  0   disk
├─sda1      8:1     0   50G   0   part  /
└─sda2      8:2     0   4G    0   part  [SWAP]
sdb         8:16    0   20G   0   disk
sr0         11:0    1   6.6G  0   rom   /dvd
[root@server2 ~]#
```

练习 1：在 server2 上对 /dev/sdb 创建一个大小为 2GiB 的分区 /dev/sdb1，命令如下。

```
[lduan@server ~]$ ansible server2 -m parted -a "device=/dev/sdb number=1
part_end=2GiB state=present"
server2 | CHANGED => {
    ... 输出 ...
}
[lduan@server ~]$
```

此例是对 /dev/sdb 创建第一个分区，因为从硬盘头开始，所以不需要指定 part_start，此
分区到 2GiB 位置结束。

```
[lduan@server ~]$ ansible server2 -m shell -a "lsblk"
server2 | CHANGED | rc=0 >>
NAME      MAJ:MIN RM  SIZE     RO TYPE MOUNTPOINT
   ... 输出 ...
sdb        8:16     0    20G     0  disk
└─sdb1     8:17     0    2G      0  part
sr0        11:0     1   6.6G     0  rom  /dvd

[lduan@server ~]$
```

练习 2：在 server2 上对 /dev/sdb 创建一个大小为 2GiB 的分区 /dev/sdb2，命令如下。

```
[lduan@server ~]$ ansible server2 -m parted -a "device=/dev/sdb number=2
part_start=2GiB part_end=4GiB state=present"
server2 | CHANGED => {
... 输出 ...
    "script": "unit KiB mkpart primary 1024MiB 4096MiB"
}
[lduan@server ~]$
```

此例是对 /dev/sdb 创建第二个分区，从 2GiB 位置开始，到 4GiB 位置结束。

在 server2 上查看分区，命令如下。

```
[lduan@server ~]$ ansible server2 -m shell -a "lsblk"
server2 | CHANGED | rc=0 >>
NAME   MAJ:MIN RM  SIZE RO TYPE MOUNTPOINT
   ... 输出 ...
sdb       8:16    0   20G  0 disk
├─sdb1    8:17    0    2G   0 part
└─sdb2    8:18    0    2G   0 part
sr0      11:0     1  6.6G  0 rom  /dvd
[lduan@server ~]$
```

练习 3：删除 server2 上的 /dev/sdb2，命令如下。

```
[lduan@server ~]$ ansible server2 -m parted -a "device=/dev/sdb number=2
state=absent"
server2 | CHANGED => {
   ... 输出 ...
}
[lduan@server ~]$
```

验证，命令如下。

```
[lduan@server ~]$ ansible server2 -m shell -a "lsblk"
server2 | CHANGED | rc=0 >>
NAME      MAJ:MIN RM  SIZE  RO TYPE MOUNTPOINT
   ... 输出 ...
sdb        8:16   0    20G  0   disk
└─sdb1     8:17   0    2G   0   part
sr0        11:0   1    6.6G 0   rom  /dvd
[lduan@server ~]$
```

可以看到，/dev/sdb2 已经被删除了。

请自行创建出 /dev/sdb2 和 /dev/sdb3 备用，命令如下。

```
[lduan@server ~]$ ansible server2 -m shell -a "lsblk"
server2 | CHANGED | rc=0 >>
   ... 输出 ...
sdb        8:16   0   20G 0 disk
├─sdb1     8:17   0   2G  0 part
├─sdb2     8:18   0   2G  0 part
└─sdb3     8:19   0   2G  0 part
sr0       11:0   1  6.6G  0 rom   /dvd

[lduan@server ~]$
```

29.8 使用 filesystem 模块格式化

分区创建好之后，需要对分区进行格式化操作，格式化的模块为 filesystem，filesystem 模块常见的参数包括以下几个。

（1）dev：用于指定对哪个设备进行格式化。

（2）fstype：用于指定用什么文件系统进行格式化。

（3）force：是否强制格式化，默认为 no。

练习：把 server2 上的 /dev/sdb3 格式化为 XFS 文件系统，命令如下。

```
[lduan@server ~]$ ansible server2 -m filesystem -a "dev=/dev/sdb3
fstype=xfs"
server2 | CHANGED => {
   ... 输出 ...
}
[lduan@server ~]$
```

如果想重新格式化，需要加上 force 选项，命令如下。

```
[lduan@server ~]$ ansible server2 -m filesystem -a "dev=/dev/sdb3
fstype=xfs force=yes"
server2 | CHANGED => {
    ... 输出 ...
}
[lduan@server ~]$
```

29.9 使用 mount 模块挂载文件系统

格式化之后就需要挂载分区，挂载用的是 mount 模块，mount 模块常见的参数包括以下几个。

（1）src：用于指定挂载哪个设备。

（2）path：用于指定挂载点。

（3）fstype：用于指定挂载的文件系统，这个选项一定要指定。

（4）opts：用于指定挂载选项，如果不指定则为 defaults。

（5）state：此参数的值如下。

① mounted：挂载的同时，也会写入 /etc/fstab。

② present：只是写入 /etc/fstab，但当前并没有挂载。

③ unmounted：只卸载，并不会把条目从 /etc/fstab 中删除。

④ absent：卸载并从 /etc/fstab 中删除。

练习 1：把 server2 上的 /dev/sdb3 挂载到 /123 目录上，挂载选项为只读，命令如下。

```
[lduan@server ~]$ ansible server2 -m mount -a "src=/dev/sdb3 path=/123
state=mounted fstype=xfs opts=defaults,ro"
server2 | CHANGED => {
    ... 输出 ...
}
[lduan@server ~]$
```

这里指定了挂载选项为 defaults,ro，多个选项用逗号隔开。

验证，命令如下。

```
[lduan@server ~]$ ansible server2 -m shell -a "df -hT | grep sdb3"
server2 | CHANGED | rc=0 >>
/dev/sdb3                  xfs        2.0G  256K  2.0G    1% /123
[lduan@server ~]$
[lduan@server ~]$ ansible server2 -m shell -a "grep sdb3 /etc/fstab"
```

```
server2 | CHANGED | rc=0 >>
/dev/sdb3 /123 xfs defaults,ro 0 0
[lduan@server ~]$
```

因为挂载时 state 的值是 mounted，所以不仅把 /dev/sdb3 挂载了，也写入 /etc/fstab 了。

练习 2：在 server2 上卸载并从 /etc/fstab 中删除 /dev/sdb3，命令如下。

```
[lduan@server ~]$ ansible server2 -m mount -a "src=/dev/sdb3 path=/123 state=absent"
server2 | CHANGED => {
    ... 输出 ...
}
[lduan@server ~]$
```

> **注意**
>
> 如果卸载，path 是一定要指定的，src 指定不指定都无所谓。

29.10 使用 lvg 模块对卷组进行管理

使用 lvg 模块管理卷组，此模块常见的参数包括以下几个。

（1）pvs：用于指定物理卷，如果有多个 PV 则用逗号隔开，不需要提前创建 PV，此命令会自动创建 PV。

（2）vg：用于指定卷组的名称。

（3）pesize：用于指定 PE 的大小。

（4）state：此参数的值如下。

① present：用于创建卷组，默认。

② absent：用于删除卷组。

练习 1：在 server2 上创建名称为 vg0 的卷组，所使用的分区为 /dev/sdb1 和 /dev/sdb2，pesize 指定为 16M。

先确认 server2 上不存在任何 PV 和 VG，命令如下。

```
[lduan@server ~]$ ansible server2 -m shell -a "vgs"
server2 | CHANGED | rc=0 >>
[lduan@server ~]$
```

开始创建 vg0，命令如下。

```
[lduan@server ~]$ ansible server2 -m lvg -a "pvs=/dev/sdb1,/dev/sdb2
```

```
vg=vg0 pesize=16 state=present"
server2 | CHANGED => {
    ...输出...
    "changed": true
}
[lduan@server ~]$
```

这里如果不指定 pesize 选项，则默认为 4。

验证，命令如下。

```
[lduan@server ~]$ ansible server2 -m shell -a "vgs"
server2 | CHANGED | rc=0 >>
  VG  #PV #LV #SN Attr   VSize   VFree
  vg0   2   0   0 wz--n- <3.97g <3.97g

[lduan@server ~]$
```

练习 2：删除卷组 vg0，命令如下。

```
[lduan@server ~]$ ansible server2 -m lvg -a "vg=vg0 pesize=16 state=absent"
server2 | CHANGED => {
    ...验证...
    "changed": true
}
[lduan@server ~]$
```

验证，命令如下。

```
[lduan@server ~]$ ansible server2 -m shell -a "vgs"
server2 | CHANGED | rc=0 >>
[lduan@server ~]$
```

可以看到，vg0 已经没有了。

请使用 ansible server2 -m lvg -a "pvs=/dev/sdb1,/dev/sdb2 vg=vg0 pesize=16 state=present" 命令再次把 vg0 创建出来。

29.11 使用 lvol 模块管理逻辑卷

卷组创建好之后就要创建逻辑卷了，管理逻辑卷的模块是 lvol，lvol 模块常见的参数包含以下几个。

（1）vg：用于指定在哪个卷组上划分逻辑卷。

（2）lv：用于指定逻辑卷的名称。

（3）size：用于指定逻辑卷的大小。

（4）state：此参数的值如下。

① present：用于创建逻辑卷。

② absent：用于删除逻辑卷。

练习 1：在 server2 的卷组 vg0 上，创建大小为 1G、名称为 lv0 的逻辑卷。

先判断 server2 上是否存在逻辑卷，命令如下。

```
[lduan@server~]$ ansible server2 -m shell -a "lvs"
server2 | CHANGED | rc=0 >>
[lduan@server ~]$
```

可以看到，不存在任何逻辑卷。下面开始创建逻辑卷，命令如下。

```
[lduan@server ~]$ ansible server2 -m lvol -a "vg=vg0 lv=lv0 size=1G"
server2 | CHANGED => {
    ... 输出 ...
}
[lduan@server ~]$
```

验证，命令如下。

```
[lduan@server ~]$ ansible server2 -m shell -a "lvs"
server2 | CHANGED | rc=0 >>
  LV   VG  Attr       LSize Pool Origin Data%  Meta%  Move Log Cpy%Sync Convert
  lv0  vg0 -wi-a----- 1.00g
[lduan@server ~]$
```

可以看到，此逻辑卷已经创建出来了。

练习 2：在 server2 上删除逻辑卷 /dev/vg0/lv0，命令如下。

```
[lduan@server rh294]$ ansible server2 -m lvol -a "vg=vg0 lv=lv0 state=absent force=yes"
server2 | CHANGED => {
    ... 输出 ...
}
[lduan@server rh294]$
```

29.12 使用 firewalld 模块管理防火墙

在 ansible 中可以通过 firewalld 模块对防火墙进行管理，firewalld 模块常见的参数包括以下几个。

（1）service：开放哪个服务。

（2）port：开放哪个端口，用法为 port=80/tcp。

（3）permanent=yes：设置永久生效，不存在默认值。

（4）immediate=yes：设置当前生效，默认为不生效。

（5）state：此参数的值如下。

① enabled：用于创建规则。

② disabled：用于删除规则。

（6）rich_rule：富规则。

练习 1：在 server2 上开放服务 http，命令如下。

```
[lduan@server ~]$ ansible server2 -m firewalld -a "service=http immediate=yes
permanent=yes state=enabled"
server2 | CHANGED => {
    ...输出...
}
[lduan@server ~]$
```

验证，命令如下。

```
[lduan@server ~]$ ansible server2 -m shell -a "firewall-cmd --list-all"
server2 | CHANGED | rc=0 >>
public (active)
    ...输出...
  services: cockpit dhcpv6-client http ssh
  ports:
    ...输出...
[lduan@server ~]$
```

练习 2：在 server2 上配置防火墙，允许 tcp 端口 808 通过，命令如下。

```
[lduan@server ~]$ ansible server2 -m firewalld -a "port=808/tcp immediate=yes
permanent=yes state=enabled"
server2 | CHANGED => {
    ...输出...
}
[lduan@server ~]$
```

在 server2 上验证刚才的操作，命令如下。

```
[lduan@server ~]$ ansible server2 -m shell -a "firewall-cmd --list-all"
server2 | CHANGED | rc=0 >>
public (active)
```

```
    ...输出...
  services: cockpit dhcpv6-client http ssh
  ports: 808/tcp
    ...输出...
[lduan@server ~]$
```

练习 3：在 server2 上配置防火墙，删除开放的端口 808 和服务 http，命令如下。

```
[lduan@server ~]$ ansible server2 -m firewalld -a "port=808/tcp immediate=yes
permanent=yes state=disabled"
server2 | CHANGED => {
    ...输出...
}
[lduan@server ~]$
[lduan@server ~]$ ansible server2 -m firewalld -a "service=http immediate=yes
permanent=yes state=disabled"
server2 | CHANGED => {
    ...输出...
}
[lduan@server ~]$
```

29.13 替换模块 replace

平时写 shell 脚本时，要替换文件的内容，可以直接使用 vim 或 sed 命令来进行替换操作。
在 ansible 中也有相关的替换模块：replace 和 lineinfile，这里先讲 replace 模块的使用。

replace 模块常见的参数包括以下几个。

（1）path：指明编辑的文件。

（2）regexp：正则表达式，指定要替换哪块内容。

（3）replace：替换后的字符。

练习 1：把 server2 上 /opt/aa.txt 中开头为 aa 那行的内容替换为 xx=666。

在 server2 的 /opt 目录中创建 aa.txt，内容如下。

```
[root@server2 opt]# cat aa.txt
aa=111
bb=222
[root@server2 opt]#
```

在 ansible 主机上执行 replace 模块，命令如下。

```
[lduan@server ~]$ ansible server2 -m replace -a "path=/opt/aa.txt regexp=^aa
replace=xx=666"
server2 | CHANGED => {
    ... 输出 ...
}
[lduan@server ~]$
```

这里的意思是把 server2 上 /opt/aa.txt 这个文件中行开头是 aa 的字符替换成 xx=666。记住，这里只是对 regexp 表示的字符进行替换，替换之后的内容如下。

```
[root@server2 opt]# cat aa.txt
xx=666=111
bb=222
[root@server2 opt]#
```

可以看到，只是把原来的字符 aa 替换成 replace 后面的内容了，并不是把这行内容替换掉。

如果想把整行内容进行替换，需要在 regexp 后面表示出来整行内容。

练习 2：把 server2 上 /opt/aa.txt 中开头为 bb 那行的内容替换为 xx=666，命令如下。

```
[lduan@server ~]$ ansible server2 -m replace -a "path=/opt/aa.txt
regexp=^bb.+ replace=xx=666"
server2 | CHANGED => {
    ... 输出 ...
}
[lduan@server ~]$
```

这里 path 指明了要替换的文件，regexp 的写法是 ^bb.+， 比上面的例子中多了 .+，意思是开头是 bb 及后续所有的字符（这就表示以 bb 开头的那一整行内容），替换成 xx=666，运行结果如下。

```
[root@server2 opt]# cat aa.txt
xx=666=111
xx=666
[root@server2 opt]#
```

29.14 替换模块 lineinfile

lineinfile 模块的用法与 replace 基本一致，也是用于替换的，常见的参数包括以下几个。

（1）path：指明编辑的文件。

（2）regexp：正则表达式。

（3）line：替换后的字符。

练习：把 server2 上 /opt/bb.txt 中开头为 aa=111 那行的内容替换为 xx=666。

在 server2 上创建文件 /opt/bb.txt，内容如下。

```
[root@server2 opt]# cat bb.txt
aa=111
bb=222
[root@server2 opt]#
```

在 ansible 主机上执行 lineinfile 模块，命令如下。

```
[lduan@server ~]$ ansible server2 -m lineinfile -a "path=/opt/bb.txt regexp= ^aa
line=xx=666"
server2 | CHANGED => {
    ... 输出 ...
}
[lduan@server ~]$
```

这里的意思是把 path 所指定的文件 /opt/bb.txt，regexp 后面跟的 ^aa，即以 aa 开头的行（需要注意的是，这里和 replace 模块有区别），替换成 xx=666，运行结果如下。

```
[root@server2 opt]# cat bb.txt
xx=666
bb=222
[root@server2 opt]#
```

总结：replace 是对字符进行替换，lineinfile 是对行进行替换，如果 replace 想对行进行替换，在 regexp 后面必须写上正则表达式来表示一整行内容。

29.15 打印模块 debug

debug 模块一般用于打印提示信息，类似于 shell 中的 echo 命令，其他语言如 Python 等中的 print，其常见的参数包括以下几个。

（1）msg：后面跟具体内容。

（2）var：后面跟变量。

注意

var 和 msg 不可以同时使用。

练习：在 server2 上打印"111"，命令如下。

```
[lduan@server ~]$ ansible server2 -m debug -a "msg='hello ansible'"
server2 | SUCCESS => {
    "msg": "hello ansible"
}
[lduan@server ~]$
```

29.16 使用 script 模块在远端执行脚本

如果在本地写了一个脚本，想在所有被管理节点上执行，没有必要事先把脚本分发到被管理机器上，使用 script 模块即可快速实现。

先写一个简单的脚本 test1.sh 用于显示主机名，内容如下。

```
[lduan@server ~]$ cat test1.sh
#!/bin/bash
hostname
[lduan@server ~]$ chmod +x test1.sh
[lduan@server ~]$
```

下面在 db 主机组上执行，命令如下。

```
[lduan@server ~]$ ansible db -m script -a "./test1.sh"
server2 | CHANGED => {
    ... 输出 ...
    "stdout": "server2.rhce.cc\r\n",
    "stdout_lines": [
        "server2.rhce.cc"
    ]
}
server3 | CHANGED => {
    ... 输出 ...
    "stdout": "server3.rhce.cc\r\n",
    "stdout_lines": [
        "server3.rhce.cc"
    ]
}
[lduan@server ~]$
```

这样本地脚本直接在所有被管理主机上执行了。

29.17 使用 group 模块对组进行管理

如果对系统的组进行管理，那么可以使用group模块。group模块常见的参数包括以下几个。

（1）name：指定组名。

（2）state：此参数的值如下。

① present：用于创建组。

② absent：用于删除组。

下面在 server2 上创建组 group1。

先判断 server2 上是否存在 group1，命令如下。

```
[root@server2 ~]# grep group1 /etc/group
[root@server2 ~]#
```

没有任何输出，说明 server2 上是没有 group1 这个组的。下面创建组 group1，命令如下。

```
[lduan@server ~]$ ansible server2 -m group -a "name=group1 state=present"
server2 | CHANGED => {
    ... 输出 ...
}
[lduan@server ~]$
```

然后切换到 server2 上进行验证，命令如下。

```
[root@server2 ~]# grep group /etc/group
group1:x:1003:
[root@server2 ~]#
```

删除这个组，命令如下。

```
[lduan@server ~]$ ansible server2 -m group -a "name=group1 state=absent"
server2 | CHANGED => {
    ... 输出 ...
}
[lduan@server ~]$
```

29.18 使用 user 模块对用户进行管理

对用户的管理可以使用 user 模块，对于 user 模块来说，常见的参数包括以下几个。

（1）name：指定用户名。

（2）comment：指定注释信息。

（3）group：指定用户的主组。

（4）groups：指定用户的附属组。

（5）password：指定密码，但是必须对密码进行加密。

（6）state：此参数的值如下。

① present：用于创建用户。

② absent：用于删除用户。

下面创建一个用户 lisi，命令如下。

```
[lduan@server ~]$ ansible server2 -m user -a "name=lisi group=root password=
{{'haha001' | password_hash('sha512')}} state=present"
server2 | CHANGED => {
    ... 输出 ...
}
[lduan@server ~]$
```

这里 password={{'haha001' | password_hash('sha512')}} 的意思是，用 password_hash 函数调用 sha512 这个哈希算法对字符串 haha001 进行加密。

到 server2 上验证，因为 root 用 su 命令切换到任何用户都不需要密码，所以这里先切换到 lduan 用户，然后再切换到 lisi 用户，测试密码是不是正确。

```
[root@server2 ~]# su - lduan
[lduan@server2 ~]$ su - lisi
密码: haha001
[lisi@server2 ~]$ exit
注销
[lduan@server2 ~]$ exit
注销
[root@server2 ~]#
```

可以看到，用户的密码是 haha001。

下面把 lisi 用户删除，命令如下。

```
[lduan@server ~]$ ansible server2 -m user -a "name=lisi state=absent remove=yes"
server2 | CHANGED => {
    ... 输出 ...
}
[lduan@server ~]$
```

这里 remove=yes 的意思类似于 userdel 中的 -r 选项，删除用户的同时把家目录也删除。

29.19 使用 get_url 模块下载文件

如果想从服务器上下载到被管理机器上，需要使用到 get_url 模块。get_url 模块常见的参数包括以下几个。

（1）url：指定文件的 URL 连接。

（2）dest：指定存储在哪里。

例如，现在要把 ftp://ftp.rhce.cc/auto/web.tar.gz 下载到 server2 的 /opt 目录中，命令如下。

```
[lduan@server ~]$ ansible server2 -m get_url -a "url=ftp://ftp.rhce.cc/auto/
web.tar.gz dest=/opt/"
server2 | CHANGED => {
    ... 输出 ...
}
[lduan@server ~]$
```

然后到 server2 上验证，命令如下。

```
[root@server2 ~]# ls /opt/
11. txt  aa.txt  bb.txt  hosts  web.tar.gz
[root@server2 ~]#
```

可以看到，已经把文件下载下来了。

29.20 使用 setup 模块获取被管理主机信息

如果想获取被管理主机的系统信息，可以使用 setup 模块。下面获取 server2 上的信息，命令如下。

```
[lduan@server ~]$ ansible server2 -m setup
server2 | SUCCESS => {
    "ansible_facts": {
        "ansible_all_ipv4_addresses": [
            "192.168.26.102"
    ... 大量输出 ...
    "changed": false
}
[lduan@server ~]$
```

setup 中所获取的变量叫作 fact 变量，这里都是以 key: value 的格式输出，大致结构如下。

```
键1: 值
键2: {
  子键a: 值a
  子键b: 值b
  ...
  }
```

如果想获取"键1"的值，可以通过参数"filter=键"或"filter=键.子键"来过滤。例如，要获取 server2 上所在机器 BIOS 的版本，可以通过键值 ansible_bios_version 来获取，命令如下。

```
[lduan@server ~]$ ansible server2 -m setup -a "filter=ansible_bios_version"
server2 | SUCCESS => {
    "ansible_facts": {
        "ansible_bios_version": "6.00",
        "discovered_interpreter_python": "/usr/libexec/platform-python"
    },
    "changed": false
}
[lduan@server ~]$
```

如果想获取 server 上 ipv4 的所有信息，可以通过键值 ansible_default_ipv4 来获取，命令如下。

```
[lduan@server ~]$ ansible server2 -m setup -a "filter=ansible_default_ipv4"
server2 | SUCCESS => {
    "ansible_facts": {
        "ansible_default_ipv4": {
            "address": "192.168.26.102",
            "alias": "ens160",
            ... 输出 ...
            "network": "192.168.26.0",
            "type": "ether"
        },
        "discovered_interpreter_python": "/usr/libexec/platform-python"
    },
    "changed": false
}
[lduan@server ~]$
```

如果仅仅想获取 IP 地址信息，其他网络信息不需要，可以通过 ansible_default_ipv4 的子键来获取，命令如下。

```
[lduan@server ~]$ ansible server2 -m setup -a "filter=ansible_default_ipv4.address"
server2 | SUCCESS => {
    "ansible_facts": {
```

```
        "discovered_interpreter_python": "/usr/libexec/platform-python"
    },
    "changed": false
}
[lduan@server ~]$
```

不过在命令行中如果 filter 含有子键，结果是不会显示的，所以上面的命令没有看到 IP。
不过如果把这个键写入 playbook，是会显示值的，关于 playbook 后面会讲。

作业

1. 在 ansible 主机上执行一条命令，获取 server2 的总内存大小。

2. 在 ansible 主机上通过 setup 模块，获取 server2 的主机名。

3. 把 ansible 主机上的 /etc/issue 文件拷贝到 server2 的 /opt 目录中，命名为 myissue，所有者为 lduan，所属组为 users，权限为 444，SELinux 的上下文为 httpd_sys_content_t。

4. 在 server2 上安装 vsftpd 服务（请自行配置好 yum 源）。

5. 在 server2 上启动 smb 服务，并设置开机自动启动。

6. 在 server2 上配置 firewalld，放行 samba 服务，重启系统也能生效。

7. 在 server3 上创建一个用户 wangw，密码为 haha001，加密算法为 sha512。要求 wangw 以 root 作为主组，users 作为附属组。

第30章
playbook的使用

本章主要介绍如何在 ansible 中写脚本。

- ♦ playbook 的语法
- ♦ 在写 playbook 时如何进行错误处理

ansible 的许多模块都是在命令行中执行的，每次只能执行一个模块。如果需要执行多个模块，且要写判断语句，判断模块是否执行成功了，如果没成功会怎么处理等。这时就需要写脚本了，ansible 中的脚本叫作 playbook，每个 playbook 中可以包含多个 play。

30.1 playbook 的写法

playbook 是以 yaml 或 yml 作为后缀的，每个 play 都可以使用两种格式来写。

（1）参数写在模块后面，命令如下。

```
- name: play 的名称
  hosts: 主机组 1, 主机组 2,...#-- 列出主机组
  tasks:
  - name: 提示信息 1
    模块 1: argx1=vx1 argx2=vx2   # 这种写法，"=" 两边不要有空格
  - name: 提示信息 x
    模块 x: rgx1=vx1 argx2=vx2
```

一个 play 中可以包含多个 task，每个 task 调用一个模块。

（2）参数分行写，一行一个参数，命令如下。

```
- hosts: 主机组 1, 主机组 2,...   #-- 列出主机组
  tasks:
  - name: 描述语句 1
    模块 1:
      argx1: vx1 # 这里指定模块的参数，注意冒号后面的空格
      argx2: vx2
  - name: 描述语句 2
    模块 x:
      argx1: vx1
      argx2: vx2
```

需要注意的是,YAML 文件对缩进有极严格的要求，每个缩进都是两个空格,不要按【Tab】键。

一个完整的 playbook 中至少要包含一个 play，下面是一个包含两个 play 的 playbook，命令如下。

```
---
- name: 第一个 play 的名称
  hosts: 主机组 1, 主机组 2,...#-- 列出主机组
  tasks:
  - name: 提示信息 1
```

```
      模块 1：argx1=vx1 argx2=vx2
  - name：提示信息 x
      模块 x：rgx1=vx1 argx2=vx2

- name：第二个 play 的名称
  hosts：主机组 3，主机组 4，...#-- 列出主机组
  gather_facts: false
  tasks:
  - name：提示信息 1
      模块 1：argx1=vx1 argx2=vx2
  - name：提示信息 x
      模块 x：rgx1=vx1 argx2=vx2
```

在写 playbook 时，一定要先写好框架，然后往框架中写内容。如果在多个主机组上做的是相同的操作，可以把它们放在同一个 play 中。如果在不同的主机组上做的是不同的操作，可以通过不同的 play 分别来实现。

这里第二个 play 中加了一句 gather_facts: false，意思是在执行此 play 时不需要通过 setup 获取主机组的信息。所以，如果在 tasks 中没有使用到 fact 变量，建议加上这句，可以提升执行的速度。

写好之后运行 playbook 的方法是 ansible-playbook 文件。

本章实验都在 /home/lduan/demo1 下操作，先把 demo1 目录创建出来并把 ansible.cfg 和 hosts 拷贝进去，命令如下。

```
[lduan@server ~]$ mkdir demo1
[lduan@server ~]$ cp ansible.cfg hosts demo1/
[lduan@server ~]$ cd demo1/
[lduan@server demo1]$
```

练习 1：写一个 playbook 文件 test1.yaml，在 server2 和 server3 上打印主机名和 IP。

分析：因为在 server2 和 server3 上做的是相同的操作，所以只要一个 play 即可。这个 play 中包含两个 task：一个用于打印主机名，另一个用于打印 IP，命令如下。

```
[lduan@server demo1]$ cat test1.yaml
---
- hosts: server2,server3
  tasks:
  - name：打印主机名
      debug: msg={{ansible_fqdn}}
  - name：打印 IP
      debug: msg={{ansible_default_ipv4.address}}
[lduan@server demo1]$
```

运行此 playbook，命令如下。

```
[lduan@server demo1]$ ansible-playbook test1.yaml
    ...输出...
TASK [打印主机名]
ok: [server2] => {
    "msg": "server2.rhce.cc"
}
ok: [server3] => {
    "msg": "server3.rhce.cc"
}
    ...输出...
TASK [打印 IP]
ok: [server2] => {
    "msg": "192.168.26.102"
}
ok: [server3] => {
    "msg": "192.168.26.103"
}
    ...输出...
[lduan@server demo1]$
```

练习 2：写一个 playbook 文件 test2.yaml，在 server2 上打印主机名，在 server3 上打印 IP。

分析：因为在 server2 和 server3 上做的是不同的操作，所以这里写两个 play，一个 play 在 server2 上执行，另一个 play 在 server3 上执行。每个 play 中只要包含一个 task 即可，命令如下。

```
[lduan@server demo1]$ cat test2.yaml
---
- name: 在 server2 上的操作
  hosts: server2
  tasks:
  - name: 这是第一个操作，打印主机名
    debug: msg={{ansible_fqdn}}

- name: 在 server3 上的操作
  hosts: server3
  tasks:
  - name: 打印 IP
    debug: msg={{ansible_default_ipv4.address}}
[lduan@server demo1]$
```

运行此 playbook，命令如下。

```
[lduan@server demo1]$ ansible-playbook test2.yaml
PLAY [在 server2 上的操作]
    ...输出...
TASK [这是第一个操作，打印主机名]
```

```
ok: [server2] => {
    "msg": "server2.rhce.cc"
}
    ... 输出 ...
PLAY [ 在 server3 上的操作 ]
    ... 输出 ...
ok: [server3]
TASK [ 打印 IP]
ok: [server3] => {
    "msg": "192.168.26.103"
}

[lduan@server demo1]$
```

练习 3：写一个 playbook 文件 test3.yaml，要求如下。

（1）在 server2 上安装 vsftpd，启动并开机自动启动 vsftpd，设置防火墙开放 ftp 服务。

（2）在 server3 上安装 httpd，启动并开机自动启动 httpd，设置防火墙开放 http 服务。

分析：因为在 server2 和 server3 上做的是不同的操作，所以这里写两个 play。

第一个 play 在 server2 上执行，包含 3 个 task，分别用于安装、服务管理、防火墙设置。

第二个 play 在 server3 上执行，包含 3 个 task，分别用于安装、服务管理、防火墙设置。

```
[lduan@server demo1]$ cat test3.yaml
---
- name: 第一个 play 在 server2 上要做的操作 --- 安装 vsftpd，启动服务，开启防火墙
  hosts: server2
  tasks:
  - name: 第一个操作安装 vsftpd
    yum: name=vsftpd state=installed
  - name: 第二个操作启动服务
    service: name=vsftpd state=started enabled=yes
  - name: 第三个操作开启防火墙
    firewalld: service=ftp state=enabled immediate=yes permanent=yes

- name: 第二个 play 在 server3 上要做的操作 -- 安装 httpd，启动服务，开启防火墙
  hosts: server3
  tasks:
  - name: 第一个操作安装 httpd
    yum: name=httpd state=installed
  - name: 第二个操作启动服务
    service: name=httpd state=started enabled=yes
  - name: 第三个操作开启防火墙
    firewalld: service=http state=enabled immediate=yes permanent=yes
[lduan@server demo1]$
```

运行此 playbook，命令如下。

```
[lduan@server demo1]$ ansible-playbook test3.yaml

PLAY [ 第一个 play 在 server2 上要做的操作 --- 安装 vsftpd，启动服务，开启防火墙 ]
*************************************************************
ok: [server2]
TASK [ 第一个操作安装 vsftpd]
*************************************************************
ok: [server2]
TASK [ 第二个操作启动服务 ]
*************************************************************
ok: [server2]
TASK [ 第三个操作开启防火墙 ]
*************************************************************
changed: [server2]

PLAY [ 第二个 play 在 server3 上要做的操作 -- 安装 httpd，启动服务，开启防火墙 ]
*************************************************************
ok: [server3]
TASK [ 第一个操作安装 httpd]
*************************************************************
ok: [server3]
TASK [ 第二个操作启动服务 ]
*************************************************************
ok: [server3]
TASK [ 第三个操作开启防火墙 ]
*************************************************************
ok: [server3]
[lduan@server demo1]$
```

30.2 错误处理

在写 playbook 时，会遇到各种各样的问题，例如，命令出错了，或者引用的变量不存在等。playbook 具备一定的错误处理能力。

30.2.1 ignore_errors

执行一个 playbook 时，如果其中的某个 task 出错，则后续的 task 就不再继续执行了。看下面的例子，编写 test4.yaml 的内容如下。

```
[lduan@server demo1]$ cat test4.yaml
---
- hosts: server2
  gather_facts: false
  tasks:
  - name: aa
    debug: msg={{default_xxx}}
  - name: bb
    debug: msg="22222"
[lduan@server demo1]$
```

　　这里写了两个 task，一个是 aa，另一个是 bb，aa 这个 task 中引用了一个不存在的变量 default_xxx，所以导致 aa 这个 task 报错。如果某个 task 出错，则后续的 task 就不再继续执行了，所以 bb 这个 task 不会继续执行了。

```
[lduan@server demo1]$ ansible-playbook test4.yaml
PLAY [server2] ***********************
TASK [aa] **************************
fatal: [server2]: FAILED! => {"msg": "The task includes an option with an
undefined variable. The error was: 'default_xxx' is undefined\n\nThe error
appears to be in '/home/lduan/demo1/test4.yaml': line 5, column 5, but
may\nbe elsewhere in the file depending on the exact syntax problem.\n\nThe
offending line appears to be:\n\n  tasks:\n - name: aa\n    ^ here\n"}
PLAY RECAP ***********************
server2 : ok=0  changed=0  unreachable=0  failed=1 skipped=0  rescued=0
ignored=0
[lduan@server demo1]$
```

　　如果想让 task aa 出错时不影响后续 task 的执行，那么可以在 task aa 中添加 ignore_errors: true 来忽略这个报错继续往下执行，命令如下。

```
[lduan@server demo1]$ cat test4.yaml
---
- hosts: server2
  gather_facts: false
  tasks:
  - name: aa
    debug: msg={{default_xxx}}
    ignore_errors: true
  - name: bb
    debug: msg="22222"
[lduan@server demo1]$
```

　　这里添加了 ignore_errors: true 忽略报错信息。下面运行 test4.yaml 查看结果，如下所示。

```
[lduan@server demo1]$ ansible-playbook test4.yaml
PLAY [server2] **********************************
TASK [aa] ***************************************
fatal: [server2]: FAILED! => {"msg": "The task includes an option with an
undefined variable. The error was: 'default_xxx' is undefined\n\nThe error
appears to be in '/home/lduan/demo1/test4.yaml': line 5, column 5, but
may\nbe elsewhere in the file depending on the exact syntax problem.\n\nThe
offending line appears to be:\n\n  tasks:\n  - name: aa\n    ^ here\n"}
...ignoring
TASK [bb] ***************************************
ok: [server2] => {
    "msg": "22222"
}
PLAY RECAP **************************************
server2   : ok=2  changed=0  unreachable=0  failed=0   skipped=0 rescued=0  ignored=1
[lduan@server demo1]$
```

可以看到，即使 task aa 出错了，但是后续的 task bb 仍然继续执行。

30.2.2 fail 语句

fail 模块和 debug 模块一样，都是用来打印信息的，区别在于 debug 执行完成之后会继续进行后续模块的操作，而 fail 打印完报错信息之后会退出整个 playbook。编写 test5.yaml 的内容如下。

```
[lduan@server demo1]$ cat test5.yaml
---
- hosts: server2
  gather_facts: false
  tasks:
  - name: aa
    debug: msg="111"
  - name: bb
    fail: msg="222"
  - name: cc
    debug: msg="333"
[lduan@server demo1]$
```

这里写了 3 个 task，其中 task aa 和 task cc 使用 debug 打印信息，task bb 使用 fail 打印信息。下面运行此 playbook 查看结果，如下所示。

```
[lduan@server demo1]$ ansible-playbook test5.yaml
PLAY [server2] ****************************
TASK [aa] ********************************
```

```
ok: [server2] => {
    "msg": "111"
}
TASK [bb] *************************************
fatal: [server2]: FAILED! => {"changed": false, "msg": "222"}

PLAY RECAP *************************************
server2  : ok=1  changed=0 unreachable=0  failed=1 skipped=0 rescued=0 ignored=0
[lduan@server demo1]$
```

可以看到，task aa 正确执行之后，继续执行 task bb。因为 task bb 用的是 fail 来打印信息，所以执行完成之后就退出 playbook 了，task cc 并没有执行。

1. 写一个名称为 chap30-1.yaml 的 playbook，获取 db 主机组中主机的 IP 地址。

2. 写一个名称为 chap30-2.yaml 的 playbook，完成下面的任务。

（1）在 server2 上安装 nfs-utils 包，启动 nfs-server 服务并设置开机自动启动。

（2）在 server2 上配置 firewalld，要求开放 nfs、rpc-bind、mountd 三个服务，重启系统也能生效。

（3）在 server2 上创建目录 /share。

（4）在 server2 的文件 /etc/exports 中写入 /share   *(rw,no_root_squash)。

（5）在 server2 上执行系统命令 exportfs -arv。

（6）把 server3 上的 192.168.26.102:/share 挂载到 /nfs 目录上，文件系统为 NFS。

第31章
变量的使用

本章主要介绍 playbook 中的变量。

- ♦ 自定义变量
- ♦ 使用变量文件
- ♦ 字典变量
- ♦ 列表变量
- ♦ 注册变量
- ♦ facts 变量
- ♦ 内置变量
- ♦ 变量的过滤器

为了能够写出更实用的 playbook，需要在 playbook 中使用变量。下面来讲解 playbook 中常见的变量。本章实验都在 /home/lduan/demo2 下操作，先把 demo2 目录创建出来并把 ansible.cfg 和 hosts 拷贝进去，命令如下。

```
[lduan@server ~]$ mkdir demo2
[lduan@server ~]$ cp ansible.cfg hosts demo2
[lduan@server ~]$ cd demo2
[lduan@server demo2]$
```

31.1 手动定义变量

通过 vars 来定义变量，vars 和 tasks 对齐。定义变量的格式如下。

```
vars:
  变量1: 值1
  变量2: 值2
  ...
```

定义变量时，不可有重复的变量，否则后面定义的变量的值会覆盖前面定义的变量的值，如下所示。

```
vars:
  aa: value1
  bb: value2
  aa: value3
  ...
```

这里 aa 重复定义了，所以 aa 的值最终是 value3。

引用变量时用 {{ 变量名 }}，大括号内侧两边是否有空格是无所谓的，如下所示。

```
{{ 变量名 }}
{{   变量名   }}
{{   变量名 }}
{{ 变量名   }}
```

练习：写一个名称为 1.yaml 的 playbook，里面定义以下 3 个变量。

myname1=tom

myname2=tom2

myname3=tom3

然后打印 myname1 的值，命令如下。

```
[lduan@server demo2]$ cat 1.yaml
---
- hosts: server2
  vars:
    myname1: tom1
    myname2: tom2
    myname3: tom3
  tasks:
  - name: 打印某个变量
    debug: msg=" 变量 myname1 的值是 {{myname1}}"
[lduan@server demo2]$
```

运行此 playbook，命令如下。

```
[lduan@server demo2]$ ansible-playbook 1.yaml
    ... 输出 ...
TASK [ 打印某个变量 ]
ok: [server2] => {
    "msg": " 变量 myname1 的值是 tom1"
}
    ... 输出 ...
[lduan@server demo2]$
```

可以看到，打印了 myname1 的值为 tom1。

定义变量时，同一个变量定义多次，后面定义的生效，修改 1.yaml 的内容如下。

```
[lduan@server demo2]$ cat 1.yaml
---
- hosts: server2
  vars:
    myname1: tom1
    myname2: tom2
    myname3: tom3
    myname1: tom3
  tasks:
  - name: 打印某个变量
    debug: msg=' 变量 myname1 的值是 {{myname1}}'
[lduan@server demo2]$
```

这里定义了两次 myname1 这个变量，第一次定义的值为 tom1，第二次定义的值为 tom3。
下面运行此 playbook 查看结果，如下所示。

```
[lduan@server demo2]$ ansible-playbook 1.yaml
 [WARNING]: While constructing a mapping from /home/tom/rh294/demo2/1.yaml, line 4,
column 5, found a duplicate dict key (myname1). Using last defined value only.
    ... 输出 ...
```

```
TASK [打印某个变量]
ok: [server2] => {
    "msg": "变量 myname1 的值是 tom3"
}
[lduan@server demo2]$
```

因为 myname1 重复定义了两次，所以运行此 playbook 时会有提示，意思是变量重复定义了，且后面定义的 myname1 生效，打印的结果为 tom3。

31.2 变量文件

如果定义的变量太多，可以把变量拿出来单独放在一个文件中，然后在 playbook 中通过 vars_files 引用此变量文件，那么就可以直接使用此变量文件中的变量了，就像变量文件中的变量直接在 YAML 文件中定义似的，这样更方便管理。

例如，创建文件 vars.yaml，内容如下。

```
[lduan@server demo2]$ cat vars.yaml
myv1: aaa
myv2: bbb
myv3: ccc
[lduan@server demo2]$
```

修改 1.yaml 的内容如下。

```
[lduan@server demo2]$ cat 1.yaml
---
- hosts: server2
  vars_files:
  - vars.yaml
  vars:
    myname1: tom1
    myname2: tom2
    myname3: tom3
  tasks:
  - name: 打印某个变量
    debug: msg='变量 myname1 的值是 {{myname1}}'
  - name: 打印变量 myv1 的值
    debug: msg='变量 myv1 的值是 {{myv1}}'
[lduan@server demo2]$
```

这里通过 vars_files 来引用变量文件 vars.yaml，然后打印变量 myv1 的值，运行结果如下。

```
[lduan@server demo2]$ ansible-playbook 1.yaml
    ... 输出 ...
TASK [打印某个变量]
ok: [server2] => {
    "msg": " 变量 myname1 的值是 tom1"
}
TASK [打印变量 myv1 的值]
ok: [server2] => {
    "msg": " 变量 myv1 的值是 aaa"
}
[lduan@server demo2]$
```

31.3 字典变量

所谓字典（dictionaries 简写为 dict），就是存储多个变量的容器，可以把字典理解为一个木桶，里面存放了很多个变量。如图 31-1 所示，两个木桶 xx 和 yy，里面分别存储了 3 个变量：aa=1，bb=2，cc=3。

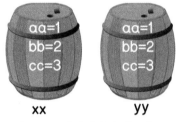

同一个字典中定义的多个变量不可有重复值，否则后面定义的变量会覆盖前面定义的变量。

图 31-1　存储多个变量的容器

要是引用木桶中的变量，必须指定是哪个木桶中的变量。例如，要引用木桶 xx 中的变量 aa，则使用 xx.aa。

字典是在 vars 下定义的，语法如下。

```
字典名：
  var1: value1
  var2: value2
  ...
```

这里的字典就如同图 31-1 中的桶，里面的 var1、var2 如同图 31-1 中的变量 aa、bb 等。

> **注意**
>
> 在字典中定义这一个个变量时，变量前面是不加"-"的，且定义变量没有先后顺序。

通过"字典名.变量名"这种格式来引用变量，看下面的例子。

```
[lduan@server demo2]$ cat 2.yaml
---
- hosts: server2
```

```
  vars:
    dict1:
      myv1: aaa
      myv2: bbb
      myv3: ccc
    dict2:
      myv1: 111
      myv2: 222
      myv3: 333
  tasks:
  - name: 打印第一个变量
    debug: msg="{{dict1.myv1}}"
[lduan@server demo2]$
```

这里定义了两个字典 dict1 和 dict2，里面分别有 3 个变量，最后通过 dict1.myv1 引用了字典 dick1 中的变量 myv1。通过 ansible-playbook 2.yaml 运行的结果应该为 aaa，如下所示。

```
[lduan@server demo2]$ ansible-playbook 2.yaml
    ... 输出 ...
TASK [打印第一个变量]
ok: [server2] => {
    "msg": "aaa"
}

[lduan@server demo2]$
```

如果在同一个字典中出现了相同的变量名，则后面定义的变量的值会覆盖前面定义的变量的值。

31.4 列表变量

列表变量和字典变量比较容易弄混。下面来看一个例子，定义一个员工表，里面有 3 个员工，每个员工通过以下 3 个属性记录。

（1）uname：记录用户名。

（2）age：记录年龄。

（3）sex：记录性别。

这个员工表的内容如下。

```
employee:
  uname: lisi
```

```
age: 22
sex: man


uname: wangwu
age: 24
sex: man


uname: xiaohua
age: 21
sex: wuman
```

为了看得清楚，这里把每个用户用空白行隔开了。每个用户都是由 3 个变量组成的一个整体，这个整体是员工表 employee 的一个元素。所以，这个员工表有 3 个元素，即 3 个人。

每个元素都有 uname，所以列表 employee 共有 3 个 uname，但是这 3 个 uname 不应该是冲突的，因为它们分别属于不同的人。

但是为了防止误会，每个元素的第一个变量前都加上一个 "-"，表示它是这个元素的第一个变量。所以，员工表改成如下内容。

```
employee:
- uname: lisi
  age: 22
  sex: man

- uname: wangwu
  age: 24
  sex: man

- uname: xiaohua
  age: 21
  sex: wuman
```

这样看起来就清晰了很多，这里 employee 就是一个列表。

那如果想获取某个元素（某个员工）的信息该怎么办呢？可以通过 employee[n] 来获取，这里的 n 叫作下标，下标从 0 开始。

例如，要获取第一个用户的信息，则使用 employee[0] 即可，employee[0] 得到的值如下。

```
uname: lisi
age: 22
sex: man
```

可以看到，这是由 3 个变量组成的，这 3 个变量组成了一个字典，即 employee[0] 就是一个字典。如果想获取第一个用户的用户名，则可以通过 employee[0].uname 来获取。

所以，员工表 employee 是由 3 个字典组成的：employee[0]、employee[1]、employee[2]。

列表和字典的不同如下。

（1）列表的每个元素的第一个变量都是以"-"开头。

（2）字典的每个变量前面都不带"-"。

练习 1：判断下面的 aa1 和 aa2 是列表还是字典。

aa1：   aa2：

- xx: v1   xx: v1

- yy: v2   yy: v2

这里左边的 aa1 是列表，每个元素中仅有一个变量，右边的 aa2 是字典。

练习 2：写一个名称为 3-list.yaml 的 playbook，定义一个用户列表，里面包含 3 个用户，每个用户由 uname、sex、age 组成，命令如下。

```
[lduan@server demo2]$ cat 3-list.yaml
---
- hosts: server2
  vars:
    users:
    - uname: tom
      sex: men
      age: 19
    - uname: bob
      sex: men
      age: 20
    - uname: mary
      sex: women
      age: 22
  tasks:
  - name: 打印一个变量
    debug: msg={{ users[2] }}
[lduan@server demo2]$
```

这里列表 users 定义了 3 个元素，现在要获取第 3 个元素用 users[2] 来表示，运行结果如下。

```
[lduan@server demo2]$ ansible-playbook 3-list.yaml
    ...输出...
TASK [打印一个变量]
ok: [server2] => {
    "msg": {
        "age": 22,
        "sex": "woman",
        "uname": "mary"
    }
    ...输出..
[lduan@server demo2]$
```

如果要获取第 3 个用户的用户名，修改 3-list.yaml 的内容如下。

```
[lduan@server demo2]$ cat 3-list.yaml
---
- hosts: server2
  vars:
    users:
      ... 和原来相同 ...
  tasks:
  - name: 打印一个变量
    debug: msg={{ users[2].uname }}
[lduan@server demo2]$
```

运行此 playbook，命令如下。

```
[lduan@server demo2]$ ansible-playbook 3-list.yaml
    ... 输出 ...
TASK [打印一个变量]
ok: [server2] => {
    "msg": "mary"
}
    ... 输出 ...
[lduan@server demo2]$
```

定义列表时，也可以直接写值不写变量，通过如下方式来定义。

```
listname:
- var1
- var2
- var3
...
```

这种定义变量的方式可以换成如下内容。

```
listname: [var1,var2,var3,...]
```

31.5 数字变量的运算

在 YAML 文件中定义的变量，其值如果是数字，则可以进行数学运算。常见的数学运算符包括 +（加）、-（减）、*（乘）、/（除）、**（次方）。

练习：写一个名称为 4-vars.yaml 的 playbook，定义了变量 aa，值为 3，然后求 aa*2 和 aa 的 3 次方，命令如下。

```
[lduan@server demo2]$ cat 4-vars.yaml
---
- hosts: server2
  vars:
    aa: 3
  tasks:
  - name: 3 乘 2 的值
    debug: msg={{aa*2}}
  - name: 3 的 3 次方
    debug: msg="{{3**3}}"
[lduan@server demo2]$
```

运行此 playbook，命令如下。

```
[lduan@server demo2]$ ansible-playbook 4-vars.yaml
    ... 输出 ...
TASK [3 乘 2 的值 ]
ok: [server2] => {
    "msg": "6"
}
TASK [3 的 3 次方 ]
ok: [server2] => {
    "msg": "27"
}
    ... 输出 ...
[lduan@server demo2]$
```

可以看到，aa 的值为 3，3 乘 2 的值为 6，3 的 3 次方为 27。

31.6 注册变量

在 playbook 中用 shell 模块执行某个系统命令后，在结果中是不会显示这个命令结果的，这个和在命令行中用 ansible 命令调用 shell 模块不一样。

练习：写一个 playbook，在里面执行系统命令 hostname，命令如下。

```
[lduan@server demo2]$ cat 5-reg1.yaml
---
- hosts: server2
  tasks:
  - name: 执行一个操作系统命令
    shell: 'hostname'
[lduan@server demo2]$
```

运行此 playbook，命令如下。

```
[lduan@server demo2]$ ansible-playbook 5-reg1.yaml
    ... 输出 ...
TASK [ 执行一个操作系统命令 ]
changed: [server2]
    ... 输出 ...
[lduan@server demo2]$
```

可以看到，没有任何输出。如果想查看这个 shell 命令的结果，可以把 shell 命令的结果保存在一个变量中，这个变量就是注册变量，然后打印这个变量的值即可。修改 5-reg1.yaml 的内容如下。

```
[lduan@server demo2]$ cat 5-reg1.yaml
---
- hosts: server2
  tasks:
  - name: 执行一个操作系统命令
    shell: 'hostname'
    register: aa
  - name: 打印注册变量 aa 的值
    debug: msg={{aa}}
[lduan@server demo2]$
```

运行此 playbook，命令如下。

```
[lduan@server demo2]$ ansible-playbook 5-reg1.yaml
    ... 输出 ...
TASK [ 执行一个操作系统命令 ]
TASK [ 打印注册变量 aa 的值 ]
ok: [server2] => {
    "msg": {
        "changed": true,
        "cmd": "hostname",
        ... 输出 ...
        "rc": 0,
        ... 输出 ...
        "stdout": "server2.rhce.cc",
        "stdout_lines": [
            "server2.rhce.cc"
        ]
    }
}
[lduan@server demo2]$
```

结果中 msg 后面的内容就是 aa 的值，可以看到 aa 就是一个字典。其中 cmd 是执行的系统命令，rc 是此命令的返回值，stdout 表示此命令的结果。

所以，如果只获取这个命令的结果，只要打印字典 aa 中的 stdout 变量即可。修改 5-reg1.yaml
的内容如下。

```
[lduan@server demo2]$ cat 5-reg1.yaml
---
- hosts: server2
  tasks:
  - name: 执行一个操作系统命令
    shell: 'hostname'
    register: aa
  - name: 打印注册变量 aa 的值
    debug: msg={{aa.stdout}}
[lduan@server demo2]$
```

运行此 playbook，命令如下。

```
[lduan@server demo2]$ ansible-playbook 5-reg1.yaml
    ... 输出 ...
TASK [ 执行一个操作系统命令 ]
TASK [ 打印注册变量 aa 的值 ]
ok: [server2] => {
    "msg": "server2.rhce.cc"
}
[lduan@server demo2]$
```

这里正确地显示了 hostname 的值为 server2.rhce.cc。

31.7 facts 变量

ansible 通过 setup 模块是可以获取到被管理主机的所有信息的，这些信息都是以变量的方
式存在，这些变量称为 facts，前面在 setup 模块中已经介绍过了。现在写一个名称为 6-fact.yaml
的 playbook，用于打印 server2 的 IP 和主机名，命令如下。

```
[lduan@server demo2]$ cat 6-fact.yaml
---
- hosts: server2
  vars:
    list1: ['aaa: ']
  tasks:
  - name: 打印 IP
    debug: msg={{ansible_default_ipv4.address}}
  - name: 打印主机名
```

```
    debug: msg={{ansible_fqdn}}
[lduan@server demo2]$
```

这里打印 IP 用到的 fact 变量是 ansible_default_ipv4.address，打印主机名用到的 fact 变量
是 ansible_fqdn，运行结果如下。

```
[lduan@server demo2]$ ansible-playbook 6-fact.yaml
    ... 输出 ...
ok: [server2] => {
    "msg": "192.168.26.102"
}
ok: [server2] => {
    "msg": "server2.rhce.cc"
}
    ... 输出 ...
[lduan@server demo2]$
```

这里显示 server2 的 IP 是 192.168.26.102，主机名是 server2.rhce.cc。

31.8 内置变量 groups

在 ansible 中，除用户手动去定义一些变量外，还有一些内置的变量，这些变量不需要用
户定义就可以直接使用。

groups 用于列出清单文件中所有定义的主机组及里面的主机，看下面的例子。

```
[lduan@server demo2]$ cat 7-group.yaml
---
- hosts: server2
  tasks:
  - name: xxx
    debug: msg={{groups}}
[lduan@server demo2]$
```

运行此 playbook，命令如下。

```
[lduan@server demo2]$ ansible-playbook 7-group.yaml
    ... 输出 ...
ok: [server2] => {
    "msg": {
        "all": [
            "server2",
            "server3"
        ],
```

```
        "db": [
            "server2",
            "server3"
        ],
        "ungrouped": []
    }
}
    ... 输出 ...
[lduan@server demo2]$
```

这里显示了清单文件中所有的主机组及里面的主机信息。

如果只想列出某个主机组，可以通过"groups[' 主机组名 ']"或"groups. 主机组名"来表示。修改 7-group.yaml 的内容如下。

```
[lduan@server demo2]$ cat 7-group.yaml
---
- hosts: server2
  tasks:
  - name: xxx
    debug: msg={{ groups['db'] }}
[lduan@server demo2]$
```

这里只显示主机组 db 中的主机，运行结果如下。

```
[lduan@server demo2]$ ansible-playbook 7-group.yaml
    ... 输出 ...
TASK [xxx]
ok: [server2] => {
    "msg": [
        "server2",
        "server3"
    ]
}
    ... 输出 ...
[lduan@server demo2]$
```

可以看到，这里只显示了 db 主机组中的主机。

groups['db'] 可以改写成 groups.db，如下所示。

```
[lduan@server demo2]$ cat 7-group.yaml
---
- hosts: server2
  tasks:
  - name: xxx
    debug: msg={{ groups.db }}
[lduan@server demo2]$
```

31.9 内置变量 hostvars

hostvars 用来显示指定主机的 fact 变量，用法如下。

```
hostvars[' 主机名 ']. 键值
```

此变量一般用于，当某个 play 的 hosts 中只写了 A 主机组，但是同时想在此 play 中显示 B 主机组中的信息，这时可以选择此变量。

练习：写一个 playbook，里面包含一个 play，里面的 hosts 指定为 server2，但是要显示 server3 的 IP 地址，命令如下。

```
[lduan@server demo2]$ cat 8-hostvars.yaml
---
- hosts: server2
  tasks:
  - name: 打印 server3 的 IP
    debug: msg={{hostvars['server3'].ansible_default_ipv4.address}}
[lduan@server demo2]$
```

运行此 playbook，命令如下。

```
[lduan@server demo2]$ ansible-playbook 8-hostvars.yaml
   ... 输出 ...
fatal: [server2]: FAILED! => {"msg": "The task includes an option with an undefined
variable. The error was: 'ansible.vars.hostvars.HostVarsVars object' has no attribute
'ansible_default_ipv4'\n\nThe error appears to be in '/home/tom/rh294/demo2/8-hostvars.
yaml': line 4, column 5, but may\nbe elsewhere in the file depending on the exact
syntax problem.\n\nThe offending line appears to be:\n\n  tasks:\n  - name: 打印
server3 的 IP\n    ^ here\n"}
   ... 输出 ...
[lduan@server demo2]$
```

这里却出现了报错，这是因为 play 的 hosts 中只写了 server2，所以只会获取 server2 的 fact 变量，并不会获取 server3 的 fact 变量，也就不会识别 server3 上的 ansible_default_ipv4.address。

修改 8-hostvars.yaml 的内容如下。

```
[lduan@server demo2]$ cat 8-hostvars.yaml
---
- hosts: server3

- hosts: server2
```

```
    tasks:
    - name: 打印 server3 的 IP
      debug: msg={{hostvars['server3'].ansible_default_ipv4.address}}
[lduan@server demo2]$
```

这里只比前面多了一个 play，且这个 play 中只写了一个 hosts: server3。但是这一句就可以获取到 server3 的 fact 变量，这样在第二个 play 中再次获取 server3 的 fact 变量时就不会报错了。运行结果如下。

```
[lduan@server demo2]$ ansible-playbook 8-hostvars.yaml
    ...输出...
TASK [Gathering Facts]
ok: [server3]
TASK [Gathering Facts]
ok: [server2]

TASK [打印 server3 的 IP]
ok: [server2] => {
    "msg": "192.168.26.103"
}

[lduan@server demo2]$
```

可以看到，此处已经正确地获取到 server3 的 IP 了。

31.10 内置变量 inventory_hostname

当 ansible 主机同时在多台被管理主机上执行任务时，每台被管理主机都会有一个变量记录它在清单文件中的名称是什么，如图 31-2 所示。

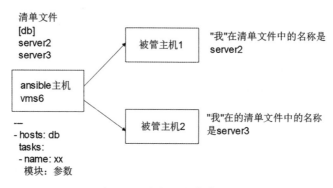

图 31-2　主机记录清单名称

这个变量就是 inventory_hostname,记录了每个主机在清单文件中的名称。

练习:写一个 playbook,在主机组 db 上执行,命令如下。

```
[lduan@server demo2]$ cat 9-inventory1.yaml
---
- hosts: db
  tasks:
  - name: 打印我在清单文件中的名称
    debug: msg={{inventory_hostname}}
[lduan@server demo2]$
```

这里 playbook 会在 db 主机组上执行,即在 server2 和 server3 上执行。在 server2 上执行时 inventory_hostname 的值为 server2,在 server3 上执行时 inventory_hostname 的值为 server3,运行结果如下。

```
[lduan@server demo2]$ ansible-playbook 9-inventory1.yaml
    ... 输出 ...
TASK [ 打印我在清单文件中的名称 ]
ok: [server2] => {
    "msg": "server2"
}
ok: [server3] => {
    "msg": "server3"
}
    ... 输出 ...
[lduan@server demo2]$
```

上面的例子中,hosts 的值写的是 db,所以后续的 task 是要在 server2 和 server3 上同时执行的。修改清单文件 hosts,添加一个主机组 xx,里面的主机包括 server2 这一台主机。

```
[lduan@server demo2]$ cat hosts
server2
server3
[db]
server2
server3
[xx]
server2
[lduan@server demo2]$
```

修改 9-inventory1.yaml 的内容如下。

```
[lduan@server demo2]$ cat 9-inventory1.yaml
---
- hosts: db
  tasks:
```

```
  - name: 打印我在清单文件中的名称
    debug: msg={{inventory_hostname}}
    when: inventory_hostname in groups ['xx']
[lduan@server demo2]$
```

这里增加了一条判断语句 when（后面会专门讲解），执行 debug 模块的条件是被管理主机要属于 xx 主机组。虽然 hosts 后面跟的是 db，server3 在 db 主机组但没有在 xx 主机组中，条件不满足，所以在 server3 上并不执行 debug 模块。运行结果如下。

```
[lduan@server demo2]$ ansible-playbook 9-inventory1.yaml
    ...输出...
ok: [server2]
ok: [server3]

TASK [打印我在清单文件中的名称]
ok: [server2] => {
    "msg": "server2"
}
skipping: [server3]
    ...输出...
[lduan@server demo2]$
```

这里跳过了 server3，只有 server2 执行了 debug 模块。

31.11 变量的过滤器

所谓变量的过滤器，实际上就是对变量的值进行一些操作，例如，进行类型转化、截取、加密等操作，使用格式如下。

```
{{ 变量名 | 函数 }}
```

练习：把大写字符转换成小写字符，命令如下。

```
[lduan@server demo2]$ cat 10-vars1.yaml
---
- hosts: server2
  vars:
    aa: tom
    bb: BOB
  tasks:
  - name: xxx
    debug: msg={{bb | lower}}
```

这里定义了一个变量 bb 值为大写的 BOB，通过 lower 这个过滤器会把大写字符转换成小写字符。运行此 playbook，命令如下。

```
[lduan@server demo2]$ ansible-playbook 10-vars1.yaml
    ... 输出 ...
TASK [xxx]
ok: [server2] => {
    "msg": "bob"
}
    ... 输出 ...
[lduan@server demo2]$
```

可以看到，这里显示的是小写的 bob。

下面列出几个常见的过滤器。

31.11.1 数字类型

整型 int，可以把字符串转换成整型，看下面的例子。

```
[lduan@server demo2]$ cat 10-vars2.yaml
---
- hosts: server2
  tasks:
  - name: 数学运算
    debug: msg={{3+'3'}}
[lduan@server demo2]$
```

这里对 3+'3' 进行数学运算，但是第二个 3 用单引号引起来了，说明是一个字符串，用数字 3 和字符串 3 相加是要报错的，运行结果如下。

```
[lduan@server demo2]$ ansible-playbook 10-vars2.yaml
    ... 输出 ...
TASK [ 数学运算 ]
fatal: [server2]: FAILED! => {"msg": "Unexpected templating type error occurred
on ({{3+'3'}}): unsupported operand type(s) for +: 'int' and 'str'"}
    ... 输出 ...
[lduan@server demo2]$
```

这里报错的提示信息的意思是，数字不能和字符串进行数学运算。我们可以把字符串 '3' 通过 int 转换成数字，修改 10-vars2.yaml 的内容如下。

```
[lduan@server demo2]$ cat 10-vars2.yaml
---
- hosts: server2
  tasks:
```

```
  - name: 数学运算
    debug: msg={{3+('3'|int)}}
[lduan@server demo2]$
```

其中 '3' 通过管道传递给 int，转换成整型类型的，这样就可以相加了，运行结果如下。

```
[lduan@server demo2]$ ansible-playbook 10-vars2.yaml
    ... 输出 ...
TASK [ 数学运算 ]
ok: [server2] => {
    "msg": "6"
}
    ... 输出 ...
[lduan@server demo2]$
```

浮点型 float，可以把字符串转换成小数类型的数字，修改 10-vars2.yaml 的内容如下。

```
[lduan@server demo2]$ cat 10-vars2.yaml
---
- hosts: server2
  tasks:
  - name: 数学运算
    debug: msg={{3+('3'|float)}}
[lduan@server demo2]$
```

这里用 float 把 '3' 转换成浮点型，即 3.0，运行结果如下。

```
[lduan@server demo2]$ ansible-playbook 10-vars2.yaml
    ... 输出 ...
TASK [ 数学运算 ]
ok: [server2] => {
    "msg": "6.0"
}
    ... 输出 ...
[lduan@server demo2]$
```

绝对值 abs，可以把负数转换成正数，如 -3 变成 3，修改 10-vars2.yaml 的内容如下。

```
[lduan@server demo2]$ cat 10-vars2.yaml
---
- hosts: server2
  tasks:
  - name: 数学运算
    debug: msg={{-3 | abs }}
[lduan@server demo2]$
```

这里用 abs 求 -3 的绝对值，得到的值应该是 3，运行结果如下。

```
[lduan@server demo2]$ ansible-playbook 10-vars2.yaml
    ... 输出 ...
TASK [ 数学运算 ]
ok: [server2] => {
    "msg": "3"
}
    ... 输出 ...
[lduan@server demo2]$
```

31.11.2 列表

前面讲过一个列表中可以包括多个值，列表的过滤器可以求出列表的长度、最大值、最小
值等。

（1）length：用于求列表的长度。

（2）max：用于求列表中的最大值。

（3）min：用于求列表中的最小值。

练习：写一个 playbook，内容如下。

```
[lduan@server demo2]$ cat 10-vars3.yaml
---
- hosts: server2
  vars:
    list1: [1,2,8,3,2]
  tasks:
  - name: 求列表的长度
    debug: msg="{{list1 | length}}"
  - name: 求列表中的最大值
    debug: msg="{{list1 | max}}"
  - name: 求列表中的最小值
    debug: msg="{{list1 | min}}"
[lduan@server demo2]$
```

这里定义了一个列表 list1，然后分别求列表的长度、最大值、最小值，运行结果如下。

```
[lduan@server demo2]$ ansible-playbook 10-vars3.yaml
    ... 输出 ...
TASK [ 求列表的长度 ]
ok: [server2] => {
    "msg": "5"
}
TASK [ 求列表中的最大值 ]
ok: [server2] => {
    "msg": "8"
```

```
}
TASK [求列表中的最小值]
ok: [server2] => {
    "msg": "1"
}
   ... 输出 ...
[lduan@server demo2]$
```

可以看到，列表的长度为 5，说明列表中有 5 个元素，最大值为 8，最小值为 1。

用于列表的过滤器还包括 sort（排序）、sum（求和）、shuffle（打乱顺序显示）等。

31.11.3 设置变量默认值 default

如果某个变量没有被定义，那么可以通过 default 给它设置一个默认值，用法如下。

```
{{ var1 | default(value1) }}
```

如果某个变量 var1 已经定义了，则显示它自己的值；如果没有被定义，则被赋值为 value1。

练习：写一个 playbook，内容如下。

```
[lduan@server demo2]$ cat 10-vars4.yaml
---
- hosts: server2
  vars:
    aa: 11
    bb:
  tasks:
  - name: aa 的值
    debug: msg="{{ aa | default('xxx')}}"
  - name: bb 的值
    debug: msg="{{ bb | default('xxx')}}"
  - name: cc 的值
    debug: msg="{{ cc | default('xxx')}}"
[lduan@server demo2]$
```

这里定义了 aa 的值为 11，定义了 bb 但是没有赋值，并没有定义 cc。所以，打印 aa 时，会显示自己的值即 11；打印 bb 时，会显示自己的值即空值；打印 cc 时，显示的是 default 中的值即 xxx。运行结果如下。

```
[lduan@server demo2]$ ansible-playbook 10-vars4.yaml
    ... 输出 ...
TASK [aa 的值]
ok: [server2] => {
    "msg": "11"
```

```
}
TASK [bb 的值]
ok: [server2] => {
    "msg": ""
}
TASK [cc 的值]
ok: [server2] => {
    "msg": "xxx"
}
    ... 输出 ...
[lduan@server demo2]$
```

31.11.4 字符串相关

string 能把其他数据类型转换成字符串，看下面的例子。

```
[lduan@server demo2]$ cat 10-vars5.yaml
---
- hosts: server2
  tasks:
  - name: 求和
    debug: msg="{{ 3+(3|string)}}"
[lduan@server demo2]$
```

3+3 本身是可以正常运行的，但这里通过 3|string 把第二个 3 转换成了字符串，因为数字只能和数字相加，所以上述执行数字 3 和字符串 3 相加会报错，运行结果如下。

```
[lduan@server demo2]$ ansible-playbook 10-vars5.yaml
    ... 输出 ...
TASK [ 求和 ]
fatal: [server2]: FAILED! => {"msg": "Unexpected templating type error
occurred on ({{ 3+(3|string)}}): unsupported operand type(s) for +: 'int'
and 'str'"}
    ... 输出 ...
[lduan@server demo2]$
```

这个用法其实和前面的 3+'3' 是类似的，单引号也可以转换成字符串。

capitalize 过滤器用于把字符串的首字符转换成大写，看下面的例子。

```
[lduan@server demo2]$ cat 10-vars6.yaml
---
- hosts: server2
  tasks:
  - name: 字符串转换
```

```
    debug: msg="{{ 'aa' | capitalize }}"
[lduan@server demo2]$
```

运行此 playbook，命令如下。

```
[lduan@server demo2]$ ansible-playbook 10-vars6.yaml
    ... 输出 ...
TASK [ 字符串转换 ]
ok: [server2] => {
    "msg": "Aa"
}
    ... 输出 ...
[lduan@server demo2]$
```

可以看到，aa 通过 capitalize 过滤器转换之后，首字符变成了大写。

关于字符的过滤器还有 upper（把小写字符转换成大写）、lower（把大写字符转换成小写），
这些请大家自行练习。

31.11.5 加密相关

有时需要对字符串进行加密操作，例如，在创建用户时给用户设置密码，就要用密文的形
式而不能用明文。

求哈希值 hash，算法可以是 md5 或 sha1 等，用法如下。

```
hash(' 算法名 ')
```

练习 1：写一个 playbook，对字符串 haha001 实现不同的加密，命令如下。

```
[lduan@server demo2]$ cat 10-vars7.yaml
---
- hosts: server2
  vars:
    passa: haha001
  tasks:
  - name: 用 md5 加密
    debug: msg={{passa | hash('md5')}}
  - name: 用 sha1 加密
    debug: msg={{passa | hash('sha1')}}
  - name: 用 sha512 加密
    debug: msg={{passa | hash('sha512')}}
[lduan@server demo2]$
```

这里定义了一个变量 passa=haha001，然后分别使用 md5、sha1、sha512 对它进行加密，
运行结果如下。

```
[lduan@server demo2]$ ansible-playbook 10-vars7.yaml
    ... 输出 ...
TASK [ 用 md5 加密 ]
ok: [server2] => {
    "msg": "da48dd48779209245c671bf9fddfde23"
}
TASK [ 用 sha1 加密 ]
ok: [server2] => {
    "msg": "0d7c6d97655f38d7773c9a78a0861d533b1b32f1"
}
TASK [ 用 sha512 加密 ]
ok: [server2] => {
    "msg": "b37c491d6a36ef90c6c718855c06cc53053fe646fcae8889fafbad198c07a9
1fc283dd266af5dceb5378ff0a04cc1f9062fd4ea203c81dd2c9fbc58efa72a68b"
}
    ... 输出 ...
[lduan@server demo2]$
```

> **注意**
>
> hash 过滤器中的 md5 或 sha1 要用单引号引起来。

除使用 hash 作为过滤器加密外，还可以使用 password_hash 作为过滤器，用法如下。

```
password_hash(' 算法名 ')
```

在 Linux 系统中，用户密码一般使用的是 sha512 加密算法，所以一般用 password_hash('sha512') 给用户的密码加密。

修改 10-vars7.yaml 的内容如下。

```
[lduan@server demo2]$ cat 10-vars7.yaml
---
- hosts: server2
  vars:
    passa: haha001
  tasks:
  - name: password_hash 过滤器 sha512
    debug: msg={{passa | password_hash('sha512')}}
[lduan@server demo2]$
```

这里调用 sha512 对变量 passa 的值（就是 haha001）进行加密，运行结果如下。

```
[lduan@server demo2]$ ansible-playbook 10-vars7.yaml
    ... 输出 ...
TASK [password_hash 过滤器 sha512]
ok: [server2] => {
```

```
    "msg": "$6$U.4Jm.BHngn4.rdN$A1t3D.dXG/OZ7xcraL.m4wPPZ3Mu7Z0y2LoMt4r8iH
O7w3YzX0jE2bctGYGK3Rhkgb6d2hlG7/d49lkW.wZXK0"
}
    ... 输出 ...
[lduan@server demo2]$
```

> **注意**
>
> password_hash 过滤器中的 sha512 要用单引号引起来。

练习 2：在 server2 上创建用户 bob，并设置密码为 haha001。

先确定 server2 上不存在 bob 用户，命令如下。

```
[lduan@server demo2]$ ansible server2 -m shell -a "id bob"
server2 | FAILED | rc=1 >>
id: "bob"：无此用户 non-zero return code

[lduan@server demo2]$
```

然后开始写 playbook，内容如下。

```
[lduan@server demo2]$ cat 10-vars8.yaml
---
- hosts: server2
  vars:
    passa: haha001
  tasks:
  - name: 创建一个 bob 用户
    user: user=bob comment="Im bob" groups=root password={{passa | password_
hash('sha512')}}
[lduan@server demo2]$
```

这里调用 user 模块，name 指定用户名为 bob，comment 用于指定用户的描述信息，password 用于指定密码。

运行此 playbook，命令如下。

```
[lduan@server demo2]$ ansible-playbook 10-vars8.yaml
    ... 输出 ...
TASK [创建一个 bob 用户]
changed: [server2]
    ... 输出 ...
[lduan@server demo2]$
```

验证，切换到 server2 上，命令如下。

```
[root@server2 ~]# su - tom
```

```
[tom@server2 ~]$ su - bob
密码:
[bob@server2 ~]$
```

这里先从 root 切换到 tom 用户,因为 root 切换到其他任何用户都不需要密码。从 tom 用户用 su 命令切换到 bob 用户时需要输入密码 haha001,证明 bob 用户已经创建成功且密码也是正确的。

作业

1. 写一个名称为 chap31-1.yaml 的 playbook,要求在 server2 上执行任务,获取 server3 上的 IP 地址。

2. 写一个名称为 chap31-2.yaml 的 playbook,要求在 server2 上执行 hostname 命令,然后打印命令的结果和返回值,以如下格式输出。

命令的结果　　返回值

3. 写一个名称为 chap31-3.yaml 的 playbook,要求显示 db 主机组中的主机。

4. 写一个名称为 chap31-4.yaml 的 playbook,要求显示主机 server2 上 /dev/sda1 的大小。

第32章
控制语句

本章主要介绍 playbook 中的控制语句。

- 使用 when 判断语句
- block-rescue 判断
- 循环语句

一个 play 中可以包含多个 task，如果不想所有的 task 全部执行，可以设置只有满足某个条件才执行这个 task，不满足条件则不执行此 task。本章主要讲解 when 和 block-rescue 两种判断语句。

32.1 判断语句 when

when 作为一个判断语句，出现在某个 task 下，格式如下。

```
tasks:
- name: aa
  模块 1
  when: 条件 1
```

如果条件 1 成立，则执行模块 1，否则不执行。

> **注意**
>
> 在 when 中引用变量时是不用加 {{}} 的。

本章实验都在 /home/lduan/demo3 下操作，先把 demo3 目录创建出来并把 ansible.cfg 和 hosts 拷贝进去，命令如下。

```
[lduan@server demo2]$ cd
[lduan@server ~]$ mkdir demo3
[lduan@server ~]$ cp ansible.cfg hosts demo3/
[lduan@server ~]$ cd demo3/
[lduan@server demo3]$
```

32.1.1 when 判断中＞、＜、!= 的使用

练习 1：写一个 playbook，判断某条件是否成立，成立了才执行 task，否则不执行，命令如下。

```
[lduan@server demo3]$ cat when-1.yaml
---
- hosts: server2
  tasks:
  - name: task1
    debug: msg="111"
    when: 1 < 2
[lduan@server demo3]$
```

这里有一个 task，判断 1 < 2 是否成立，如果成立则执行 task1，屏幕上会显示 111；如果不成立则不执行 task1，屏幕上不会显示 111。这里明显是成立的，所以会执行 task1。运行结果如下。

```
[lduan@server demo3]$ ansible-playbook when-1.yaml
    ... 输出 ...
TASK [task1]
ok: [server2] => {
    "msg": "111"
}
    ... 输出 ...
[lduan@server demo3]$
```

when 后面可以有多个条件，用 or 或 and 作为连接符。

如果用 or 作为连接符，只要有一个条件成立即可，只有所有的条件都不成立时，整体才不成立。

练习 2：修改 when-1.yaml 的内容如下。

```
[lduan@server demo3]$ cat when-1.yaml
---
- hosts: server2
  tasks:
  - name: task1
    debug: msg="111"
    when: 1 < 2 or 2 > 3
[lduan@server demo3]$
```

此处用 or 作为连接符，只要有一个条件成立就会成立，2 > 3 不成立，但是 1 < 2 成立，所以整体上就是成立的。运行结果如下。

```
[lduan@server demo3]$ ansible-playbook when-1.yaml
    ... 输出 ...
TASK [task1]
ok: [server2] => {
    "msg": "111"
}
    ... 输出 ...
[lduan@server demo3]$
```

仍然会执行 task1。

练习 3：修改 when-1.yaml 的内容如下。

```
[lduan@server demo3]$ cat when-1.yaml
---
- hosts: server2
  tasks:
```

```
    - name: task1
      debug: msg="111"
      when: 1 > 2 or 2 > 3
[lduan@server demo3]$
```

此处用 or 作为连接符，1 > 2 不成立且 2 > 3 也不成立，所以整体上就是不成立的，不会
执行 task1。运行结果如下。

```
[lduan@server demo3]$ ansible-playbook when-1.yaml
    ... 输出 ...
TASK [task1]
skipping: [server2]
    ... 输出 ...
[lduan@server demo3]$
```

也可以用 and 作为连接符，如果用 and 作为连接符，需要所有条件全部成立，只要有一个
条件不成立，整体上就是不成立的。

练习 4：修改 when-1.yaml 的内容如下。

```
[lduan@server demo3]$ cat when-1.yaml
---
- hosts: server2
  tasks:
  - name: task1
    debug: msg="111"
    when: 2 > 1 and 2 > 3
[lduan@server demo3]$
```

这里虽然 2 > 1 是成立的，但是 2 > 3 不成立，所以整体上就是不成立的，因为用 and 作
为连接符，需要所有的条件都成立才可以，所以不会执行 task1。运行结果如下。

```
[lduan@server demo3]$ ansible-playbook when-1.yaml
    ... 输出 ...
TASK [task1]
skipping: [server2]
    ... 输出 ...
[lduan@server demo3]$
```

在判断中，or 和 and 是可以混用的，为了看得更清晰，可以使用小括号。

练习 5：修改 when-1.yaml 的内容如下。

```
[lduan@server demo3]$ cat when-1.yaml
---
- hosts: server2
  tasks:
```

```
  - name: task1
    debug: msg="111"
    when: ( 1>2 or 2!=1 ) and 2 > 3
[lduan@server demo3]$
```

这里（1>2 or 2!=1）作为一个整体，1>2 不成立，但是 2!=1（!= 是不等于的意思）成立，所以此处（1>2 or 2!=1）作为一个整体是成立的。and 后面 2 > 3 不成立，所以整个 when 后面的判断是不成立的，不会执行此 task1。运行结果如下。

```
[lduan@server demo3]$ ansible-playbook when-1.yaml
    ... 输出 ...
TASK [task1]
skipping: [server2]
    ... 输出 ...
[lduan@server demo3]$
```

常见的判断符包括以下 6 种。

（1）== ：等于。

（2）!= ：不等于。

（3）> ：大于。

（4）>= ：大于等于。

（5）< ：小于。

（6）<= ：小于等于。

练习 6：如果 server2 的系统主版本是 7（RHEL7/CentOS7），则打印 111，否则不打印。playbook 的内容如下。

```
[lduan@server demo3]$ cat when-2.yaml
---
- hosts: server2
  tasks:
  - name: task2
    debug: msg="111"
    when: ansible_distribution_major_version == "7"
[lduan@server demo3]$
```

因为 server2 的系统是 RHEL8，所以不会执行此 task2，即不会显示 111。

```
[lduan@server demo3]$ ansible-playbook when-2.yaml
    ... 输出 ...
TASK [task2]
skipping: [server2]
    ... 输出 ...
[lduan@server demo3]$
```

注意

ansible_distribution_major_version 的值是一个字符串，所以 when 判断中 == 后面的 7 是要加引号的。

练习 7：修改 when-2.yaml 的内容如下。

```
[lduan@server demo3]$ cat when-2.yaml
---
- hosts: server2
  tasks:
  - name: task2
    debug: msg="111"
    when: ansible_distribution_major_version == "8"
[lduan@server demo3]$
```

再次运行此 playbook，命令如下，会显示 111。

```
[lduan@server demo3]$ ansible-playbook when-2.yaml
    ... 输出 ..
TASK [task2]
ok: [server2] => {
    "msg": "111"
}
    ... 输出 ...
[lduan@server demo3]$
```

再次提醒：在 when 中引用变量时是不用加 {{}} 的。

32.1.2 when 判断中 in 的用法

在 when 语句中，除可以使用上面的大于、小于等判断方法外，还可以使用 in，用法如下。

```
value in 列表
```

如果此值在这个列表中，则判断成立，否则不成立。

练习：判断某值是否在列表中，编写 when-3.yaml，命令如下。

```
[lduan@server demo3]$ cat when-3.yaml
---
- hosts: server2
  vars:
    list1: [1,2,3,4]
  tasks:
  - name: task3
    debug: msg="333"
    when: 2 in list1
[lduan@server demo3]$
```

此处定义了一个列表 list1，里面有 4 个值，分别为 1、2、3、4；定义了一个 task 打印 333，会不会执行这个 task，就要看 when 后面的判断是否成立。如果 2 在列表 list1 中，则执行；如果不在，则不执行，很明显 2 在列表 list1 中，所以会执行此 task，即屏幕上会显示 333。运行结果如下。

```
[lduan@server demo3]$ ansible-playbook when-3.yaml
    ...输出...
TASK [task3]
ok: [server2] => {
    "msg": "333"
}
    ...输出...
[lduan@server demo3]$
```

因为 2 在列表 list1 中，when 判断成立，可以正确执行 task3，所以屏幕上会显示 333。修改 when-3.yaml 的内容如下。

```
[lduan@server demo3]$ cat when-3.yaml
---
- hosts: server2
  vars:
    list1: [1,2,3,4]
  tasks:
  - name: task3
    debug: msg="333"
    when: 2 not in list1
[lduan@server demo3]$
```

这里判断的是 2 不在列表 list1 中，但 2 是在列表 list1 中的，所以判断不成立。运行结果如下。

```
[lduan@server demo3]$ ansible-playbook when-3.yaml
    ...输出...
TASK [task3]
skipping: [server2]
    ...输出...
[lduan@server demo3]$
```

因为 when 判断不成立，所以屏幕上不会显示 333。回想前面的例子。

```
[lduan@server demo3]$ cat ../demo2/9-inventory1.yaml
---
- hosts: db
  tasks:
  - name: 打印我在清单文件中的名称
    debug: msg={{inventory_hostname}}
```

```
      when: inventory_hostname in groups ['xx']
[lduan@server demo3]$
```

这里判断当前正在执行的主机是不是属于主机组xx,如果是则执行debug,如果不是则不执行。

32.1.3 when 判断中 is 的用法

is 可以用于判断变量是否被定义,常见的判断包括以下 3 种。

(1) is defined :变量被定义。

(2) is undefined :等同于 is not defined,变量没有被定义。

(3) is none :变量被定义了,但是值为空。

看下面的例子。

```
[lduan@server demo3]$ cat when-4.yaml
---
- hosts: server2
  vars:
    aa: 1
    bb:
  tasks:
  - name: task1
    debug: msg="111"
    when: aa is undefined
  - name: task2
    debug: msg="222"
    when: bb is undefined
  - name: task3
    debug: msg="333"
    when: cc is not defined
[lduan@server demo3]$
```

首先定义了两个变量:aa 和 bb,其中 bb 的值为空,此处并没有定义 cc。后面定义了以下
3 个 task。

(1) 如果 aa 被定义了,则显示 111,这里 aa 被定义了,所以判断成立,会执行 task1。

(2) 如果 bb 没有被定义,则显示 222,这里 bb 被定义了,所以判断不成立,不会执行 task2。

(3) 如果 cc 没有被定义,则显示 333,这里 cc 没有被定义,所以判断成立,会执行 task3。

这里 is undefined 和 is not defined 是一个意思。

查看运行的结果,如下所示。

```
[lduan@server demo3]$ ansible-playbook when-4.yaml
   ...输出...
```

```
TASK [task1]
ok: [server2] => {
    "msg": "111"
}
TASK [task2]
skipping: [server2]
TASK [task3]
ok: [server2] => {
    "msg": "333"
}
    ...输出...
[lduan@server demo3]$
```

练习：写一个 playbook，内容如下。

```
[lduan@server demo3]$ cat when-5.yaml
---
- hosts: server2
  tasks:
  - name: 执行一个系统命令
    shell: "ls /aa.txt"
    register: aa
    ignore_errors: yes
  - name: task2
    fail: msg=" 命令执行错了 001"
    when: aa.rc != 0
  - name: task3
    debug: msg="OK123"
[lduan@server demo3]$
```

运行此 playbook，命令如下。

```
[lduan@server demo3]$ ansible-playbook when-5.yaml
    ...输出...
TASK [执行一个系统命令]
fatal: [server2]: FAILED! => {"changed": true, "cmd": "ls /aa.txt",
"delta": "0:00:00.003036", "end": "2021-07-30 12:51:32.762689", "msg":
"non-zero return code", "rc": 2, "start": "2021-07-30 12:51:32.759653",
"stderr": "ls: 无法访问 '/aa.txt': 没有那个文件或目录 ", "stderr_lines": ["ls:
无法访问 '/aa.txt': 没有那个文件或目录 "], "stdout": "", "stdout_lines": []}
...ignoring
TASK [task2]
fatal: [server2]: FAILED! => {"changed": false, "msg": " 命令执行错了 001"}
    ...输出...
[lduan@server demo3]$
```

32.2 判断语句 block-rescue

对于when来说，只能做一个判断，成立就执行，不成立就不执行。block 和 rescue 一般同用，类似于 shell 判断语句中的 if-else，在 block 下面可以包含多个模块，来判断这多个模块是否执行成功了。

block-rescue 的用法如下。

```
block:
  - 模块 1
  - 模块 2
  - 模块 3
rescue:
  - 模块 x
  - 模块 y
```

先执行 block 中的模块 1，如果没有报错，则继续执行模块 2，如果 block 中的所有模块都执行成功了，则跳过 rescue 中的所有模块，直接执行下一个 task 中的模块，如图 32-1 所示。

这里有 2 个 task：task1 和 task2，在 task1 的 block 中有 3 个模块，rescue 中有 2 个模块。如果 block1 中的所有模块都正确执行了，则不执行 rescue 中的模块，直接执行 task2。

如果 block 中的任一模块执行失败，block 中其他后续的模块都不再执行，然后会跳转执行 rescue 中的模块，如图 32-2 所示。

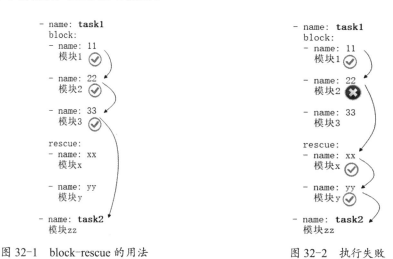

图 32-1　block-rescue 的用法　　　　图 32-2　执行失败

这里 block1 中的模块 1 执行完成之后会执行模块 2，如果模块 2 报错，则不会执行模块 3，直接跳转到 rescue 中，执行模块 x。rescue 中的所有模块全部正确执行完成之后，则执行 task2。

如果 rescue 中的某个模块执行失败，则退出整个 playbook，如图 32-3 所示。

这里 block 中的模块 2 执行失败，则跳转到 rescue 中执行模块 x，如果模块 x 执行失败，则退出整个 playbook，即也不会执行 task2 了。

如果某个报错模块有 ignore_errors: yes 选项，则会忽略此模块的错误，继续执行下一个模块，如图 32-4 所示。

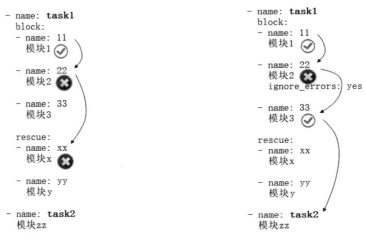

图 32-3　退出整个 playbook　　　　图 32-4　报错模块有 ignore_errors: yes 选项

这里 block 中的模块 2 执行失败了，但是因为加了 ignore_errors: yes 选项，所以会忽略这个报错模块，继续执行模块 3。

练习 1：按上面的描述写一个 playbook，内容如下。

```
[lduan@server demo3]$ cat block-1.yaml
---
- hosts: server2
  tasks:
  - name: task1
    block:
    - name: 11
      debug: msg="1111"

    - name: 22
      shell: "ls /aa.txt"

    - name: 33
      debug: msg="3333"


    rescue:
```

```
        - name: xx
          debug: msg="xxxx"

        - name: yy
          debug: msg="yyyy"

      - name: task2
        debug: msg="zzzz"
[lduan@server demo3]$
```

这里在 task1 的 block 中运行了 3 个模块，第一个模块可以正确执行，第二个模块是执行一个系统命令 ls /aa.txt，但是在 server2 中是不存在 /aa.txt 这个文件的，所以这个模块会执行失败。block 中的第三个模块不再执行，直接跳转到 rescue 中的模块。rescue 中的 2 个模块均可正确执行，然后执行 task2。

所以，屏幕上会显示 1111, xxxx, yyyy, zzzz。运行结果如下。

```
[lduan@server demo3]$ ansible-playbook block-1.yaml
    ... 输出 ...
TASK [debug]
ok: [server2] => {
    "msg": "1111"
}
TASK [shell]
fatal: [server2]: FAILED! => {"changed": true, "cmd": "ls /aa.txt", ...
"stderr": "ls: 无法访问 '/aa.txt': 没有那个文件或目录 ", "stderr_lines": ["ls:
无法访问 '/aa.txt': 没有那个文件或目录 "], "stdout": "", "stdout_lines": []}
TASK [xx]
ok: [server2] => {
    "msg": "xxxx"
}
TASK [yy]
ok: [server2] => {
    "msg": "yyyy"
}

TASK [task2]
ok: [server2] => {
    "msg": "zzzz"
}
    ... 输出 ...
[lduan@server demo3]$
```

练习 2：修改 block-1.yaml 的内容如下。

```
[lduan@server demo3]$ cat block-1.yaml
---
- hosts: server2
  tasks:
  - name: task1
    block:
    - name: 11
      debug: msg="1111"

    - name: 22
      shell: "ls /aa.txt"
      ignore_errors: yes

    - name: 33
      debug: msg="3333"

    rescue:
    - name: xx
      debug: msg="xxxx"

    - name: yy
      debug: msg="yyyy"

  - name: task2
    debug: msg="zzzz"
[lduan@server demo3]$
```

与上面的例子相比，在 block 的第二个模块中增加了一个 ignore_errors: yes 选项，这样 block 中的第二个模块即使报错了，也会忽略这个报错继续执行第三个模块。然后执行 task2，所以屏幕上会显示 1111, 3333, zzzz。运行结果如下。

```
[lduan@server demo3]$ ansible-playbook block-1.yaml
    ... 输出 ...
ok: [server2] => {
    "msg": "1111"
}
TASK [shell]
fatal: [server2]: FAILED! => {"changed": true, "cmd": "ls /aa.txt",...stderr":
"ls: 无法访问 '/aa.txt': 没有那个文件或目录 ", "stderr_lines": ["ls: 无法访问
'/aa.txt': 没有那个文件或目录 "], "stdout": "", "stdout_lines": []}
...ignoring
TASK [debug]
ok: [server2] => {
    "msg": "3333"
}
```

```
TASK [task2]
ok: [server2] => {
    "msg": "zzzz"
}
   ... 输出 ...
[lduan@server demo3]$
```

32.3 循环语句

在 shell 中 for 循环的用法如下。

```
for i in A B C ... ; do
    命令 $i
done
```

这里首先把 A 赋值给 i，执行 do 和 done 之间的命令；然后把 B 赋值给 i，执行 do 和 done 之间的命令，以此类推，直到把 in 后面所有的值执行完毕。for 后面的变量可以随便命名。

再回顾一下前面介绍的列表，如下所示。

```
employee:
- uname: lisi
  age: 22
  sex: man

- uname: wangwu
  age: 24
  sex: man

- uname: xiaohua
  age: 21
```

这里列表 employee 中有 3 个元素，分别记录了 lisi、wangwu、xiaohua 的信息。我们把这 3 个元素当成刚讲的 for 循环中的 A、B、C。先把第一个元素赋值给变量，执行某个操作，完成之后再把第二个元素赋值给变量。

用 for 循环 A、B、C，在 playbook 中用 loop 来循环列表中的元素。

在 for 循环中，指定一个变量如 i，然后分别把 A、B、C 赋值给 i。

在 loop 中，使用一个固定的变量 item，然后把每个元素赋值给 item，如图 32-5 所示。

第二次循环，如图 32-6 所示。

图 32-5　第一次循环　　　　　　　　图 32-6　第二次循环

练习 1：定义一个列表 users，然后循环这个列表中的每个元素，命令如下。

```
[lduan@server demo3]$ cat loop-1.yaml
---
- hosts: server2
  vars:
    users:
    - uname: tom
      age: 20
      sex: man
    - uname: bob
      age: 22
      sex: man
    - uname: mary
      age: 20
      sex: woman

  tasks:
  - name: task1
    debug: msg={{ item }}
    loop: "{{ users }}"
[lduan@server demo3]$
```

这里定义了一个列表 users，里面包含了 3 个用户的信息，在 task1 中用 loop 开始循环这个列表。loop 后面写列表名时，需要使用引号引起来，这里的关键字 loop 可以换成关键字 with_items。

这里首先把 users 的第一个元素赋值给 item，用 debug 打印；然后把 users 的第二个元素赋值给 item，用 debug 打印，直到把所有的元素都赋值给 item。

运行此 playbook，命令如下。

```
[lduan@server demo3]$ ansible-playbook loop-1.yaml
    ...输出...
TASK [task1]
ok: [server2] => (item={'uname': 'tom', 'age': 20, 'sex': 'man'}) => {
    "msg": {
```

```
        "age": 20,
        "sex": "man",
        "uname": "tom"
    }
}
ok: [server2] => (item={'uname': 'bob', 'age': 22, 'sex': 'man'}) => {
    "msg": {
        "age": 22,
        "sex": "man",
        "uname": "bob"
    }
}
ok: [server2] => (item={'uname': 'mary', 'age': 20, 'sex': 'woman'}) => {
    "msg": {
        "age": 20,
        "sex": "woman",
        "uname": "mary"
    }
}
    ... 输出 ...
[lduan@server demo3]$
```

如果不想打印每个元素的所有条目，只想打印每个元素的 uname 呢？答案：可以通过练习 2 解决。

练习 2：修改 loop-1.yaml 的内容如下。

```
[lduan@server demo3]$ cat loop-1.yaml
---
- hosts: server2
  vars:
    users:
    ... 内容不变 ...
  tasks:
  - name: task1
    debug: msg={{ item.uname }}
    loop: "{{ users }}"
[lduan@server demo3]$
```

列表的每个元素都是一个字典，所以 item 就是字典，要获取这个字典中的 uname 变量，用 item.uname 即可。

运行此 playbook，命令如下。

```
[lduan@server demo3]$ ansible-playbook loop-1.yaml
    ... 输出 ...
```

```
TASK [task1]
ok: [server2] => (item={'uname': 'tom', 'age': 20, 'sex': 'man'}) => {
    "msg": "tom"
}
ok: [server2] => (item={'uname': 'bob', 'age': 22, 'sex': 'man'}) => {
    "msg": "bob"
}
ok: [server2] => (item={'uname': 'mary', 'age': 20, 'sex': 'woman'}) => {
    "msg": "mary"
}
    ... 输出 ...
[lduan@server demo3]$
```

练习 3：如果想打印所有性别为男的那些用户名，修改 loop-1.yaml 的内容如下。

```
[lduan@server demo3]$ cat loop-1.yaml
---
- hosts: server2
  vars:
    users:
    ... 内容不变 ...
  tasks:
  - name: task1
    debug: msg={{ item.uname }}
    when: item.sex == "man"
    loop: "{{ users }}"
[lduan@server demo3]$
```

在此 playbook 中，我们用 when 加了一个判断。循环列表时，首先把第一个元素赋值给 item，然后判断 item.sex 的值是否为 man，如果是则判断成立，执行 debug 模块；如果不是则判断不成立，不执行 debug 模块。

第一次循环结束之后，开始第二次循环，把第二个元素赋值给 item 之后，做相同的判断。

运行此 playbook，命令如下。

```
[lduan@server demo3]$ ansible-playbook loop-1.yaml
    ... 输出 ...
TASK [task1]
ok: [server2] => (item={'uname': 'tom', 'age': 20, 'sex': 'man'}) => {
    "msg": "tom"
}
ok: [server2] => (item={'uname': 'bob', 'age': 22, 'sex': 'man'}) => {
    "msg": "bob"
}
skipping: [server2] => (item={'uname': 'mary', 'age': 20, 'sex': 'woman'})
```

```
   ... 输出 ...
[lduan@server demo3]$
```

这样就把所有性别为男的用户名打印出来了。

1. 写一个名称为 chap32-1.yaml 的 playbook，要求判断 server2 系统是不是 RHEL8 的系统（包括 CentOS）。如果是则打印 server2 的 IP，如果不是则打印 server2 的 hostname。

2. 写一个名称为 chap32-2.yaml 的 playbook，要求查看 /etc/aa.txt 的内容。如果 /etc/aa.txt 存在，则显示这个文件的内容；如果不存在，则显示"文件不存在"。

3. 定义一个变量文件 varsfile1，里面包括一个 users 列表，内容如下。

```
[lduan@server ~]$ cat varfile1
users:
- uname: tom
  age: 20
  sex: man
- uname: bob
  age: 22
  sex: man
- uname: mary
  age: 20
  sex: woman
[lduan@server ~]$
```

写一个名称为 chap32-3.yaml 的 playbook，打印出 users 列表中所有性别为 man 的用户名（uname 字段）。

第33章
jinja2模板的使用

本章主要介绍在 playbook 中如何使用 jinja2 模板。

- 什么是 jinja2 模板
- 在 jinja2 模板文件中写 if 判断语句
- 在 jinja2 模板文件中写 for 循环语句
- handlers 的使用

可以使用 copy 模块把本地的一个文件拷贝到远端机器，下面再次复习一下。

本章实验都在 /home/lduan/demo4 下操作，先把 demo4 目录创建出来并把 ansible.cfg 和 hosts 拷贝进去，命令如下。

```
[lduan@server ~]$ mkdir demo4
[lduan@server ~]$ cp ansible.cfg hosts demo4
[lduan@server ~]$ cd demo4
[lduan@server demo4]$
```

练习 1：用 copy 拷贝一个文件到 db 主机组。

有一个文件 aa.txt，内容如下。

```
[lduan@server demo4]$ cat aa.txt
+-----------------------------------------------+
|   我的 IP 地址是：  {{ansible_default_ipv4.address}} |
+-----------------------------------------------+
[lduan@server demo4]$
```

这个文件中包含一个 fact 变量 ansible_default_ipv4.address。

写一个 playbook，内容如下。

```
[lduan@server demo4]$ cat 1.yaml
---
- hosts: db
  tasks:
  - name：拷贝一个文件到远端主机
    copy: src=aa.txt dest=/opt/aa.txt
[lduan@server demo4]$
```

运行此 playbook，命令如下。

```
[lduan@server demo4]$ ansible-playbook 1.yaml
    ... 输出 ...
TASK [ 拷贝一个文件到远端主机 ]
changed: [server2]
changed: [server3]
    ... 输出 ...
[lduan@server demo4]$
```

现在已经把本地的 aa.txt 拷贝到 server2 和 server3 的 /opt 目录中了。下面查看这两台主机上 /opt/aa.txt 的内容，命令如下。

```
[lduan@server demo4]$ ansible db -m shell -a "cat /opt/aa.txt"
server2 | CHANGED | rc=0 >>
+-----------------------------------------------+
```

```
|   我的 IP 地址是：{{ansible_default_ipv4.address}}
+-------------------------------------------------------+

server3 | CHANGED | rc=0 >>
+-------------------------------------------------------+
|   我的 IP 地址是：{{ansible_default_ipv4.address}}
+-------------------------------------------------------+
[lduan@server demo4]$
```

可以看到，当用 copy 拷贝一个文件到远端机器时，如果这个文件中有变量，拷贝过去的文件中的变量并不会变成具体的值。

如果希望文件拷贝过去之后，文件中的变量变成具体的值，那么就不能使用 copy 模块，而是要使用 template 模块了。

练习 2：修改 1.yaml 的内容如下。

```
[lduan@server demo4]$ cat 1.yaml
---
- hosts: db
  tasks:
  - name: 拷贝一个文件到远端主机
    template: src=aa.txt dest=/opt/aa.txt
[lduan@server demo4]$
```

与刚才相比，只是把 copy 换成了 template。template 模块的用法与 copy 模块一致，所以这里选项并没有变。运行此 playbook，命令如下。

```
[lduan@server demo4]$ ansible-playbook 1.yaml
    ... 输出 ...
TASK [拷贝一个文件到远端主机]
changed: [server2]
changed: [server3]
    ... 输出 ...
[lduan@server demo4]$
```

再次查看两台主机上 /opt/aa.txt 的内容，命令如下。

```
[lduan@server demo4]$ ansible db -m shell -a "cat /opt/aa.txt"
server2 | CHANGED | rc=0 >>
+-------------------------------------------------------+
|   我的 IP 地址是：192.168.26.102
+-------------------------------------------------------+
server3 | CHANGED | rc=0 >>
+-------------------------------------------------------+
|   我的 IP 地址是：192.168.26.103
```

```
+--------------------------------------------------+
[lduan@server demo4]$
```

可以看到，通过 template 拷贝含有变量的文件时，拷贝到远端机器之后，文件中的变量会变成具体的值。

这个通过 template 拷贝的、含有变量的文件我们称为 jinja2 模板，jinja2 模板文件的后缀一般使用 j2，这不是必需的，但是建议使用 j2 作为后缀。

所以，需要修改 aa.txt 的文件为 aa.j2：[lduan@server demo4]$ mv aa.txt aa.j2。

同时修改 1.yaml 中对应的内容，如下所示。

```
- hosts: db
  tasks:
  - name: 拷贝一个文件到远端主机
    template: src=aa.j2 dest=/opt/aa.txt
```

这里如果 jinja2 模板文件没有写路径，例如，例子中 src=aa.j2 的 aa.j2 没有写路径，则优先到当前目录的 templates 中找 aa.j2，如果没有，则到当前目录中找 aa.j2。

练习 3：验证，命令如下。

```
[lduan@server demo4]$ mkdir templates
```

在 templates 目录中创建 aa.j2，内容如下。

```
[lduan@server demo4]$ cat templates/aa.j2
+--------------------------------------------------+
|  我的主机名是：{{ansible_fqdn}}
+--------------------------------------------------+
[lduan@server demo4]$
```

这样我们就有两个 aa.j2 了，还有一个是当前目录下的 aa.j2，如下所示。

```
[lduan@server demo4]$ cat aa.j2
+--------------------------------------------------+
|  我的 IP 地址是：{{ansible_default_ipv4.address}}
+--------------------------------------------------+
[lduan@server demo4]$
```

再次运行此 playbook，命令如下。

```
[lduan@server demo4]$ ansible-playbook 1.yaml
```

查看两台主机上 /opt/aa.txt 的内容，命令如下。

```
[lduan@server demo4]$ ansible db -m shell -a "cat /opt/aa.txt"
server2 | CHANGED | rc=0 >>
```

```
+-------------------------------------------------+
|   我的主机名是：server2.rhce.cc                  |
+-------------------------------------------------+
server3 | CHANGED | rc=0 >>
+-------------------------------------------------+
|   我的主机名是：server3.rhce.cc                  |
+-------------------------------------------------+
[lduan@server demo4]$
```

这里可以看到显示的主机名，所以是 templates 目录中的 aa.j2 生效了。

33.1 if 判断

在 jinja2 模板文件中，我们也是可以使用 if 判断语句的，语法格式如下。

```
{% if 判断 1 %}
    内容 1
{% elif 判断 2 %}
内容 2
... 多个 elif ...
{% else %}
内容 3
{% endif %}
```

注意

（1）"%" 两边有没有空格都可以，不过所有的 "%" 前后空格要保持一致，即要有都有，要没有都没有。

（2）if 和 elif 中的内容如果太长了，可以另起一行写。

如果判断 1 成立，则打印内容 1，后面的条件不再判断，直接跳转到 endif 后面的内容；如果判断 1 不成立，则执行 elif 后面的判断 2，如果成立则打印内容 2，后面的条件不再判断，直接跳转到 endif 后面的内容。以此类推，如果所有的 if 和 elif 都不成立，则打印 else 中的内容。

（3）elif 和 else 不是必需的。

练习：写一个 jinja2 模板文件，内容如下。

```
[lduan@server demo4]$ cat templates/bb.j2
1111
{% if ansible_fqdn=="server2.rhce.cc" %}
    {{ansible_fqdn}}
{% else %}
    aaaa
```

```
{% endif %}
3333
[lduan@server demo4]$
```

这里 jinja2 模板所生成的文件一共会产生 3 行内容,第一行的 1111 和第三行的 3333 是必打印出来的,第二行的内容具体是什么要看情况。如果在 server2 上执行则显示主机名,如果在其他机器上执行则显示 aaaa。

写一个 playbook,内容如下。

```
[lduan@server demo4]$ cat 2.yaml
---
- hosts: db
  tasks:
  - name: 拷贝一个文件过去
    template: src=bb.j2 dest=/opt/bb.conf
[lduan@server demo4]$
```

这里是把 templates/bb.j2 拷贝到两台机器的 /opt 中并命名为 bb.conf。运行此 playbook,命令如下。

```
ansible-playbook 2.yaml
```

查看两台机器上 /opt/bb.conf 的内容,命令如下。

```
[lduan@server demo4]$ ansible db -m shell -a "cat /opt/bb.conf"
server2 | CHANGED | rc=0 >>
1111
    server2.rhce.cc
2222
server3 | CHANGED | rc=0 >>
1111
    aaaa
3333
[lduan@server demo4]$
```

可以看到,server2 的 /opt/bb.conf 的第二行显示的是主机名,server3 的 /opt/bb.conf 的第二行显示的是 aaaa。

在 if 和 elif 后面是可以写多个判断的,用 or 或 and 作为连接符,语法如下。

判断 1 or 判断 11:判断 1 和判断 11 只要有一个成立就算成立,只有全部不成立才算不成立。

判断 1 and 判断 11:判断 1 和判断 11 只有全部成立才算成立,只要有一个不成立就算不成立。

查看下面的 jinja2 模板文件。

```
[lduan@server demo4]$ cat templates/cc.j2
1111
{% if ansible_fqdn=="server2.rhce.cc"
        and
    ansible_distribution_major_version=="7"  %}
    {{ansible_fqdn}}
{% else %}
    aaaa
{% endif %}
3333
[lduan@server demo4]$
```

这里 jinja2 模板会打印 3 行内容，第一行和第三行的内容是固定的，为 1111 和 3333。第二行的内容是什么，要看是否满足条件，这里判断被管理主机名为 server2.rhce.cc 及系统主版本号为 7，二者都要满足，第二行才会显示主机名，否则显示 aaaa。需要注意的是，这里 if 判断语句太长，特意写成了 3 行也是没问题的。

写一个 playbook，内容如下。

```
[lduan@server demo4]$ cat 3.yaml
---
- hosts: db
  tasks:
  - name: 我要拷贝一个文件过去
    template: src=cc.j2 dest=/opt/cc.conf

[lduan@server demo4]$
```

运行此 playbook，命令如下。

```
ansible-playbook 3.yaml
```

查看两台机器上 /opt/cc.conf 的内容，命令如下。

```
[lduan@server demo4]$ ansible db -m shell -a "cat /opt/cc.conf"
server2 | CHANGED | rc=0 >>
1111
    aaaa
3333
server3 | CHANGED | rc=0 >>
1111
    aaaa
3333
[lduan@server demo4]$
```

33.2 for 循环

一个列表中有多个元素，如果需要依次对列表中的每个元素操作，则可以使用 for 循环来实现，for 循环的语法如下。

```
{% for i in 列表名 %}
    {{i}}
{% endfor %}
```

这里首先把列表中的第一个元素赋值给 i，执行中间的操作；然后把第二个元素赋值给 i，执行中间的操作，以此类推，直到把最后一个元素赋值给 i。看下面的例子。

```
[lduan@server demo4]$ cat templates/dd.conf.j2
{% set list1=['aa','bb','cc'] %}
1111
{% for i in list1 %}
    {{i}}
{% endfor %}
5555
[lduan@server demo4]$
```

这里手动在 jinja2 模板中定义了一个列表（注意定义列表的方式）list1，里面有 3 个元素，分别为 aa、bb、cc。然后对这个列表的内容进行循环。

这里 jinja2 模板生成的文件有 5 行内容，第 1 行和第 5 行的内容是固定的，为 1111 和 5555。第 2~4 行是循环列表 list1 中的值，为 aa、bb、cc。

写一个 playbook，内容如下。

```
[lduan@server demo4]$ cat 4.yaml
---
- hosts: server2
  tasks:
  - name: 拷贝一个文件到远端主机
    template: src=dd.j2 dest=/opt/dd.conf
[lduan@server demo4]$
```

运行此 playbook，命令如下。

```
ansible-playbook 4.yaml
```

查看 server2 上 /opt/dd.conf 的内容，命令如下。

```
[lduan@server demo4]$ ansible server2 -m shell -a "cat /opt/dd.conf"
server2 | CHANGED | rc=0 >>
1111
    aa
    bb
    cc
5555
[lduan@server demo4]$
```

除了 jinja2 模板中手动定义的列表，一般情况下，我们会在 playbook 中定义列表，然后对列表中的元素进行循环。

练习：写一个变量文件 users_list.txt，里面包含一个名称为 users 的列表，命令如下。

```
[lduan@server demo4]$ cat users_list.txt
users:
- uname: tom
  age: 20
  sex: man
- uname: bob
  age: 21
  sex: man
- uname: mary
  age: 22
  sex: woman
- uname: wangw
  age: 23
  sex: man
[lduan@server demo4]$
```

在 templates 目录下写一个 ee.j2，里面写一个 for 语句循环 users 列表，内容如下。

```
[lduan@server demo4]$ cat templates/ee.j2
现在公司中所有的员工姓名是：
{% for i in users %}
    {{i.uname}}
{% endfor %}
[lduan@server demo4]$
```

循环每个元素时，只打印元素中的 uname 变量。写一个名称为 5.yaml 的 playbook，加载变量文件 users_list.txt，命令如下。

```
[lduan@server demo4]$ cat 5.yaml
---
- hosts: server2
  vars_files:
  - users_list.txt
  tasks:
  - name: 拷贝一个文件到远端主机
```

```
    template: src=ee.j2 dest=/opt/ee.conf
[lduan@server demo4]$
```

这里通过 template 模块把 ee.j2 拷贝到被管理主机的 /opt 中并命名为 ee.conf。查看 server2
上 /opt/ee.conf 的内容，命令如下。

```
[lduan@server demo4]$ ansible server2 -m shell -a "cat /opt/ee.conf"
server2 | CHANGED | rc=0 >>
现在公司中所有的员工姓名是：
    tom
    bob
    mary
    wangw

[lduan@server demo4]$
```

查看被管理主机的 /opt/ee.conf，里面包括 users 列表中所有的用户名。

33.3 handlers

前面讲了模板的使用，但是后期我们可能需要修改模板的内容，然后重新拷贝到各个机器，
此时需要重启 httpd 服务才会生效，先看下面的例子。

先获取 httpd.conf 的配置文件，获取的 httpd.conf 中没有任何空白行和注释行。

```
[lduan@server demo4]$ egrep -v '#|^#' /etc/httpd/conf/httpd.conf > httpd.conf.j2
[lduan@server demo4]$
```

修改此 httpd.conf.j2 的第三行，把原来 Listen 后面的端口 80 换成 {{myport}}，让 httpd.
conf.j2 引用 myport 变量，内容如下。

```
[lduan@server demo4]$ head -3 httpd.conf.j2
ServerRoot "/etc/httpd"
Listen {{myport}}
Include conf.modules.d/*.conf
[lduan@server demo4]$
```

为了不让例子变得太复杂，先临时关闭 server2 上的 SELinux，命令如下。

```
[root@server2 ~]# setenforce 0
[root@server2 ~]# getenforce 0
Permissive
[root@server2 ~]#
```

写一个名称为 hand-1.yaml 的 playbook，命令如下。

```
[lduan@server demo4]$ cat hand-1.yaml
---
- hosts: server2
  vars:
    myport: 80
  tasks:
  - name: task1 安装 httpd
    yum: name=httpd state=installed
  - name: task2 拷贝配置文件
    template: src=httpd.conf.j2 dest=/etc/httpd/conf/httpd.conf
  - name: task3 启动 httpd 服务
    service: name=httpd state=started
[lduan@server demo4]$
```

第一个 task 用于安装 httpd，第二个 task 用于把模板 httpd.conf.j2 拷贝到被管理机器，第三个 task 用于启动 httpd 服务，第一次是可以正常运行的。

下面修改 myport 的值为 808，内容如下。

```
[lduan@server demo4]$ cat hand-1.yaml
---
- hosts: server2
  vars:
    myport: 808
  tasks:
  - name: task1 安装 httpd
    yum: name=httpd state=installed
  - name: task2 拷贝配置文件
    template: src=httpd.conf.j2 dest=/etc/httpd/conf/httpd.conf
  - name: tasdk3 启动 httpd 服务
    service: name=httpd state=started
[lduan@server demo4]$
```

再次运行此 playbook，因为 httpd 已经安装过了，状态并没有发生任何改变，所以这次第一个 task 不会执行。因为改变了 myport 的值，httpd.conf.j2 中的端口也就发生了变化，第二个 task 再次把模板文件拷贝到被管理机器。因为 httpd 已经处于启动状态，所以第三个 task 也不会执行，从而导致第二个 task 拷贝过去的新模板文件并不会生效，因为 httpd 并没有重启。

修改 hand-1.yaml 的内容如下。

```
[lduan@server demo4]$ cat hand-1.yaml
---
- hosts: server2
  vars:
    myport: 808
```

```
    tasks:
    - name: task1 安装 httpd
      yum: name=httpd state=installed
    - name: task2 拷贝配置文件
      template: src=httpd.conf.j2 dest=/etc/httpd/conf/httpd.conf
    - name: task3 启动 httpd 服务
      service: name=httpd state=restarted
[lduan@server demo4]$
```

这里把第三个 task 中的 started 改成了 restarted，如果我们修改了 myport 的值之后运行此 playbook，第二个 task 会正常执行，因为 httpd.conf.j2 中的端口发生了变化。第三个 task 总是会执行，因为第三个 task 中 state 的值为 restarted，这样所做的修改会生效。

但是如果什么都不修改，只是重复运行 playbook，第三个 task 也会重启。所以，这里就有一个问题了，第三个 task 中的 state 不论写 started 还是 restarted，都不正确。

写 started，配置文件修改了不会重启，所以不会生效。

写 restarted，配置文件不修改也会重启。

但我们想要的是，只有第二个 task 发生了变化才会重启 httpd 服务，否则是不需要重启的，这种情况下，就需要使用 handler 了。

handler 的用法如图 33-1 所示。

注意，这里 handlers 和 tasks 是同级的。

在 tasks 中定义了 3 个 task，在 handlers 中定义了 2 个 handler。当运行 playbook 时，handlers 中定义的 handler 并不会运行，它们只是在被触发时才会运行。在某个 task 中写了一个 notify，其后面的值要与 handlers 中的某个 handler 的 name 进行匹配。例如，图 33-1 中，编号 2 中 notify 后面的值是 aaa，这个

图 33-1　handler 的用法

值与第一个 handler（编号 4）的 name 值一样，这样当运行 playbook 时，如果编号 2 这个 task 执行了，则会触发编号 4 这个 handler。

修改 hand-1.yaml 的内容如下。

```
[lduan@server demo4]$ cat hand-1.yaml
---
- hosts: server2
  vars:
    myport: 808
  tasks:
  - name: task1 安装 httpd
    yum: name=httpd state=installed
  - name: task2 拷贝配置文件
    template: src=httpd.conf.j2 dest=/etc/httpd/conf/httpd.conf
```

```
    notify: restart httpd1
 - name: task3 启动 httpd 服务
   service: name=httpd state=started
 handlers:
 - name: restart httpd1
   service: name=httpd state=restarted
 - name: restart httpd2
   service: name=httpd state=restarted
[lduan@server demo4]$
```

第三个 task 的 state 仍然设置为 started，只要 httpd 是启动的，第三个 task 就不会执行。

这里定义了两个 handler，名称分别为 restart httpd1 和 restart httpd2。在第二个 task 中，通过 notify 指定了第一个 handler，即 restart httpd1。

如果不修改 myport 的值，则第二个 task 不会执行，从而不会触发 restart httpd1。如果 myport 的值发生了变化，则第二个 task 会执行，从而会触发 restart httpd1，重启 httpd 服务使得我们所做的修改生效。

作业

1. 已经存在了一个变量文件 varfile1，内容如下。

```
[lduan@server ~]$ cat varfile1
users:
- uname: tom
  age: 20
  sex: man
- uname: bob
  age: 22
  sex: man
- uname: mary
  age: 20
  sex: woman
[lduan@server ~]$
```

写一个 jinja2 模板文件 aa.j2，要求此文件的第一行和最后一行分别为 111 和 222，然后以一行一个用户名的格式，用 for 循环把 users 列表中所有的用户名（uname 的值）写在 111 和 222 两行之间。

2. 写一个名称为 chap33-1.yaml 的 playbook，把 aa.j2 拷贝到 server2 的 /opt 目录中并命名为 aa.conf。

第34章

角色

本章主要介绍 ansible 中角色的使用。

- 了解什么是角色
- 独立地写一个角色
- 使用角色
- 系统自带角色的使用
- ansible Galaxy 的使用

34.1 了解角色

正常情况下，配置一个服务如 apache 时，要做一系列的操作：安装、拷贝、启动服务等。如果要在不同的机器上重复配置此服务，需要重新执行这些操作。

为了简化这些重复劳动，可以把安装、拷贝、启动服务等操作打包成一个整体，这个整体称为角色，如图 34-1 所示。

如果想在其他机器上安装并配置 apache，只要调用此角色即可，这样就可以实现一次劳动、永久回报的效果。

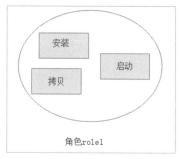

图 34-1　角色

一个角色本质上就是一个文件夹，此文件夹名就是角色名，此文件夹中包含许多文件，有的是用于执行各种模块的文件，有的是用于拷贝到被管理主机的 jinj2 模板文件，有的是定义的变量文件。

为了防止文件太多太乱，在此角色的文件夹中再创建一个个的子目录，用于存放不同的文件。例如，jinja2 模板放在 templates 目录中，普通的文件放在 files 目录中，变量文件放在 vars 目录中，执行模块的各个 task 放在 tasks 目录中等。角色目录中每个子目录的作用总结如表 34-1 所示。

表 34-1　角色子目录的名称及作用

名称	作用
tasks	执行的任务
vars	定义变量
files	需要拷贝的文件
templates	需要拷贝的 jinja2 模板
defaults	默认变量
handlers	Handler 操作
mate	注释信息

所有的角色都放在一个目录中等待被调用，默认目录为 ansible.cfg 所在目录的 roles 目录，如果要修改路径可以在 ansible.cfg 中用 roles_path 选项指定。

本章实验都在 /home/lduan/demo5 下操作，先把 demo5 目录创建出来并把 ansible.cfg 和 hosts 拷贝进去，命令如下。

```
[lduan@server ~]$ mkdir demo5
[lduan@server ~]$ cp ansible.cfg hosts demo5/
[lduan@server ~]$ cd demo5/
[lduan@server demo5]$
```

修改 ansible.cfg，添加 roles_path = ./roles，命令如下。

```
[lduan@server demo5]$ cat ansible.cfg
[defaults]
inventory      = ./hosts
roles_path     = ./roles
   ... 输出 ...
[lduan@server demo5]$ mkdir roles
[lduan@server demo5]$
```

34.2 手把手创建一个角色

创建一个名称为 apache 的角色，命令如下。

```
[lduan@server demo5]$ ansible-galaxy init roles/apache
- Role roles/apache was created successfully
[lduan@server demo5]$ ls roles/
apache
[lduan@server demo5]$
```

这里 apache 就是一个角色，看一下 apache 中的内容。

```
[lduan@server demo5]$ ls roles/apache/
defaults  files  handlers  meta  README.md  tasks  templates  tests  vars
[lduan@server demo5]$
```

里面有不少目录，如前面介绍的，这些目录分别用于存放不同的文件。

回顾在 demo4 目录中写好的 hand-1.yaml 的内容。

```
[lduan@server demo5]$ cat ../demo4/hand-1.yaml
---
- hosts: server2
  vars:
    myport: 808
  tasks:
  - name: task1 安装 httpd
    yum: name=httpd state=installed
```

```
    - name: task2 拷贝配置文件
      template: src=httpd.conf.j2 dest=/etc/httpd/conf/httpd.conf
      notify: restart httpd1
    - name: task3 启动 httpd 服务
      service: name=httpd state=started
    handlers:
    - name: restart httpd1
      service: name=httpd state=restarted
    - name: restart httpd2
      service: name=httpd state=restarted
[lduan@server demo5]$
```

这个文件中包含了以下内容。

（1）vars 中是定义变量的。

（2）tasks 中的代码是正常要执行的。

（3）handler 中的代码是被触发才会执行的。

（4）httpd.conf.j2 是被引用的 jinja2 模板。

下面把这个 YAML 文件中的内容拆分放在 apache 角色的不同目录中，把 tasks 下的代码放在 tasks 目录中，把 handlers 下的代码放在 handlers 目录中等。

把 tasks 的内容写入 roles/apache/tasks/main.yml 中，内容如下。

```
[lduan@server demo5]$ cat roles/apache/tasks/main.yml
---
- name: task1 安装 httpd
  yum: name=httpd state=installed
- name: task2 拷贝配置文件
  template: src=httpd.conf.j2 dest=/etc/httpd/conf/httpd.conf
  notify: restart httpd1
- name: task3 启动 httpd 服务
  service: name=httpd state=started
[lduan@server demo5]$
```

把 handlers 的内容写入 roles/apache/handlers/main.yml 中，内容如下。

```
[lduan@server demo5]$ cat roles/apache/handlers/main.yml
---
- name: restart httpd1
  service: name=httpd state=restarted
- name: restart httpd2
  service: name=httpd state=restarted
[lduan@server demo5]$
```

在 roles/apache/tasks/main.yml 中，template 模块拷贝的文件 http.conf.j2 所在的目录是 roles/apache/templates，所以先把需要的 httpd.conf.j2 拷贝到 roles/apache/templates 中，命令如下。

```
[lduan@server demo5]$ cp ../demo4/httpd.conf.j2 roles/apache/templates/
[lduan@server demo5]$ ls roles/apache/templates/
httpd.conf.j2
[lduan@server demo5]$
```

把变量 myport 写入 roles/apache/vars/main.yml 中，命令如下。

```
[lduan@server demo5]$ cat roles/apache/vars/main.yml
---
myport: 8080
[lduan@server demo5]$
```

这里把 myport 的值改为 8080，原来的值为 808，会使 httpd.conf.j2 中的端口发生变化，从而会触发 handler。

也可以不在 roles/apache/vars/main.yml 中定义变量，而是在 playbook 中定义 myport 变量，如果在角色的 vars 和 playbook 中都定义了 myport 变量，且变量的值不同，则角色的 vars 中定义的变量生效。

下面查看 apache 这个角色的结构，命令所示。

```
[lduan@server demo5]$ tree roles/apache/
roles/apache/
├── defaults
│   └── main.yml
├── files
├── handlers
│   └── main.yml
├── meta
│   └── main.yml
├── README.md
├── tasks
│   └── main.yml
├── templates
│   └── httpd.conf.j2
├── tests
│   ├── inventory
│   └── test.yml
└── vars
    └── main.yml

8 directories, 9 files
[lduan@server demo5]$
```

这样 apache 这个角色我们就算是最终写好了。

34.3 使用角色

角色写好之后，只要在 playbook 中直接调用即可，在 playbook 中的 roles 下调用，调用的语法如下。

```
roles:
- name: 名称 1
  role: rolename1
- name: 名称 2
  role: rolename1
```

或

```
roles:
- role: rolename1
- role: rolename1
```

下面写一个名称为 test-role1.yaml 的 playbook，里面调用 apache 这个角色，命令如下。

```
[lduan@server demo5]$ cat test-role1.yaml
---
- hosts: server2
  roles:
  - role: apache
[lduan@server demo5]$
```

运行此 playbook，命令如下。

```
[lduan@server demo5]$ ansible-playbook test-role1.yaml

PLAY [server2] ****************************************

TASK [Gathering Facts] *******************************
ok: [server2]

TASK [apache : task1 安装 httpd] ***********************
ok: [server2]

TASK [apache : task2 拷贝配置文件 ] **********************
changed: [server2]

TASK [apache : task3 启动 httpd 服务 ] *******************
```

```
ok: [server2]

RUNNING HANDLER [apache : restart httpd1] **************
changed: [server2]

PLAY RECAP *******************************************
server2        : ok=5  changed=2  unreachable=0  failed=0  skipped=0 rescued=0
ignored=0

[lduan@server demo5]$
```

这里是运行 test-role1.yaml 之后的完整结果，可以看到运行的结果与前面运行的结果一样。

变量可以在角色的 defaults、vars 中定义，也可以在 playbook 中定义，优先级的顺序是：角色的 vars 中定义的变量→ playbook 中定义的变量→角色的 defaults 中定义的变量。

所以，如果同一个变量同时在这三个地方被定义了，则角色的 vars 中定义的变量生效。

先把在 roles/apache/vars/main.yml 中定义变量 myport 的那行注释掉，这个变量将在 playbook 中定义，如下所示。

```
[lduan@server demo5]$ cat roles/apache/vars/main.yml
---
#myport: 8080
[lduan@server demo5]$
```

修改 test-role1.yaml 的内容如下。

```
[lduan@server demo5]$ cat test-role1.yaml
---
- hosts: server2
  vars:
    myport: 8080
  roles:
  - role: apache
[lduan@server demo5]$
```

运行此 playbook，命令如下。

```
[lduan@server demo5]$ ansible-playbook test-role1.yaml

PLAY [server2] *******************************************

TASK [Gathering Facts] ***********************************
ok: [server2]
    ...输出...
[lduan@server demo5]$
```

到 server2 上验证 httpd 开启的端口是多少，命令如下。

```
[root@server2 ~]# netstat -ntulp | grep httpd
tcp6        0        0 :::8080              :::*           LISTEN        48719/httpd
[root@server2 ~]#
```

可以看到，httpd 现在使用的端口是 8080。

34.4 系统自带的角色

除我们自己创建的角色外，系统中也包含了一些内置的角色。

在 server 上切换到 root 用户，然后安装软件包 rhel-system-roles.noarch，命令如下。

```
[lduan@server demo5]$ su -
密码：
[root@server ~]# yum install rhel-system-roles.noarch -y
    ... 输出 ...
已安装：
  rhel-system-roles-1.0.1-1.el8.noarch
完毕！
[root@server ~]#
[root@server ~]# exit
注销
[lduan@server demo5]$
```

安装好这个软件包之后，在 /usr/share/ansible/roles 目录中会有许多角色，如图 34-2 所示。

```
[lduan@server demo5]$ ls /usr/share/ansible/roles/
linux-system-roles.certificate         rhel-system-roles.certificate
linux-system-roles.crypto_policies     rhel-system-roles.crypto_policies
linux-system-roles.ha_cluster          rhel-system-roles.ha_cluster
linux-system-roles.kdump               rhel-system-roles.kdump
linux-system-roles.kernel_settings     rhel-system-roles.kernel_settings
linux-system-roles.logging             rhel-system-roles.logging
linux-system-roles.metrics             rhel-system-roles.metrics
linux-system-roles.nbde_client         rhel-system-roles.nbde_client
linux-system-roles.nbde_server         rhel-system-roles.nbde_server
linux-system-roles.network             rhel-system-roles.network
linux-system-roles.postfix             rhel-system-roles.postfix
linux-system-roles.selinux             rhel-system-roles.selinux
linux-system-roles.ssh                 rhel-system-roles.ssh
linux-system-roles.sshd                rhel-system-roles.sshd
linux-system-roles.storage             rhel-system-roles.storage
linux-system-roles.timesync            rhel-system-roles.timesync
linux-system-roles.tlog                rhel-system-roles.tlog
[lduan@server demo5]$
```

图 34-2　目录中的角色

下面演示 rhel-system-roles.selinux 这个角色，使用 lduan 用户把 rhel-system-roles.selinux

拷贝到 demo5 下的 roles 目录中，命令如下。

```
[lduan@server demo5]$ cp -r /usr/share/ansible/roles/rhel-system-roles.selinux/
roles/
[lduan@server demo5]$ ls roles/
apache   rhel-system-roles.selinux
[lduan@server demo5]$
```

前面在讲解 handlers 时，为 httpd 配置了其他端口 808，但是因为 SELinux 的问题，我们临时把 SELinux 关闭了，如下所示。

```
[root@server2 ~]# getenforce
Permissive
[root@server2 ~]#
```

可以看到，server2 上 SELinux 的模式是 Permissive。下面我们利用角色 rhel-system-roles.selinux 把 server2 上 SELinux 的模式改为 Enforcing。

查看角色 rhel-system-roles.selinux 中默认的变量，命令如下。

```
[lduan@server demo5]$ cat roles/rhel-system-roles.selinux/defaults/main.yml
---
selinux_state: null
selinux_policy: null
    ... 输出 ...
[lduan@server demo5]$
```

其中第一个变量是 selinux_state，这个变量用于指定 SELinux 的模式，默认值设置为了 null。可以在 playbook 中定义这个变量，覆盖这个默认的变量值，命令如下。

```
[lduan@server demo5]$ cat test-role2.yaml
---
- hosts: server2
  vars:
    selinux_state: enforcing
  roles:
  - role: rhel-system-roles.selinux
[lduan@server demo5]$
```

运行此 playbook，命令如下。

```
[lduan@server demo5]$ ansible-playbook test-role2.yaml
    ... 输出 ...
PLAY RECAP *********************************************
server2 : ok=7  changed=2  unreachable=0 failed=0 skipped=15 rescued=0  ignored=0

[lduan@server demo5]$
```

到 server2 上查看验证，命令如下。

```
[root@server2 ~]# getenforce
Enforcing
[root@server2 ~]#
```

这里已经把 server2 上 SELinux 的模式改为了 Enforcing。

34.5 修改端口上下文

在介绍 handler 时，可以通过变量 myport 随意修改端口。但是端口上下文不对，httpd 是启动不起来的，所以当初把 server2 上的 SELinux 临时关闭了。

下面介绍如何使用角色 rhel-system-roles.selinux 修改端口上下文。

查看角色 rhel-system-roles.selinux 中默认的变量，命令如下。

```
[lduan@server demo5]$ cat roles/rhel-system-roles.selinux/defaults/main.yml
---
selinux_state: null
selinux_policy: null
    ... 输出 ...
selinux_ports: []
    ... 输出 ...
[lduan@server demo5]$
```

这里变量 selinux_ports 是一个列表，里面的元素需要定义多个变量，但是变量名是什么我们现在还不清楚。

用 vim 编辑器打开 roles/rhel-system-roles.selinux/tasks/main.yml，大概第 116 行是用于定义端口上下文的，命令如下。

```
[lduan@server demo5]$ vim roles/rhel-system-roles.selinux/tasks/main.yml
- name: Set an SELinux label on a port
  seport:
    ports: "{{ item.ports }}"
    proto: "{{ item.proto | default('tcp') }}"
    setype: "{{ item.setype }}"
    state: "{{ item.state | default('present') }}"
  with_items: "{{ selinux_ports }}"
```

这里只截取了部分代码，可以看到循环列表 selinux_ports 中的 4 个变量。其中 proto 和 state 有默认值，ports 和 setype 没有默认值，所以我们在定义列表 selinux_ports 时，至少要在列表的元素中定义 ports 和 setype 这两个变量。

修改 test-role1.yaml 的内容如下。

```
[lduan@server demo5]$ cat test-role1.yaml
---
- hosts: server2
  vars:
    myport: 808
    selinux_ports:
    - ports: "{{myport}}"
      setype: http_port_t
  roles:
  - role: rhel-system-roles.selinux
  - role: apache
[lduan@server demo5]$
```

这里定义了一个变量 myport 的值为 808，然后定义了一个列表 selinux_ports。这个列表中只有一个元素，元素中有两个变量 ports 和 setype。其中 ports 这个变量引用 myport 的值，记得要用双引号引起来，setype 的值被设置为了 http_port_t。

运行此 playbook，命令如下。

```
[lduan@server demo5]$ ansible-playbook test-role1.yaml
    ... 输出 ...
[lduan@server demo5]$
```

然后到 server2 上检查 httpd 所使用的端口，命令如下。

```
[root@server2 ~]# netstat -ntulp | grep :808
tcp6       0      0 :::808           :::*            LISTEN        46936/httpd
[root@server2 ~]#
```

可以看到，httpd 此时使用的端口是 808。

34.6 使用 ansible Galaxy

ansible Galaxy 是 ansible 的官方社区中心，这里存有大量的 ansible 所能用到的角色。在浏览器中打开这个站点（https://galaxy.ansible.com）之后，单击左侧的搜索图标，首页如图 34-3 所示。

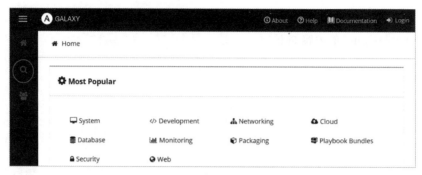

图 34-3　官方社区首页

进入搜索页面，如图 34-4 所示。

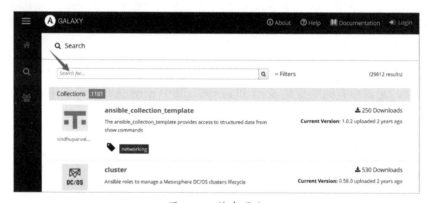

图 34-4　搜索页面

在搜索框中输入我们要查找的角色名，例如，输入"vsftpd"之后按【Enter】键，会看到一系列和 vsftpd 相关的角色，如图 34-5 所示。

图 34-5　搜索结果

这里单击第一个，可以看到安装方法，复制这个命令即可把这个角色安装在机器上，如图 34-6 所示。

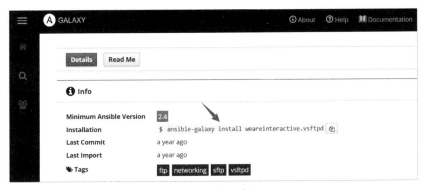

图 34-6 复制命令

在国内访问国外网站的速度会有些慢，所以为了练习方便，可以使用如下链接的角色：
ftp://ftp.rhce.cc/auto/web.tar.gz。

下面我们安装这个角色，命令如下。

```
[lduan@server demo5]$ ansible-galaxy install ftp://ftp.rhce.cc/auto/web.tar.gz
- downloading role from ftp://ftp.rhce.cc/auto/web.tar.gz
- extracting web to /home/lduan/demo5/roles/web
- web was installed successfully
[lduan@server demo5]$
```

这样就把这个角色安装到当前目录的 roles 目录中了，如下所示。

```
[lduan@server demo5]$ ls roles/
apache   rhel-system-roles.selinux   web
[lduan@server demo5]$
```

这里多的一个 web 文件就是一个叫作 web 的角色，如果要安装到其他目录，可以加
-p /path 选项指定安装目录。例如，安装在 /opt 目录中，可以用如下命令。

```
ansible-galaxy install ftp://ftp.rhce.cc/auto/web.tar.gz -p /opt
```

除这种安装方式外，还可以把要安装的角色写入一个 YAML 文件中。

下面创建一个 aa.yaml，内容如下。

```
[lduan@server demo5]$ cat aa.yaml
---
- src: ftp://ftp.rhce.cc/auto/web.tar.gz
  name: webx
[lduan@server demo5]$
```

这里 src 指定了角色所在的 URL，name 指定了在本地安装好之后角色的名称为 webx。

下面开始利用 aa.yaml 这个文件安装角色，命令如下。

```
[lduan@server demo5]$ ansible-galaxy install -r aa.yaml -p roles/
- downloading role from ftp://ftp.rhce.cc/auto/web.tar.gz
- extracting webx to /home/lduan/demo5/roles/webx
- webx was installed successfully
[lduan@server demo5]$
```

这里显示安装成功了，其中 -p roles 可以不写，不写就是当前目录下的 roles 目录。查看 roles 中的内容，命令如下。

```
[lduan@server demo5]$ ls roles/
apache   rhel-system-roles.selinux   web   webx
[lduan@server demo5]$
```

可以看到，已经安装成功了，安装的角色被命名为了 webx。

下面的练习均在 /home/lduan/demo5 中进行。

1. 以 lduan 用户登录到 server，进入 demo5 目录（/home/lduan/demo5）中，请判断当前已经安装了哪些角色。

2. 从 ftp://ftp.rhce.cc/auto/vsftpd-test.tar.gz 下载并安装角色，安装在 /home/lduan/demo5/roles 中，安装好之后角色的名称为 vsftpd。

3. 写一个名称为 install-vsftpd.yaml 的 playbook，调用作业 2 所创建的角色 vsftpd，要求此角色仅在 server2 上执行。

第35章
ansible加密

本章主要介绍如何对 ansible 的 playbook 进行加密。

- ♦ 对整个 playbook 进行加密
- ♦ 查看加密文件
- ♦ 运行加密的 playbook
- ♦ 对 playbook 进行解密
- ♦ 使用密码文件
- ♦ 对单个字符串进行加密

前面写了许多 playbook，这些 playbook 都是以明文的方式存在的，有时想对这些 playbook 进行加密，可以使用 ansible-vault 命令来实现。本章实验都在 /home/lduan/demo6 下操作，先把 demo6 目录创建出来并把 ansible.cfg 和 hosts 拷贝进去，命令如下。

```
[lduan@server ~]$ mkdir demo6
[lduan@server ~]$ cp ansible.cfg hosts demo6
[lduan@server ~]$ cd demo6
[lduan@server demo6]$
```

35.1 对整个脚本进行加密

创建 test1.yaml，内容如下。

```
[lduan@server demo6]$ cat test1.yaml
---
- hosts: server2
  gather_facts: false
  vars:
    aa: haha001
  tasks:
  - name: 打印一个变量
    debug: msg="{{aa}}"
[lduan@server demo6]$
```

现在这个文件是以明文的方式存储的，对这个文件进行加密，加密的语法如下。

```
ansible-vault encrypt file
```

这里的意思是对 file 文件进行加密，需要按提示输入密码。下面对 test1.yaml 进行加密，命令如下。

```
[lduan@server demo6]$ ansible-vault encrypt test1.yaml
New Vault password:
Confirm New Vault password:
Encryption successful
[lduan@server demo6]$
```

下面查看 test1.yaml 的内容，命令如下。

```
[lduan@server demo6]$ cat test1.yaml
$ANSIBLE_VAULT;1.1;AES256
616337623333464376132303339326265666623931643064646635336638
```

```
... 输出 ...
1656331633843133034663539643362
6631613439737230343465646237 63633539
[lduan@server demo6]$
```

可以看到，此文件已经是被加密的了。

35.2 查看文件内容

如果要查看加密文件的内容，可以使用 ansible-vault view file 命令，需要输入解密密码。
下面查看 test1.yaml 的内容，命令如下。

```
[lduan@server demo6]$ ansible-vault view test1.yaml
Vault password: 输入密码按【Enter】键
---
- hosts: server2
  gather_facts: false
  vars:
    aa: haha001
  tasks:
  - name: 打印一个变量
    debug: msg="{{aa}}"
[lduan@server demo6]$
```

这样就可以看到文件的内容了，但是此文件并没有被解密，依然是加密的文件。

如果密码输入错误，则看不到文件的内容，如下所示。

```
[lduan@server demo6]$ ansible-vault view test1.yaml
Vault password:
ERROR! Decryption failed (no vault secrets were found that could decrypt)
on test1.yaml for test1.yaml
[lduan@server demo6]$
```

35.3 运行 playbook

如果直接运行加密后的 YAML 文件，则会报错，如下所示。

```
[lduan@server demo6]$ ansible-playbook test1.yaml
```

```
ERROR! Attempting to decrypt but no vault secrets found
[lduan@server demo6]$
```

因为这个 playbook 是被加密的，要运行它必须输入解密密码才行。在运行时，可以加上 --ask-vault-pass 选项提示用户输入解密密码，命令如下。

```
[root@server rh294]# ansible-playbook --ask-vault-pass var-encry.yaml
Vault password:
    ...
[root@server rh294]#
```

也可以指定密码文件，这样就可以不用输入密码直接运行了。

```
[lduan@server demo6]$ ansible-playbook --ask-vault-pass test1.yaml
Vault password: 输入密码按【Enter】键
PLAY [server2] **********************************
   ... 输出 ...
[lduan@server demo6]$
```

这样 playbook 就可以正常地运行了。

如果要修改加密密码，可以使用 ansible-vault rekey file 命令来实现，需要先输入一次解密密码，然后输入两次新密码，如下所示。

```
[lduan@server demo6]$ ansible-vault rekey test1.yaml
Vault password:
New Vault password:
Confirm New Vault password:
Rekey successful
[lduan@server demo6]$
```

这样 test1.yaml 的加密密码就被更改了。

35.4 对脚本进行解密

如果要对文件进行解密，可以使用 ansible-vault decrypt file 命令，然后输入解密密码即可对加密文件进行解密。下面对 test1.yaml 进行解密，命令如下。

```
[lduan@server demo6]$ ansible-vault decrypt test1.yaml
Vault password:
Decryption successful
[lduan@server demo6]$
```

输入密码之后提示解密成功。下面查看 test1.yaml 的内容，命令如下。

```
[lduan@server demo6]$ cat test1.yaml
---
- hosts: server2
  gather_facts: false
  vars:
    aa: haha001
  tasks:
  - name: 打印一个变量
    debug: msg="{{aa}}"
[lduan@server demo6]$
```

已经可以正常查看了。

35.5 使用密码文件

加密、解密、查看等操作都需要输入密码，如果把密码写入一个文件中，在执行 ansible-vault 命令时加上 "--vault-id 密码文件" 选项，即可不需要输入密码了。

先把密码写入 aa.txt 中，命令如下。

```
[lduan@server demo6]$ echo haha001 > aa.txt
[lduan@server demo6]$ cat aa.txt
haha001
[lduan@server demo6]$
```

对 test1.yaml 进行加密，命令如下。

```
[lduan@server demo6]$ ansible-vault encrypt --vault-id aa.txt test1.yaml
Encryption successful
[lduan@server demo6]$
```

这里显示加密成功。然后查看 test1.yaml 的内容，命令如下。

```
[lduan@server demo6]$ cat test1.yaml
$ANSIBLE_VAULT;1.1;AES256
33333439333862383531303930353066643
    ... 输出 ...
39326434663832396565623536361616626563
[lduan@server demo6]$
```

可以看到，已经被加密了。下面通过 ansible-vault view 查看 test1.yaml 的内容，命令如下。

```
[lduan@server demo6]$ ansible-vault view --vault-id aa.txt test1.yaml
---
- hosts: server2
  gather_facts: false
  vars:
    aa: haha001
  tasks:
  - name: 打印一个变量
    debug: msg="{{aa}}"
[lduan@server demo6]$
```

这里会直接读取密码文件中的密码，所以不需要我们再次输入密码。

加上 --vault-id aa.txt 选项运行 playbook，命令如下。

```
[lduan@server demo6]$ ansible-playbook --vault-id aa.txt test1.yaml

PLAY [server2] ****************************************
    ...输出...
[lduan@server demo6]$
```

此时 playbook 也可以正常运行了。解密 test1.yaml，命令如下。

```
[lduan@server demo6]$ ansible-vault decrypt --vault-id aa.txt test1.yaml
Decryption successful
[lduan@server demo6]$
```

可以看到，不需要输入密码，就解密完成了。

35.6 对单个字符串进行加密

可以不对整个文件进行加密，只加密某个字符串，命令如下。

```
[lduan@server demo6]$ cat test1.yaml
---
- hosts: server2
  gather_facts: false
  vars:
    aa: haha001
  tasks:
  - name: 打印一个变量
    debug: msg="{{aa}}"
[lduan@server demo6]$
```

这里变量 aa 的值为 haha001，是一个明文，可以单独对字符串 haha001 进行加密，命令如下。

```
[lduan@server demo6]$ ansible-vault encrypt_string --vault-id aa.txt haha001
!vault |
        $ANSIBLE_VAULT;1.1;AES256
        3037653...1623166
        ... 输出 ...
        6466
Encryption successful
[lduan@server demo6]$
```

上面的加粗字就是加密后的密码，因为输出太长，这里用了省略号。

修改 test1.yaml 的内容，把 haha001 换成加密后的密文，内容如下。

```
[lduan@server demo6]$ cat test1.yaml
---
- hosts: server2
  gather_facts: false
  vars:
    aa: !vault |
        $ANSIBLE_VAULT;1.1;AES256
        3037653...1623166
        ... 输出 ...
        6466
  tasks:
  - name: 打印一个变量
    debug: msg="{{aa}}"
[lduan@server demo6]$
```

需要注意的是，aa 后面的这个值不能用引号引起来。

运行此 playbook，并指定密码文件，命令如下。

```
[lduan@server demo6]$ ansible-playbook --vault-id aa.txt test1.yaml
PLAY [server2] ********************************
TASK [ 打印一个变量 ] ***************************
ok: [server2] => {
    "msg": "haha001"
}
    ... 输出 ...
[lduan@server demo6]$
```

可以看到，已经正常运行起来了。

作业题在 server 上完成。

1. 前面已经写了一个名称为 chap30-1.yaml 的 playbook，请使用 ansible-vault 命令对其进行加密，密码为 haha001。

2. 请使用 ansible-vault 命令查看这个文件的内容。

3. 请使用 ansible-vault 命令重新对 chap30-1.yaml 进行加密，密码改为 haha002。

4. 运行 chap30-1.yaml 这个 playbook。

5. 创建一个密码文件 secret.txt，内容为 haha002，然后使用这个密码文件解密 chap30-1.yaml。